数据中国“百校工程”项目系列教材

数据科学与大数据技术专业系列规划教材

Hadoop 大数据技术与应用

杨治明 许桂秋 ◉ 主编

李海涛 杨馥如 杨汉波 高广银 丁勇 刘前 ◉ 副主编

BIG DATA

Technology

人民邮电出版社

北京

图书在版编目（CIP）数据

Hadoop大数据技术与应用 / 杨治明，许桂秋主编
. -- 北京 ： 人民邮电出版社，2019.3（2022.11重印）
数据科学与大数据技术专业系列规划教材
ISBN 978-7-115-50353-4

Ⅰ. ①H… Ⅱ. ①杨… ②许… Ⅲ. ①数据处理软件—教材 Ⅳ. ①TP274

中国版本图书馆CIP数据核字(2019)第024411号

内 容 提 要

本书采用理论与实践相结合的方式，全面介绍了 Hadoop 大数据技术。主要内容包括初识 Hadoop 大数据技术，Hadoop 环境设置，分布式文件系统 HDFS，资源调度框架 YARN，分布式并行编程模型 MapReduce，分布式的列式数据库 HBase，数据仓库 Hive，数据查询与分析平台 Pig，分布式的海量日志采集、聚合和传输系统 Flume，在传统数据库与分布式数据库之间进行数据传递的工具 Sqoop，提供分布式协调一致性服务的 ZooKeeper，Hadoop 快速部署工具 Ambari，机器学习领域经典算法库 Mahout。

本书可以作为高等院校数据科学与大数据技术、计算机、信息管理等相关专业的大数据入门教材。

◆ 主　　编　杨治明　许桂秋
　副 主 编　李海涛　杨馥如　杨汉波　高广银
　　　　　　丁　勇　刘　前
　责任编辑　邹文波
　责任印制　陈　犇
◆ 人民邮电出版社出版发行　　北京市丰台区成寿寺路 11 号
　邮编　100164　　电子邮件　315@ptpress.com.cn
　网址　https://www.ptpress.com.cn
　涿州市京南印刷厂印刷
◆ 开本：787×1092　1/16
　印张：18.5　　　　　　2019 年 3 月第 1 版
　字数：486 千字　　　　2022 年 11 月河北第 10 次印刷

定价：55.00 元

读者服务热线：(010)81055256　印装质量热线：(010)81055316
反盗版热线：(010)81055315
广告经营许可证：京东市监广登字 20170147 号

前　言

放眼全球，信息技术已经改变了世界的面貌。信息技术的高速发展，引发了近几年的大数据和人工智能浪潮。目前，整个社会都在关注大数据技术的发展。然而，多数人还是只闻其声，不知其实。信息技术人员作为时代的“弄潮儿”，在对这些波澜壮阔的景象感到兴奋的同时，又深刻感受到技术的飞速变化所带来的巨大压力。

大数据技术是信息技术几十年发展和积累催生的产物，它的技术体系也是在信息技术的积淀上发展而来的。

Hadoop 是当前热门的大数据处理与分析平台。本书作为 Hadoop 的入门教材，采用理论与实践相结合的方式全面介绍 Hadoop 技术。

全书共 11 章，主要介绍 Hadoop 技术的核心 HDFS 和 MapReduce，以及生态圈里的其他组件。

第 1 章介绍 Hadoop 产生的背景、Hadoop 生态圈的组成，让读者初步了解 Hadoop。

第 2 章详细介绍在个人计算机上搭建 Hadoop 环境的步骤，确保读者能够正确设置 Hadoop 环境，为后面的学习做好准备。

第 3 章着重阐述 Hadoop 的核心技术之一，整个生态圈的基石——HDFS，以及 HDFS 的 3 种访问方式。

第 4 章详细介绍 Hadoop 生态圈的资源调度框架——YARN。

第 5 章深入讲解离线计算框架，也是 Hadoop 的核心技术之一——MapReduce，通过多个案例让读者深入理解并掌握 MapReduce 的编程模型。

第 6 章主要讲解数据存储工具——分布式的列式数据库 HBase、数据仓库 Hive，以及数据查询与分析平台 Pig。

第 7 章介绍日志采集、聚合和传输系统 Flume。

第 8 章介绍用于在分布式数据库与传统数据库之间进行数据传递的工具 Sqoop。

第 9 章介绍提供分布式协调一致性服务的 ZooKeeper。

第 10 章介绍 Hadoop 快速部署工具 Ambari。

第 11 章介绍机器学习领域经典算法库 Mahout。

本书可以作为高等院校数据科学与大数据技术、计算机、信息管理等相关专业的大数据入门教材。建议安排 64 课时，教师可根据学生的接受能力以及学校的培养方案选择教学内容。

由于编者水平有限，编写时间仓促，书中难免存在一些疏漏和不足之处，敬请广大读者批评指正。

特别提示：由于各种软件在不断升级，读者打开的软件下载界面以及看到的可下载软件的版本可能与本书中的相关内容不一致，但下载与安装方法是类似的。

本书资源下载网址：www.ryjiaoyu.com。

编　者

2019 年 1 月

目 录

第 1 章　初识 Hadoop 大数据技术……1

1.1　大数据技术概述……1
1.1.1　大数据产生的背景……1
1.1.2　大数据的定义……2
1.1.3　大数据技术的发展……2
1.2　Google 的“三驾马车”……3
1.2.1　GFS 的思想……3
1.2.2　MapReduce 的思想……4
1.2.3　BigTable 的思想……6
1.3　Hadoop 概述……8
1.3.1　Hadoop 对 Google 公司三篇论文思想的实现……8
1.3.2　Hadoop 的发展历史……9
1.3.3　Hadoop 版本的演变……11
1.3.4　Hadoop 的发行版本……12
1.3.5　Hadoop 的特点……12
1.4　Hadoop 生态圈……12
1.5　Hadoop 的典型应用场景与应用架构……13
1.5.1　Hadoop 的典型应用场景……13
1.5.2　Hadoop 的典型应用架构……14
习题……15

第 2 章　Hadoop 环境设置……16

2.1　安装前准备……16
2.1.1　安装虚拟机……17
2.1.2　安装 Ubuntu 操作系统……20
2.1.3　关闭防火墙……22
2.1.4　SSH 安装……22
2.1.5　安装 Xshell 及 Xftp……22
2.1.6　安装 JDK……24
2.1.7　下载 Hadoop 并解压……25
2.1.8　克隆主机……27
2.2　Hadoop 的安装……28
2.2.1　安装单机模式……28
2.2.2　安装伪分布式模式……29
2.2.3　安装完全分布式模式……35
习题……41
实验　搭建 Hadoop 伪分布式模式环境……42

第 3 章　HDFS……44

3.1　HDFS 简介……44
3.2　HDFS 的组成与架构……45
3.2.1　NameNode……45
3.2.2　DataNode……46
3.2.3　SecondaryNameNode……46
3.3　HDFS 的工作机制……47
3.3.1　机架感知与副本冗余存储策略……47
3.3.2　文件读取……49
3.3.3　文件写入……50
3.3.4　数据容错……52
3.4　HDFS 操作……53
3.4.1　通过 Web 界面进行 HDFS 操作……53
3.4.2　通过 HDFS Shell 进行 HDFS 操作……54
3.4.3　通过 HDFS API 进行 HDFS 操作……60
3.5　HDFS 的高级功能……68
3.5.1　安全模式……68
3.5.2　回收站……69
3.5.3　快照……70
3.5.4　配额……71
3.5.5　高可用性……71
3.5.6　联邦……72
习题……74
实验 1　通过 Shell 命令访问 HDFS……74
实验 2　熟悉基于 IDEA+Maven 的 Java 开发环境……77
实验 3　通过 API 访问 HDFS……86

第 4 章 YARN ······90

4.1 YARN 产生的背景······90
4.2 初识 YARN······92
4.3 YARN 的架构······93
4.3.1 YARN 架构概述······93
4.3.2 YARN 中应用运行的机制······94
4.3.3 YARN 中任务进度的监控······94
4.3.4 MapReduce 1 与 YARN 的组成对比······95
4.4 YARN 的调度器······95
4.4.1 先进先出调度器······95
4.4.2 容器调度器······96
4.4.3 公平调度器······97
4.4.4 三种调度器的比较······98
习题······98

第 5 章 MapReduce ······99

5.1 MapReduce 概述······99
5.1.1 MapReduce 是什么······99
5.1.2 MapReduce 的特点······99
5.1.3 MapReduce 不擅长的场景······100
5.2 MapReduce 编程模型······100
5.2.1 MapReduce 编程模型概述······100
5.2.2 MapReduce 编程实例······101
5.3 MapReduce 编程进阶······112
5.3.1 MapReduce 的输入格式······112
5.3.2 MapReduce 的输出格式······114
5.3.3 分区······115
5.3.4 合并······118
5.4 MapReduce 的工作机制······119
5.4.1 MapReduce 作业的运行机制······119
5.4.2 进度和状态的更新······120
5.4.3 Shuffle······121
5.5 MapReduce 编程案例······122
5.5.1 排序······122
5.5.2 去重······126
5.5.3 多表查询······127
习题······129
实验 1 分析和编写 WordCount 程序······130
实验 2 MapReduce 序列化、分区实验······131
实验 3 使用 MapReduce 求出各年销售笔数、各年销售总额······134
实验 4 使用 MapReduce 统计用户在搜狗上的搜索数据······136

第 6 章 HBase、Hive、Pig ······139

6.1 HBase······139
6.1.1 行式存储与列式存储······139
6.1.2 HBase 简介······140
6.1.3 HBase 的数据模型······141
6.1.4 HBase 的物理模型······143
6.1.5 HBase 的系统架构······144
6.1.6 HBase 的安装······147
6.1.7 访问 HBase······152
6.2 Hive······157
6.2.1 安装 Hive······157
6.2.2 Hive 的架构与工作原理······160
6.2.3 Hive 的数据类型与存储格式······163
6.2.4 Hive 的数据模型······167
6.2.5 查询数据······169
6.2.6 用户定义函数······170
6.3 Pig······171
6.3.1 Pig 概述······171
6.3.2 安装 Pig······172
6.3.3 Pig Latin 编程语言······172
6.3.4 Pig 代码实例······177
6.3.5 用户自定义函数······179
习题······181
实验 1 HBase 实验——安装和配置（可选）······181
实验 2 HBase 实验——通过 HBase Shell 访问 HBase（可选）······185
实验 3 HBase 实验——通过 Java API 访问 HBase······187
实验 4 HBase 实验——通过 Java API 开发基于 HBase 的 MapReduce 程序······189

实验 5　Hive 实验——Metastore 采用 Local 模式（MySQL 数据库）搭建 Hive 环境（可选）……191
实验 6　Hive 实验——Hive 常用操作……193
实验 7　Pig 实验——安装和使用 Pig（可选）……194
实验 8　Pig 实验——使用 Pig Latin 操作员工表和部门表……195

第 7 章　Flume……198

7.1　Flume 产生的背景……198
7.2　Flume 简介……198
7.3　Flume 的安装……199
7.4　Flume 的架构……200
7.5　Flume 的应用……201
7.5.1　Flume 的组件类型及其配置项……201
7.5.2　Flume 的配置和运行方法……206
7.5.3　Flume 配置示例……207
7.6　Flume 的工作方式……209
习题……210
实验 1　Flume 的配置与使用 1——Avro Source + Memory Channel + Logger Sink……211
实验 2　Flume 的配置与使用 2——Syslogtcp Source + Memory Channel + HDFS Sink……212
实验 3　Flume 的配置与使用 3——Exec Source + Memory Channel + Logger Sink……213

第 8 章　Sqoop……214

8.1　Sqoop 背景简介……214
8.2　Sqoop 的基本原理……215
8.3　Sqoop 的安装与部署……216
8.3.1　下载与安装……216
8.3.2　配置 Sqoop……217
8.4　Sqoop 应用……219
8.4.1　列出 MySQL 数据库的基本信息……219
8.4.2　MySQL 和 HDFS 数据互导……219
8.4.3　MySQL 和 Hive 数据互导……220
习题……221
实验　Sqoop 常用功能的使用……222

第 9 章　ZooKeeper……227

9.1　ZooKeeper 简介……227
9.2　ZooKeeper 的安装……228
9.2.1　单机模式……228
9.2.2　集群模式……229
9.3　ZooKeeper 的基本原理……231
9.3.1　Paxos 算法……231
9.3.2　Zab 算法……232
9.3.3　ZooKeeper 的架构……232
9.3.4　ZooKeeper 的数据模型……233
9.4　ZooKeeper 的简单操作……235
9.4.1　通过 ZooKeeper Shell 命令操作 ZooKeeper……235
9.4.2　通过 ZooInspector 工具操作 ZooKeeper……238
9.4.3　通过 Java API 操作 ZooKeeper……238
9.5　ZooKeeper 的特性……239
9.5.1　会话……239
9.5.2　临时节点……240
9.5.3　顺序节点……240
9.5.4　事务操作……241
9.5.5　版本号……241
9.5.6　监视……242
9.6　ZooKeeper 的应用场景……243
9.6.1　Master 选举……244
9.6.2　分布式锁……245
习题……246
实验　ZooKeeper 的 3 种访问方式……246

第 10 章　Ambari……249

10.1　Ambari 简介……249
10.1.1　背景……249
10.1.2　Ambari 的主要功能……250
10.2　Ambari 的安装……250

10.2.1 安装前准备……250
10.2.2 安装 Ambari……254
10.3 利用 Ambari 管理 Hadoop 集群……257
10.3.1 安装与配置 HDP 集群……258
10.3.2 节点的扩展……264
10.3.3 启用 HA……267
10.4 Ambari 的架构和工作原理……271
10.4.1 Ambari 的总体架构……271
10.4.2 Ambari Agent……272
10.4.3 Ambari Server……272
习题……273

第 11 章 Mahout……274

11.1 Mahout 简介……274
11.1.1 什么是 Mahout……274
11.1.2 Mahout 能做什么……275
11.2 Taste 简介……276
11.2.1 DataModel……276
11.2.2 Similarity……277
11.2.3 UserNeighborhood……277
11.2.4 Recommender……277
11.2.5 RecommenderEvaluator……277
11.2.6 RecommenderIRStatsEvaluator……278
11.3 使用 Taste 构建推荐系统……278
11.3.1 创建 Maven 项目……278
11.3.2 导入 Mahout 依赖……278
11.3.3 获取电影评分数据……278
11.3.4 编写基于用户的推荐……279
11.3.5 编写基于物品的推荐……280
11.3.6 评价推荐模型……281
11.3.7 获取推荐的查准率和查全率……281
习题……282
实验 基于 Mahout 的电影推荐系统……283
综合实验 搜狗日志查询分析（MapReduce+Hive 综合实验）……284

参考文献……287

第 1 章 初识 Hadoop 大数据技术

本章主要介绍大数据产生的时代背景，给出了大数据的概念、特征，还介绍了大数据相关问题的解决方案、Hadoop 大数据技术以及 Hadoop 的应用案例。

本章的主要内容如下。

（1）大数据技术概述。

（2）Google 的三篇论文及其思想。

（3）Hadoop 概述。

（4）Hadoop 生态圈。

（5）Hadoop 的典型应用场景和应用架构。

1.1 大数据技术概述

1.1.1 大数据产生的背景

1946 年，计算机诞生，当时的数据与应用紧密捆绑在文件中，彼此不分。19 世纪 60 年代，IT 系统规模和复杂度变大，数据与应用分离的需求开始产生，数据库技术开始萌芽并蓬勃发展，并在 1990 年后逐步统一到以关系型数据库为主导，具体发展阶段如图 1-1 所示。

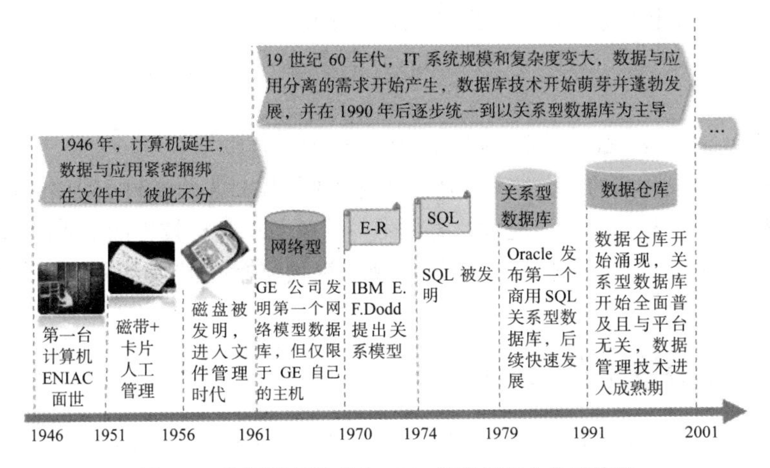

图 1-1 数据管理技术在 2001 年前的两个发展阶段

2001 年后，互联网迅速发展，数据量成倍递增。据统计，目前，超过 150 亿个设备连接到互联网，全球每秒钟发送 290 万封电子邮件，每天有 2.88 万小时视频上传到 YouTube 网站，Facebook 网站每日评论达 32 亿条，每天上传照片近 3 亿张，每月处理数据总量约 130 万 TB。2016 年全球产生数据量 16.1ZB，预计 2020 年将增长到 35ZB（1ZB = 1 百万 PB，PB = 10 亿 TB），如图 1-2 所示。

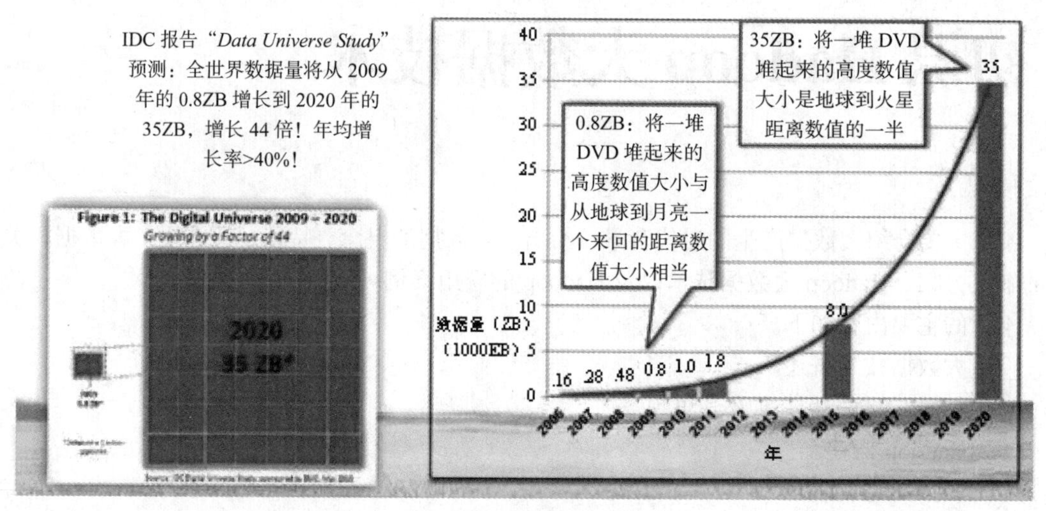

图 1-2　IDC 数据量增长预测报告

2011 年 5 月，EMC World 2011 大会主题是“云计算相遇大数据”，会议除了聚焦 EMC 公司一直倡导的云计算概念外，还抛出了“大数据”（BigData）的概念。2011 年 6 月底，IBM、麦肯锡等众多国外机构发布“大数据”相关研究报告，并予以积极的跟进。

1.1.2　大数据的定义

“大数据”是一个涵盖多种技术的概念，简单地说，是指无法在一定时间内用常规软件工具对其内容进行抓取、管理和处理的数据集合。IBM 公司将“大数据”理念定义为 4 个 V，即大量化（Volume）、多样化（Variety）、快速化（Velocity）及由此产生的价值（Value）。

要理解大数据这一概念，首先要从“大”入手。“大”是指数据规模，大数据一般指在 10TB（1TB=1024GB）规模以上的数据量。大数据与过去的海量数据有所区别，其基本特征可以用 4 个 V 来总结（Volume、Variety、Velocity 和 Value），即数据体量大、数据类型多、处理速度快、价值密度低。

- 数据体量大：大数据的数据量从 TB 级别跃升到 PB 级别。
- 数据类型多：大数据的数据类型包括前文提到的网络日志、视频、图片、地理位置信息等。
- 处理速度快：1 秒定律。这是大数据技术与传统数据挖掘技术的本质区别。
- 价值密度低：以视频为例，在连续不间断的视频监控过程中，可能有用的数据仅仅有一两秒。

1.1.3　大数据技术的发展

随着应用数据规模的急剧增加，传统系统面临严峻的挑战，它难以提供足够的存储和计算资源进行处理。大数据技术是从各种类型的海量数据中快速获得有价值信息的技术。大数据技术要面对的基本问题，也是最核心的问题，就是海量数据如何可靠存储和如何高效计算的问题。

围绕大数据的核心问题，下面列出了大数据相关技术的发展历程。

2003 年，Google 公司发表了论文“*The Google File System*”，介绍 GFS 分布式文件系统，主要讲解海量数据的可靠存储方法。

2004 年，Google 公司发表了论文“*MapReduce: Simplified Data Processing on Large Clusters*”，介绍并行计算模型 MapReduce，主要讲解海量数据的高效计算方法。

2006 年，Google 公司发表了“*Bigtable: A Distributed Storage System for Structured Data*”，介绍 Google 大表（BigTable）的设计。BigTable 是 Google 公司的分布式数据存储系统，是用来处理海量数据的一种非关系型数据库。

Google 公司根据 GFS、MapReduce 论文思想先后实现了 Hadoop 的 HDFS 分布式文件系统、MapReduce 分布式计算模型并开源。2008 年，Hadoop 成为 Apache 基金会顶级项目。

2010 年，Google 公司根据 BigTable 论文思想，开发出 Hadoop 的 HBase 并开源。开源组织 GNU 发布 MongoDB，VMware 公司提供开源产品 Redis。

2011 年，Twitter 公司提供开源产品 Storm，它是开源的分布式实时计算系统。

2014 年，Spark 成为 Apache 基金会的顶级项目，它是专为大规模数据处理而设计的快速通用的计算引擎。

1.2　Google 的“三驾马车”

Google 公司的三篇论文：GFS、MapReduce、BigTable，奠定了大数据技术的基石，具有划时代的意义，被称为 Google 公司的“三驾马车”。下面分别介绍这三篇论文的思想。

1.2.1　GFS 的思想

论文“*The Google File System*”描述了一个分布式文件系统的设计思路。从交互实体上划分，分布式文件系统有两个基本组成部分，一个是客户端（Client），一个是服务端（Server）。

先考虑第一个问题，如果客户端把文件上传到服务端，但是服务端的硬盘不够大，怎么办？显然，我们可以多加硬盘，或多增加主机。另一个问题，则是数据的存储可靠性怎么保证？如果把文件存在硬盘上，一旦硬盘坏了，数据岂不是丢失了？对于这个问题，可以采用数据冗余存储的方式解决，即同一文件多保存几份。

而事实上事情没那么简单。多增加了硬盘或主机后，这些主机或硬盘如何被管理起来，或它们怎样才能有效运作起来？数据冗余是对每个上传的文件在各台主机都单独存放一份吗？

GFS 解决这些问题的思路是这样的，增加一个管理节点，去管理这些存放数据的主机。存放数据的主机称为数据节点。而上传的文件会按固定的大小进行分块。数据节点上保存的是数据块，而非独立的文件。数据块冗余度默认是 3。上传文件时，客户端先连接管理节点，管理节点生成数据块的信息，包括文件名、文件大小、上传时间、数据块的位置信息等。这些信息称为文件的元信息，它会保存在管理节点。客户端获取这些元信息之后，就开始把数据块一个个上传。客户端把数据块先上传到第一个数据节点，然后，在管理节点的管理下，通过水平复制，复制几份数据块到其他节点，最终达到冗余度的要求。水平复制需要考虑两个要求：可靠性、可用性。分布式文件系统如图 1-3 所示。

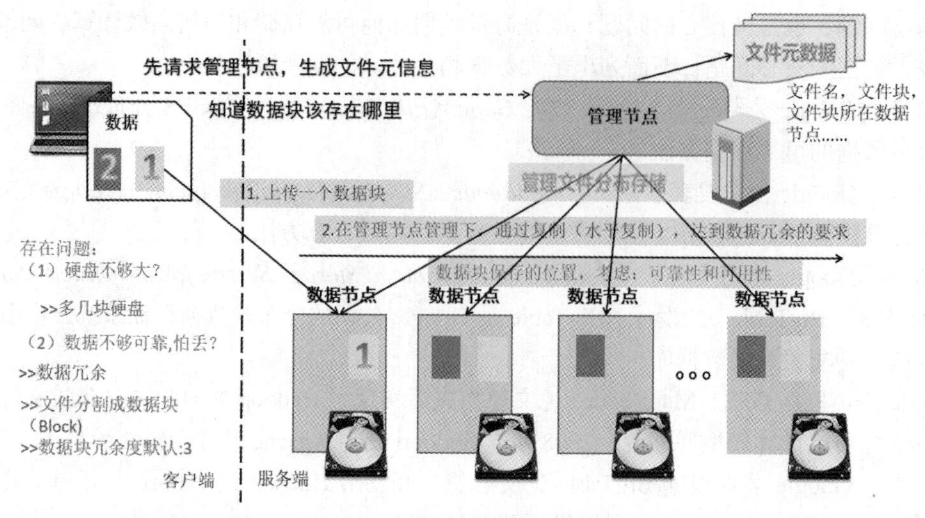

图 1-3 分布式文件系统

论文“*The Google File System*”描述的 GFS 架构如图 1-4 所示。

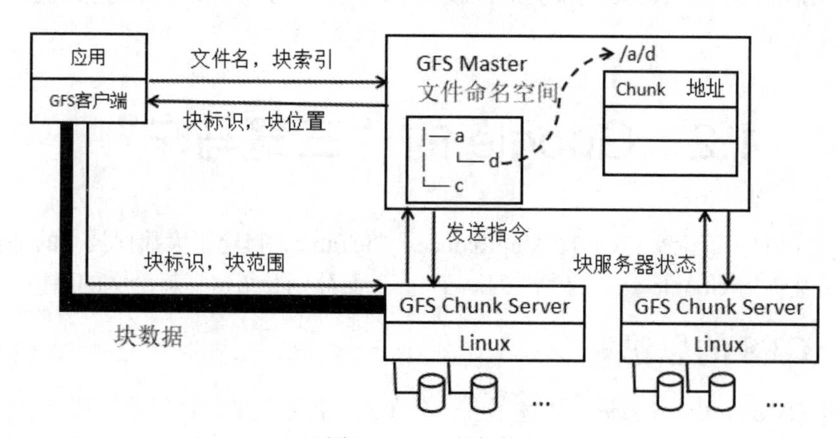

图 1-4 GFS 的架构

对于 GFS 架构，论文提到如下几个要点。

（1）GFS Master 节点管理所有的文件系统元数据，包括命名空间、访问控制信息、文件和块的映射信息以及当前块的位置信息。

（2）GFS 存储的文件都被分割成固定大小的块，每个块都会被复制到多个块服务器上（可靠性）。块的冗余度默认为 3。

（3）GFS Master 还管理着系统范围内的活动，比如块服务器之间的数据迁移等。

（4）GFS Master 与每个块服务器通信（发送心跳包），发送指令，获取状态。

论文也提到“副本的位置”的要求，即块副本位置选择的策略要满足两大目标：最大化数据可靠性和可用性。

1.2.2 MapReduce 的思想

在讨论 MapReduce 之前，我们先讨论一个与“PageRank”相关的问题。PageRank，即网页排名，又称网页级别。如果现在有 1~4 四个网页，网页 1 的内容有链接到网页 2、网页 3、网页 4，网页 2 的内容有链接到网页 3、网页 4，网页 3 没有链接到其他页面，网页 4 有内容链接到网页 3，如图 1-5 所示。

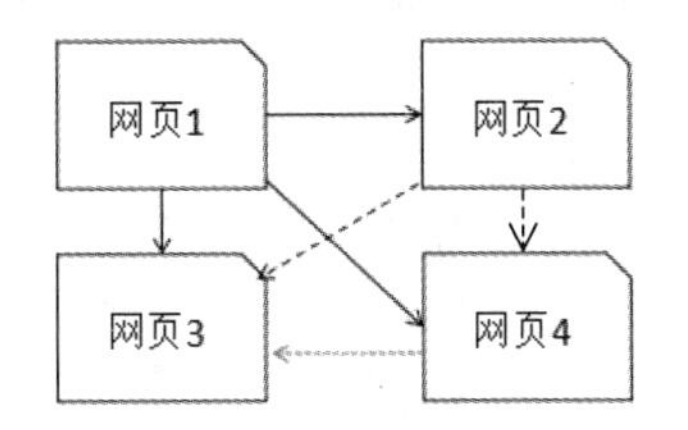

图 1-5　网页链接关系

用一个矩阵向量表来表达这几个网页的关联关系，如图 1-6 所示。例如，网页 1 有内容链接到网页 2，则在第二行第三列标“1”，否则标“0”。

	网页1	网页2	网页3	网页4
网页1	0	1	1	1
网页2	0	0	1	1
网页3	0	0	0	0
网页4	0	0	1	0

图 1-6　用矩阵向量表表示网页链接关系

计算这个 4×4 的矩阵，计算机丝毫没有问题。但如果网页非常多，比如计算 1 亿×1 亿的矩阵呢？则这个矩阵就非常大，一台计算机则计算不了，该怎么办呢？

有一个方法，就是把这个矩阵进行细分，分成很多小的矩阵。对每个小矩阵计算后，获得一个中间结果，再把中间结果合并起来，得到最终的结果。这其实就是“MapReduce”，如图 1-7 所示。

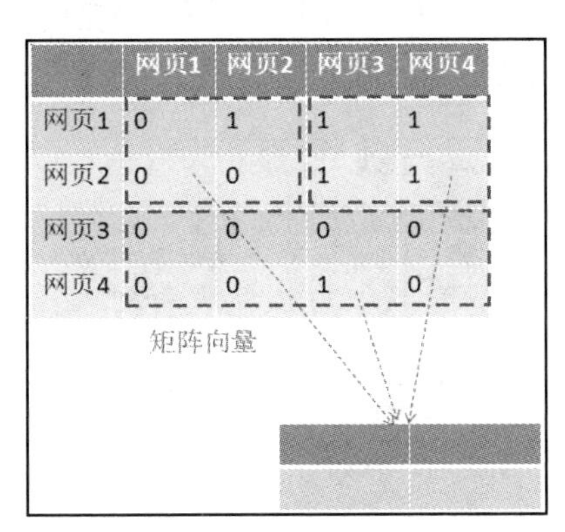

图 1-7　分成小块再计算

图 1-8 所示是论文“*MapReduce: Simplified Data Processing on Large Clusters*”描述的 MapReduce 的原理图。MapReduce 采用“分而治之”的思想，把对大规模数据集的操作，分发给一个主节点管理下的各个子节点共同完成，然后整合各个子节点的中间结果，得到最终的计算结果。简而言之，MapReduce 就是“分散任务，汇总结果”。

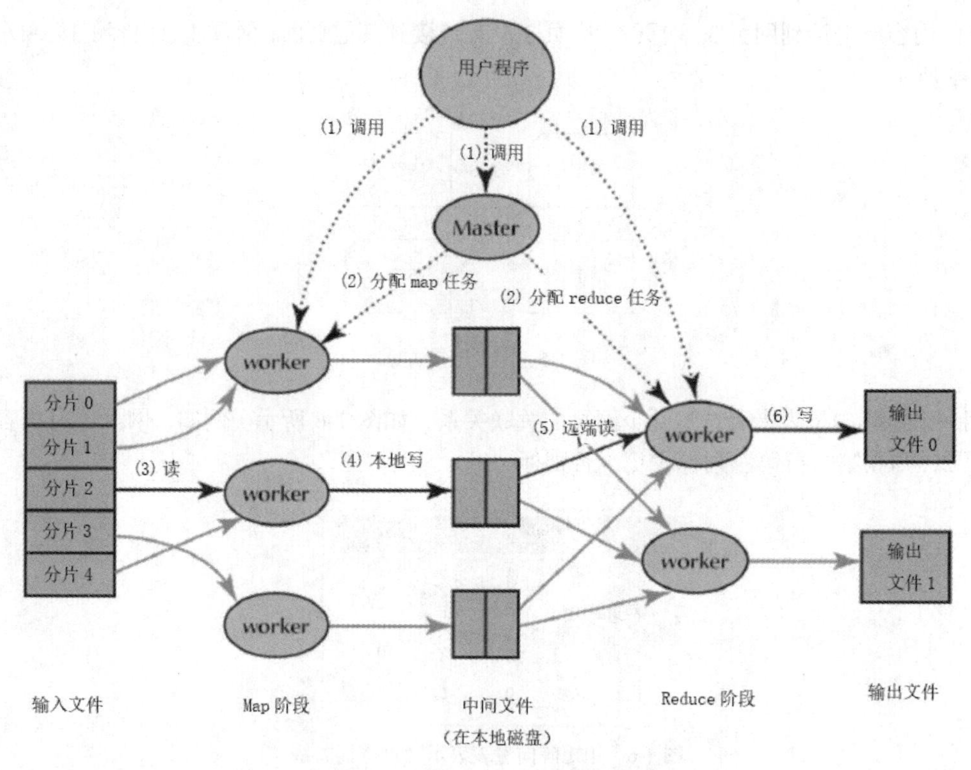

（Master 为主节点，worker 为工作节点）

图 1-8　MapReduce 的分而治之

1.2.3　BigTable 的思想

假设有一个学生信息系统记录了学生信息和成绩信息。该系统采用关系数据库保存数据。图 1-9 所示是关系数据库中存储了学生信息和成绩信息的两张表。可以看出，两张表各自有相应的字段的定义。“学生成绩表”中的“stu_id”是“学生信息表”中的外键。

学生信息表

stu_id	name	sex	age	address
001	Alice	女	24	ShenZhen
002	Rain	男	30	Maoming

学生成绩表

score_id	stu_id	course	score
1	001	chinese	89
2	001	math	90
3	002	chinese	91

图 1-9　学生信息系统中的两张表

而采用 BigTable 存储这两张表的数据，存储模型如图 1-10 所示。它把数据分成两个列族（Column Family）存放，分别是：info、score。每个列族下存放的数据都有一个行键（RowKey），它相当于关系型数据库的主键。行键（RowKey）可以重复，但不能为空。相同的行键的数据都属于同一行记录。每个列族下有多个列（Column）。列族在创建表时就固定下来，但列族下面的列可以随意定义。

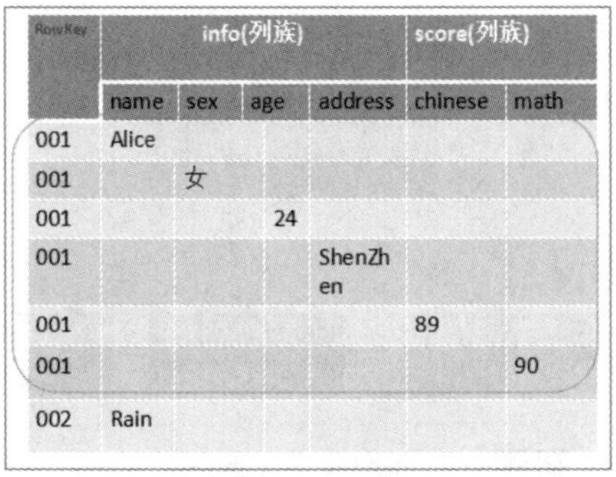

RowKey	info(列族)				score(列族)	
	name	sex	age	address	chinese	math
001	Alice					
001		女				
001			24			
001				ShenZhen		
001					89	
001						90
002	Rain					

图 1-10　BigTable 存储模型示意

可以用图 1-11 所示来表达 BigTable 的数据模型。可以看出，表格（Table）由行键（RowKey）和列族（Column Family）组成，每个列族下又分了多个列（Column），每个列下包含了时间戳（Timestamp）和值（Value）。这里的 Timestamp 可以理解为是 Value 的版本号（Version），所以同一个列下的数据可能会存在多个版本。

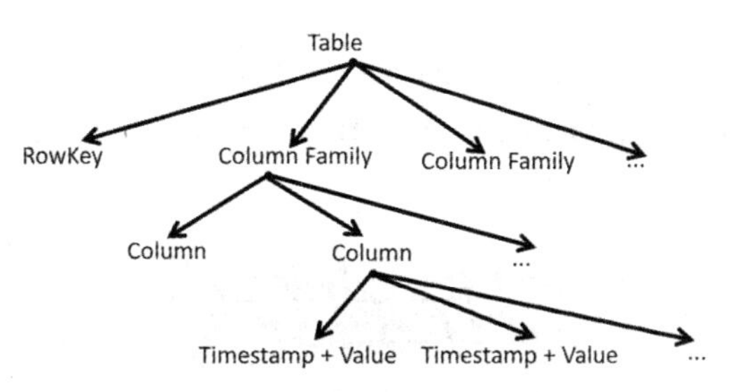

图 1-11　BigTable 存储的数据模型

表中的行用分区来管理，每个分区叫作一个“Tablet”，如图 1-12 所示。

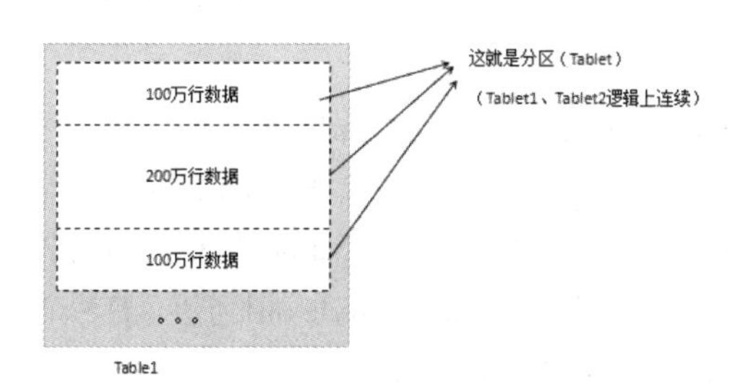

图 1-12　分区（Tablet）

Tablet Server 存储多个 Tablet，如图 1-13 所示。

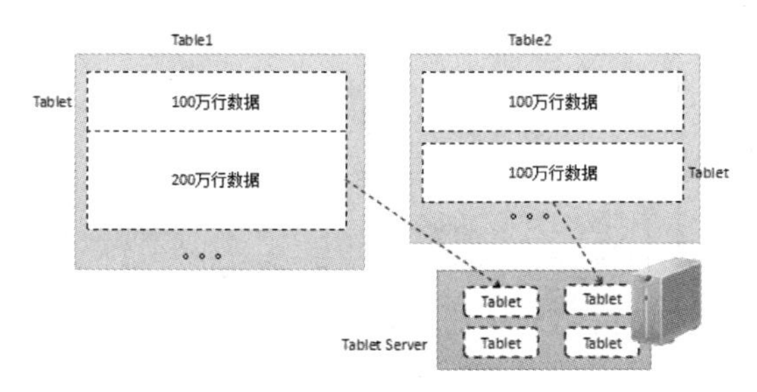

图 1-13　Tablet Server

BigTable 的架构如图 1-14 所示。Master 用来管理多个 Tablet Server。

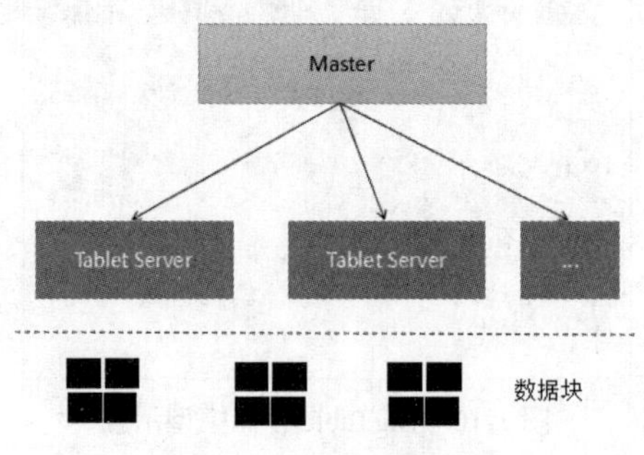

图 1-14　BigTable 架构图

1.3　Hadoop 概述

Hadoop 是一个由 Apache 基金会开发的分布式系统基础架构。Apache Hadoop 的 Logo 如图 1-15 所示。Hadoop 的 HDFS、MapReduce、HBase 分别是对 Google 公司的 GFS、MapReduce、BigTable 思想的开源实现。

图 1-15　Apache Hadoop 的 Logo

1.3.1　Hadoop 对 Google 公司三篇论文思想的实现

1. HDFS

HDFS（Hadoop Distributed File System）是 Hadoop 项目的核心子项目，是分布式计算中数据存储管理的基础，它是对 Google 公司的 GFS 论文思想的实现。

HDFS 架构如图 1-16 所示。它由名称节点（NameNode）、数据节点（DataNode）、第二名称节点组成（SecondaryNameNode）组成。NameNode 相当于 GFS 论文提到的 GFS Master，而 DataNode 相当于 GFS 论文提到的 GFS Chunk Server。

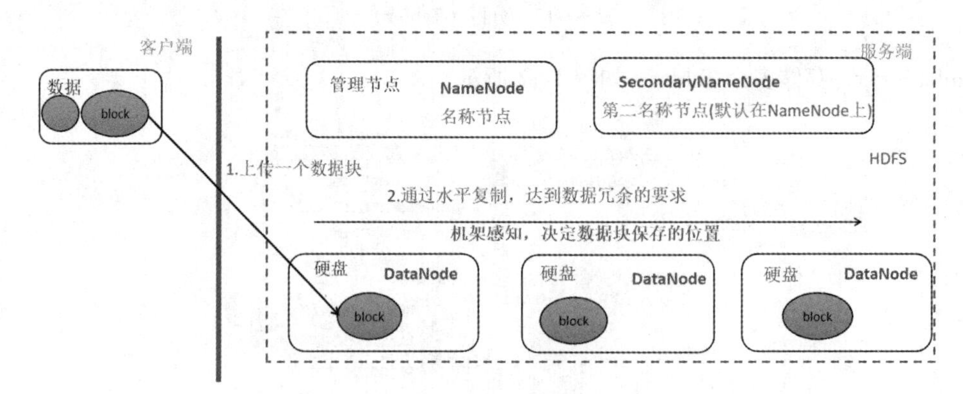

图 1-16　HDFS 的组成部分

GFS 论文提到的“块副本位置选择的策略服务大目标：最大化数据可靠性和可用性”，在 HDFS 中是通过“机架感知与副本冗余存储策略”来实现的。“机架感知与副本冗余存储策略”在第 3 章“HDFS”中会详细介绍。如图 1-17 所示，副本一保存在机架 1（Rack1），而出于安全考虑，副本二保存在与机架 1 不一样的机架（如 Rack2），而副本三则会保存在与副本二一样的机架（Rack2）。这主要是出于效率的考虑，因为副本二的主机如果坏了，可以按照就近原则，从同一个机架的其他主机获取。所以说，HDFS 中副本位置的选择策略是考虑了“安全性”和“效率”的，它是 GFS 的“副本选择目标最大化数据可靠性和可用性”的一种具体实现方式。

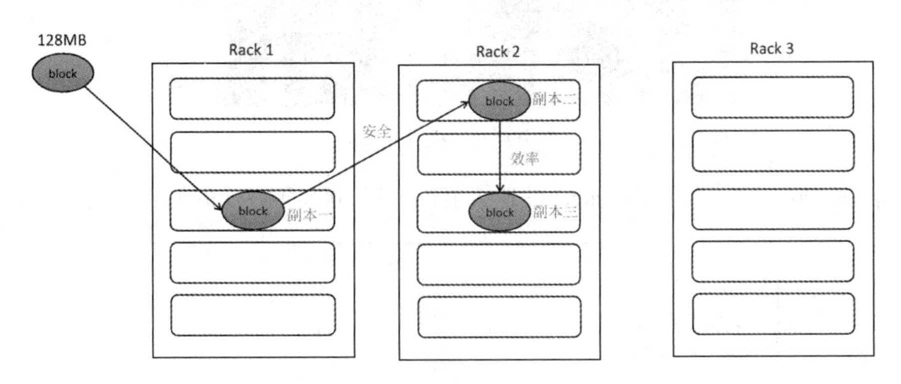

图 1-17　副本冗余存储策略

2. MapReduce

Hadoop 的 MapReduce 与 Google 公司的 MapReduce 论文所提的实现思路是一样的。

3. BigTable

HBase 是一个分布式的、面向列的开源数据库。它是在 Hadoop 之上提供了类似于 BigTable 的能力，它是对 Google 公司的 BigTable 论文思想的实现。

在架构上，HBase 主要由 HMaster 和 Region Server 两部分组成，如图 1-18 所示。表中的行用分区管理，每个分区叫作一个“Region”，存储“Region”的服务器称为“Region Server”。

HMaster 相当于 BigTable 的 Master，而 Region Server 相当于 BigTable 的 Tablet Server。

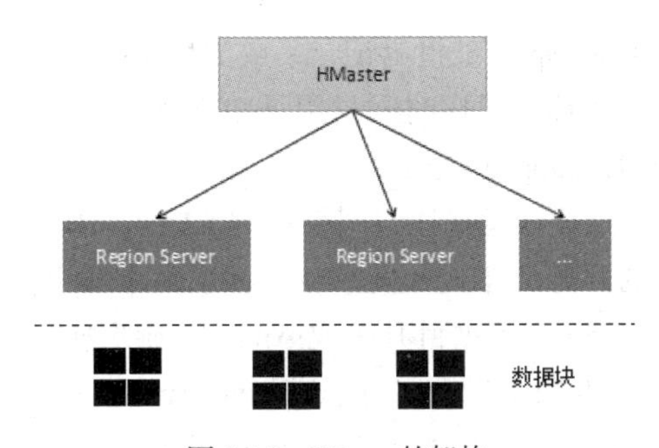

图 1-18　HBase 的架构

1.3.2　Hadoop 的发展历史

Hadoop 源自始于 2002 年的 Apache Nutch 项目。Apache Nutch 项目是一个开源的网络搜索引擎项目，并且也是 Apache Lucene 项目的一部分。图 1-19 是 Hadoop 的创始人 Doug Cutting 的照片。

图 1-19　Doug Cutting

Hadoop 在 2008 年正式成为 Apache 的顶级项目，其 2008 年以前的发展历程如图 1-20 所示。

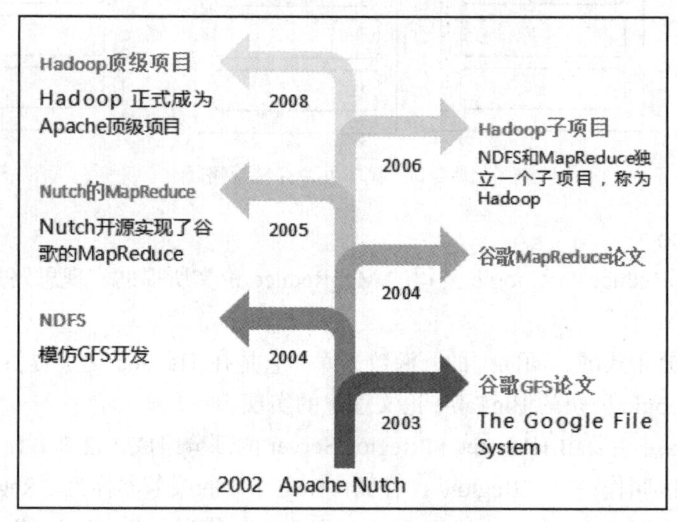

图 1-20　Hadoop 的发展历程

此后，在 2008 年 4 月，Hadoop 打破世界记录，成为最快排序 1TB 数据的系统，它采用一个由 910 个节点构成的集群进行运算，排序时间只用了 209 秒。

2008 年 9 月，Hive 成为 Hadoop 子项目。

2009 年 5 月，Hadoop 把 1TB 数据排序时间缩短到 62 秒。Hadoop 从此名声大震，迅速发展成为大数据时代最具影响力的开源分布式开发平台，并成为事实上的大数据处理标准。

2010 年 5 月，Hbase 从 Hadoop 子项目升级成 Apache 顶级项目。

2011 年 12 月，Hadoop 1.0.0 版本发布，标志着 Hadoop 已经初具生产规模。

2013 年 10 月，发布 Hadoop 2.2.0 版本，Hadoop 正式进入 2.x 时代。

2014 年，先后发布了 Hadoop 2.3.0、Hadoop 2.4.0、Hadoop 2.5.0 和 Hadoop 2.6.0。

2015 年，发布 Hadoop 2.7.0。

2016 年，发布 Hadoop 3.0-alpha 版本，预示着 Hadoop 即将进入 3.x 时代。

2017 年 12 月，Apache Hadoop 3.0.0 GA 版本正式发布。这个版本是 Apache Hadoop 3.0.0 的第一个稳定版本，有很多重大的改进，比如支持 EC、支持多于 2 个的 NameNodes、Intra-datanode。

1.3.3　Hadoop 版本的演变

Hadoop 经历了三代的版本演变，如图 1-21 所示。其中 Hadoop 2.x 是目前主流的版本。

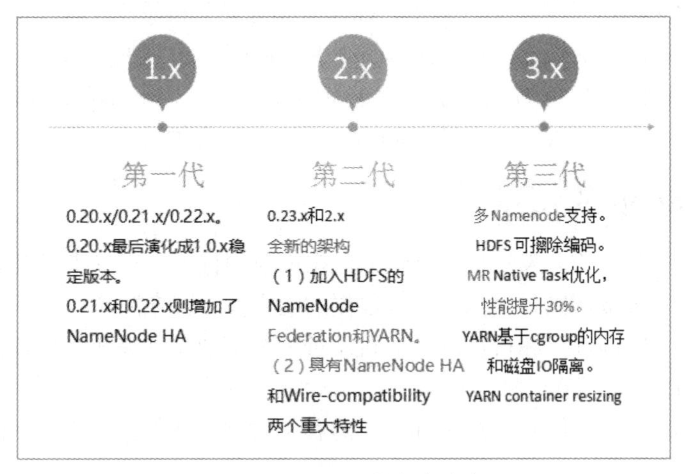

图 1-21　Hadoop 的版本演变

与 Hadoop 1.x 相比，Hadoop 2.x 采用全新的架构，最明显的变化就是增加了 YARN（一个通用资源调度框架），如图 1-22 所示。同时 Hadoop 2.x 还支持 HDFS 的 Federation（联邦）、HA（High Availability）等。

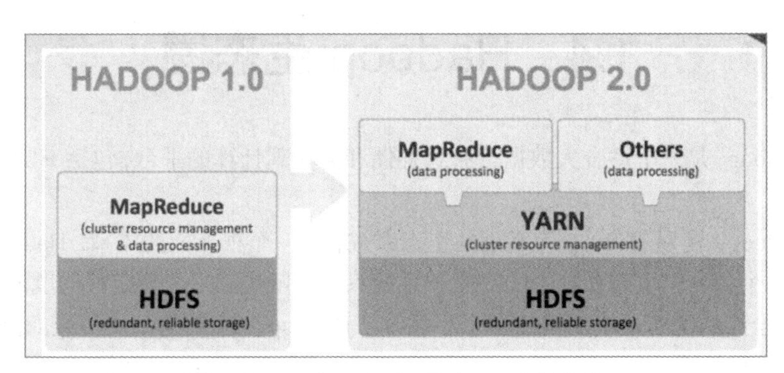

图 1-22　Hadoop 2.0 与 Hadoop 1.0 的比较

Hadoop 3.x 与 Hadoop 2.x 相比，则有如下变化。

（1）JDK 版本的最低依赖从 1.7 变成了 1.8。

（2）HDFS 支持可擦除编码（Erasure Encoding）。

（3）采用 Timeline Server v2 版本。

（4）hadoop-client 这个依赖分为 hadoop-client-api 和 hadoop-client-runtime 两个依赖。

（5）支持随机 Container 和分布式调度。

（6）MR 进行了 Task 级别的本地优化，性能提升 30%。

（7）支持多个 Standby 状态的 NameNode。

（8）多个端口被改动。

（9）支持微软公司的 Azure 分布式文件系统和阿里巴巴公司的 Aliyun 分布式文件系统。

（10）DataNode 内部添加了负载均衡。

1.3.4 Hadoop 的发行版本

Hadoop 的发行版除了社区的 Apache Hadoop 外，Cloudera、Hortonworks、MapR、EMC、IBM、Intel、华为等公司都提供了自己的商业版本。Cloudera 公司是最早将 Hadoop 商用的公司，CDH（Cloudera's Distribution Including Apache Hadoop）是 Cloudera 公司的 Hadoop 发行版，完全开源，比 Apache Hadoop 在兼容性、安全性、稳定性上有增强。HDP（Hortonworks Data Platform）则是 Hortonworks 公司的发行版，Ambari 也是 Hortonworks 公司提供的。

1.3.5 Hadoop 的特点

Hadoop 能够使用户轻松开发和运行处理大数据的应用程序。它主要有以下几个优点。

（1）高可靠性：Hadoop 按位存储和处理数据的能力强，可靠性高。

（2）高扩展性：Hadoop 是在可用的计算机集群间分配数据并完成计算任务的，这些集群可以方便地扩展到数以千计的节点。

（3）高效性：Hadoop 能够在节点之间动态地移动数据，并保证各个节点的动态平衡，因此处理速度非常快。

（4）高容错性：Hadoop 能够自动保存数据的多个副本，并且能够自动将失败的任务重新分配。Hadoop 带有用 Java 语言编写的框架，因此运行在 Linux 平台上是非常理想的。Hadoop 上的应用程序也可以使用其他语言编写，如 C++。

1.4 Hadoop 生态圈

狭义的 Hadoop：是一个适合大数据分布式存储和分布式计算的平台，包括 HDFS、MapReduce 和 YARN。

广义的 Hadoop：是以 Hadoop 为基础的生态系统，是一个很庞大的体系，Hadoop 是其中最重要、最基础的一个部分；生态系统中的每个子系统只负责解决某一个特定的问题域（甚至可能更窄），不是一个全能系统而是小而精的多个小系统。Hadoop 生态圈的主要构成如图 1-23 所示。

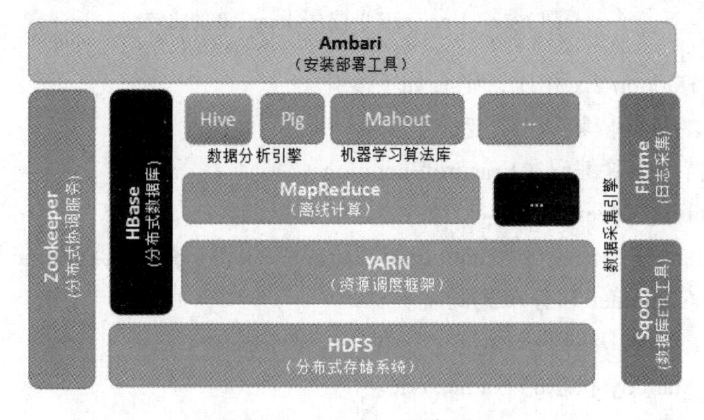

图 1-23 Hadoop 生态圈

Hadoop 生态圈的常用组件及其功能如表 1-1 所示。

表 1-1　　Hadoop 生态圈的常用组件及其功能

组　件	功　能
HDFS	分布式文件系统
YARN	资源调度框架
MapReduce	分布式并行编程模型
HBase	建立在 Hadoop 文件系统之上的分布式的列式数据库
Hive	Hadoop 上的大数据数据仓库
Pig	查询大型半结构化数据集的分析平台
Flume	一个高可用、高可靠、分布式的海量日志采集、聚合和传输的系统
Sqoop	在传统的数据库与 Hadoop 数据存储和处理平台间进行数据传递的工具
ZooKeeper	提供分布式协调一致性服务
Ambari	Hadoop 快速部署工具，支持 Apache Hadoop 集群的供应、管理和监控
Mahout	提供一些可扩展的机器学习领域经典算法的实现

1.5　Hadoop 的典型应用场景与应用架构

1.5.1　Hadoop 的典型应用场景

美国著名科技博客 GigaOM 的专栏作家 Derrick Harris 跟踪云计算和 Hadoop 技术已有多年，他总结了如下 10 个 Hadoop 的应用场景。

（1）在线旅游：目前全球范围内 80%的在线旅游网站都在使用 Cloudera 公司提供的 Hadoop 发行版。

（2）移动数据：Cloudera 公司运营总监称，美国有 70%的智能手机数据服务背后都是由 Hadoop 来支撑的，也就是说，包括数据的存储以及无线运营商的数据处理等，都在利用 Hadoop 技术。

（3）电子商务：这一场景应该是非常确定的，eBay 公司就是最大的实践者之一。国内电商在 Hadoop 技术上的储备也颇为雄厚。

（4）能源开采：美国 Chevron 公司是全美第二大石油公司，他们的 IT 部门主管介绍了 Chevron 公司使用 Hadoop 的经验，他们利用 Hadoop 进行数据的收集和处理，其中一些数据是海洋的地震数据，以便于他们找到油矿的位置。

（5）节能：能源服务商 Opower 公司也在使用 Hadoop，为消费者提供节约电费的服务，其中包括对用户电费进行预测分析。

（6）基础架构管理：这是一个非常基础的应用场景，用户可以用 Hadoop 从服务器、交换机以及其他的设备中收集并分析数据。

（7）图像处理：创业公司 Skybox Imaging 使用 Hadoop 存储并处理图片数据，从卫星拍摄的高清图像中探测地理变化。

（8）诈骗检测：这个场景用户接触得比较少，一般金融服务或者政府机构会用到。利用 Hadoop 存储所有的客户交易数据，包括一些非结构化的数据，能够帮助机构发现客户的异常活动，预防欺诈行为。

（9）IT 安全：除了用于企业 IT 基础架构的管理之外，Hadoop 还可以用来处理主机生成的数据以便甄别来自恶意软件或者网络的攻击。

（10）医疗保健：医疗行业也会用到 Hadoop，像 IBM 公司的 Watson 就会使用 Hadoop 集群作为其服务的基础，当然也使用包括语义分析等高级分析技术。医疗机构可以利用语义分析技术为患者提供医护，并协助医生更好地为患者进行诊断。

1.5.2 Hadoop 的典型应用架构

Hadoop 的典型应用架构示例如图 1-24 所示。自下而上，分为数据来源层、数据传输层、数据存储层、编程模型层、数据分析层、上层业务。结构化与非结构化的离线数据，采集后保存在 HDFS 或 HBase 中。实时流数据则通过 Kafka 消息队列发送给 Storm。

在编程模型层，Spark 与 MapReduce 框架的数据交互，一般通过磁盘完成，这样的效率是很低的。为了解决这个问题，引入了 Tachyon 中间层，数据交换实际上就在内存中进行了。

HDFS、HBase、Tachyon 集群的 Master 通过 ZooKeeper 来管理，宕机时会自动选举出新的 Leader，并且从节点会自动连接到新的 Leader 上。

数据分析层，采用机器学习的预测模型和集成学习的策略，进行大数据挖掘。

上层业务可以从数据分析层获取数据，为用户提供大数据可视化展示。

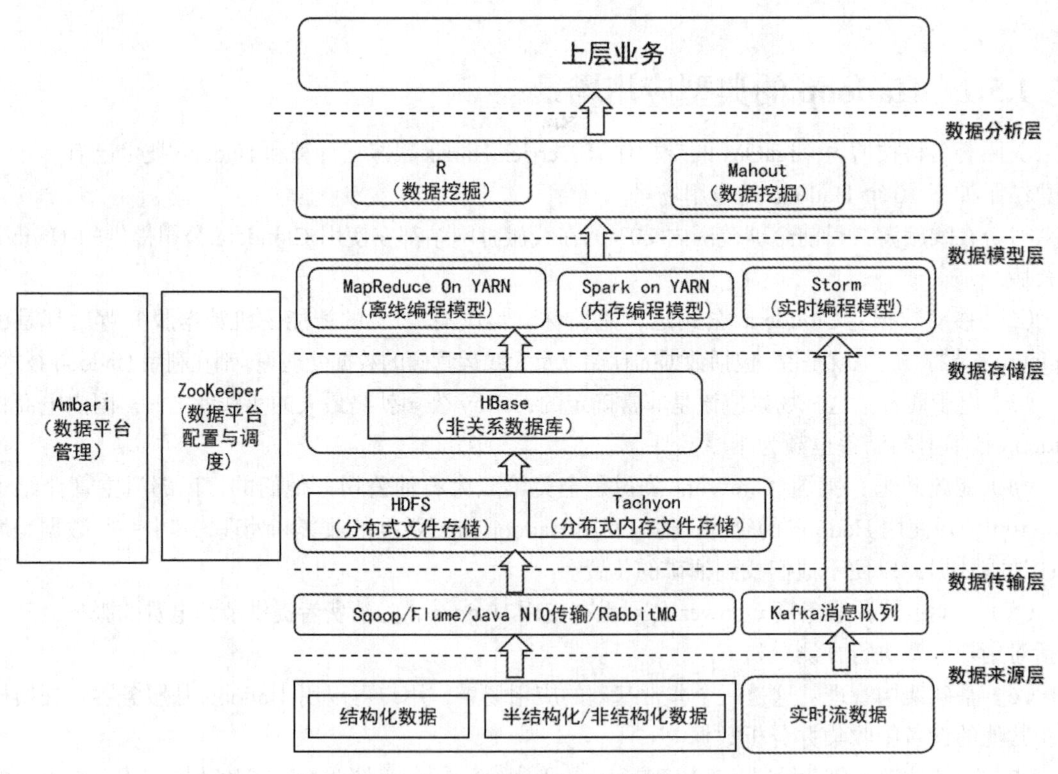

图 1-24　Hadoop 应用架构示例

习　　题

1-1　什么是大数据？

1-2　如何理解 PageRank？

1-3　请列举三个 Hadoop 组件，并对每个组件分别列举两个实际的应用。

第2章 Hadoop 环境设置

Hadoop 的安装方式有三种模式：单机模式（Standalone Mode）、伪分布式模式（Pseudo-Distributed Mode）、完全分布式模式（Fully-Distributed Mode）。

三种模式的特点和区别如下。

单机模式（Standalone Mode）：单机模式是指 Hadoop 运行在一台主机上，按默认配置以非分布式模式运行一个独立的 Java 进程。单机模式的特点是：没有分布式文件系统，直接在本地操作系统的文件系统读/写；不需要加载任何 Hadoop 的守护进程。它一般用于本地 MapReduce 程序的调试。单机模式是 Hadoop 的默认模式。

伪分布式模式（Pseudo-Distributed Mode）：伪分布式模式是指 Hadoop 运行在一台主机上，使用多个 Java 进程，模仿完全分布式的各类节点。伪分布式模式具备完全分布式的所有功能，常用于调试程序。

完全分布式模式（Fully-Distributed Mode）：完全分布式模式也叫集群模式，是将 Hadoop 运行在多台主机中，各个主机按照相关配置运行相应的 Hadoop 守护进程。完全分布式模式是真正的分布式环境，可用于实际的生产环境。

本章将介绍安装前准备以及 Hadoop 的三种模式的安装方法。

2.1 安装前准备

个人搭建 Hadoop 环境，需要准备一台计算机，建议配置如下。

- 64 位 Windows 操作系统。
- 处理器：四核 2GHz 及以上。
- 系统内存：8GB 或更高。
- 磁盘空间：100 GB 的剩余空间。
- 良好的网络环境。

本书采用的软件安装包如下。

- 虚拟机版本：VMware Workstation 14.1.2 build-8497320。
- Ubuntu 安装镜像文件：ubuntu-16.04.4-desktop-amd64.iso。
- Xshell 6.0 及 Xftp 6.0。
- JDK 安装包：jdk-8u171-linux-x64.tar.gz。

- Hadoop 安装包：hadoop-2.7.3.tar.gz。

2.1.1　安装虚拟机

虚拟机是一种虚拟化技术，它能实现在现有的操作系统上多运行一个或多个操作系统。本书在 Windows 64 位操作系统上安装 VMware 公司的虚拟机软件 VMware Workstation Pro，并安装 Ubuntu 16.04 操作系统。安装虚拟机的步骤如下。

（1）下载 VMware 安装包。到 VMware Workstation Pro 官网，选择对应的版本进行下载。本书选择的版本是 VMware Workstation 14 Pro。

（2）安装 VMware。双击安装文件，按提示操作至安装完成。

（3）新建虚拟机。打开 VMware 软件，单击主页的【创建新的虚拟机】按钮开始创建虚拟机，如图 2-1 所示。

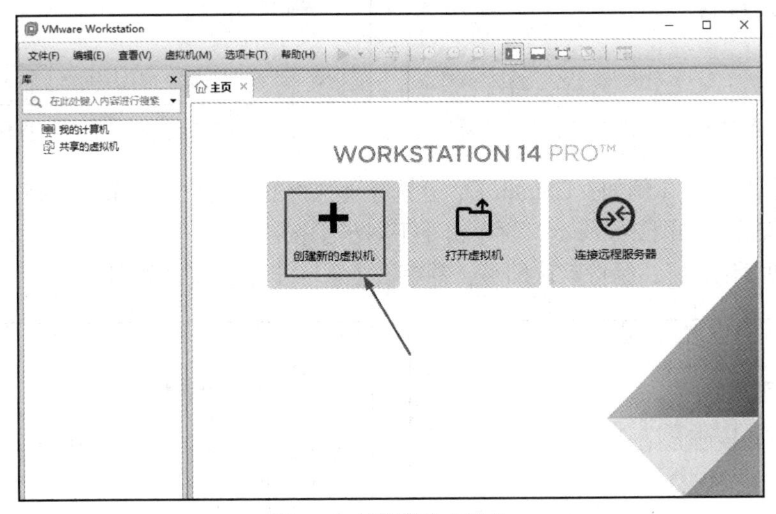

图 2-1　创建新的虚拟机

单击选中“自定义（高级）”选项，如图 2-2 所示，并单击【下一步】按钮。

选择“虚拟机硬件兼容性”，默认即可，直接单击【下一步】按钮，如图 2-3 所示。

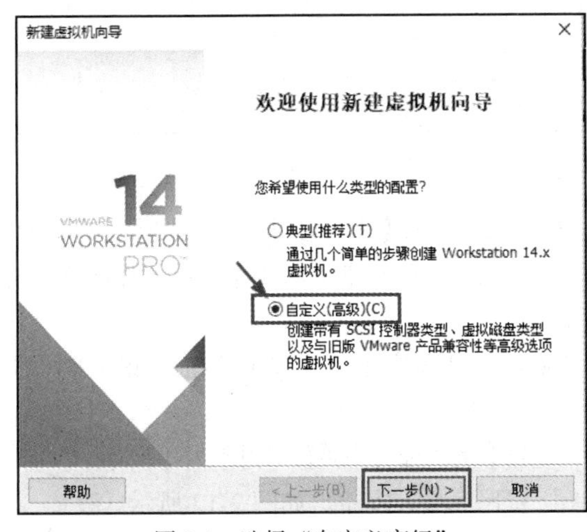

图 2-2　选择“自定义高级”

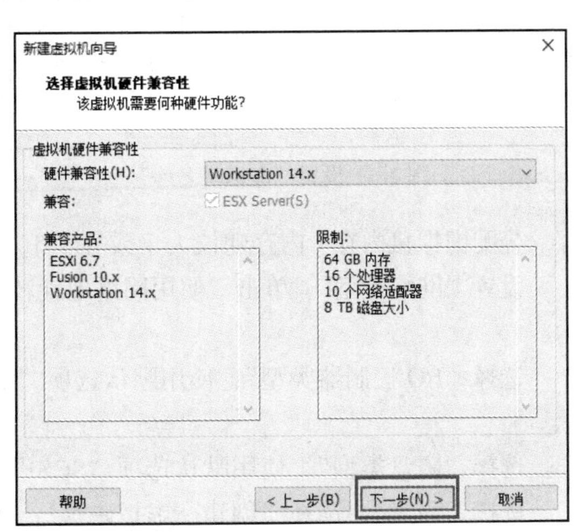

图 2-3　选择“虚拟机硬件兼容性”

选择“稍后安装操作系统”，单击【下一步】按钮，如图 2-4 所示。

选择“客户机操作系统”，单击选中“Linux（L）”，如图 2-5 所示，再单击【下一步】按钮。

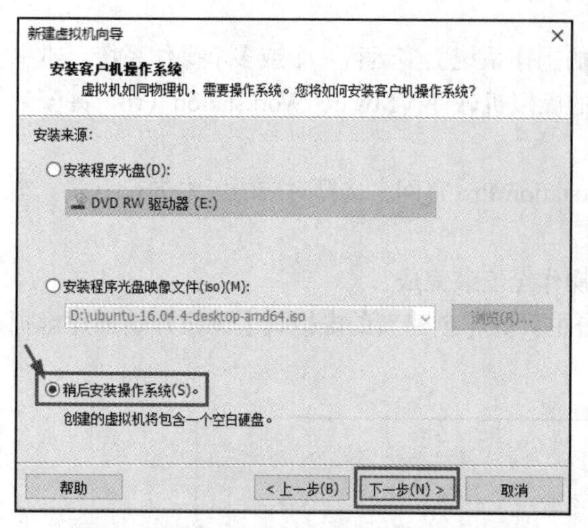

图 2-4　选择“安装客户机操作系统”选项

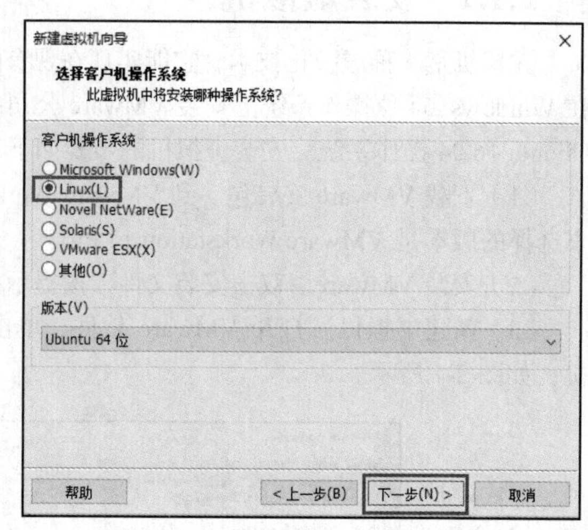

图 2-5　选择“客户机操作系统”

设置“虚拟机名称（例如：Ubuntu）”，并选择虚拟机的安装位置，最好选择一个有空余空间的磁盘分区来安装，如图 2-6 所示，再单击【下一步】按钮。

设置“处理器配置”，保持默认即可，并单击【下一步】按钮，如图 2-7 所示。

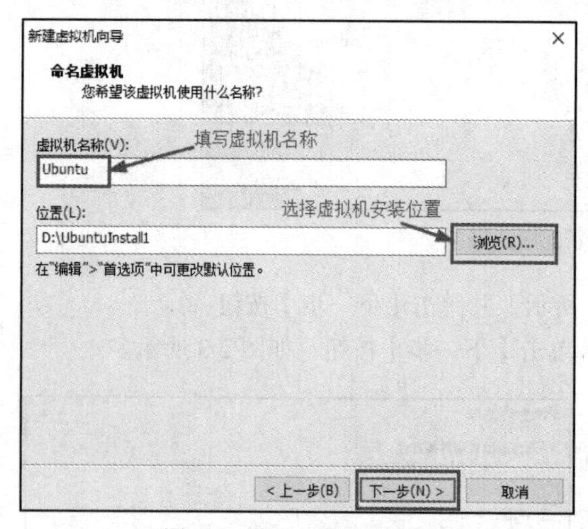

图 2-6　设置“虚拟机名称”

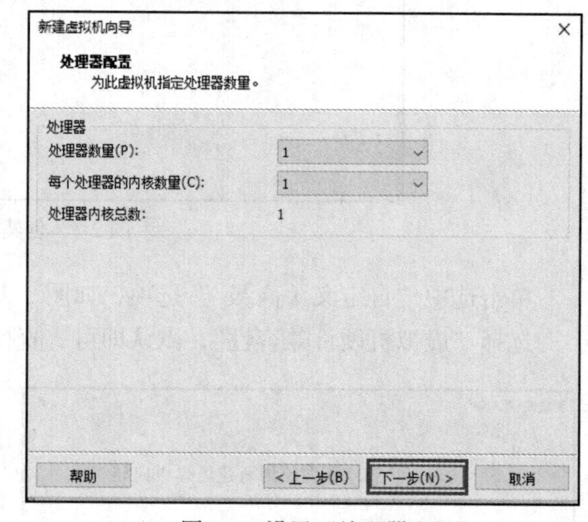

图 2-7　设置“处理器配置”

分配虚拟机内存（内存建议大于或等于 1024MB），然后单击【下一步】按钮，如图 2-8 所示。

设置“网络类型”，单击“使用网络地址转换（NAT）”，并单击【下一步】按钮，如图 2-9 所示。

选择“I/O 控制器类型”，使用默认选项“LSI Logic”，并单击【下一步】按钮，如图 2-10 所示。

选择“磁盘类型”，使用默认选项“SCSI”，并单击【下一步】按钮，如图 2-11 所示。

选择“磁盘”，选择“创建新虚拟磁盘”，并单击【下一步】按钮，如图 2-12 所示。

指定“磁盘容量”，建议设为 20GB 或更大，并单击【下一步】按钮，如图 2-13 所示。

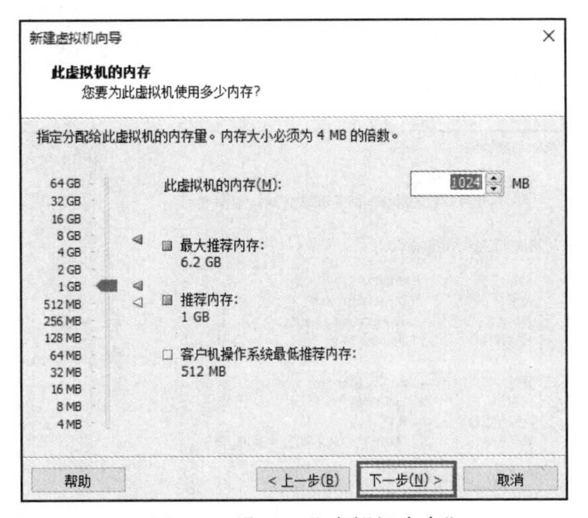

图 2-8　设置“此虚拟机内存”

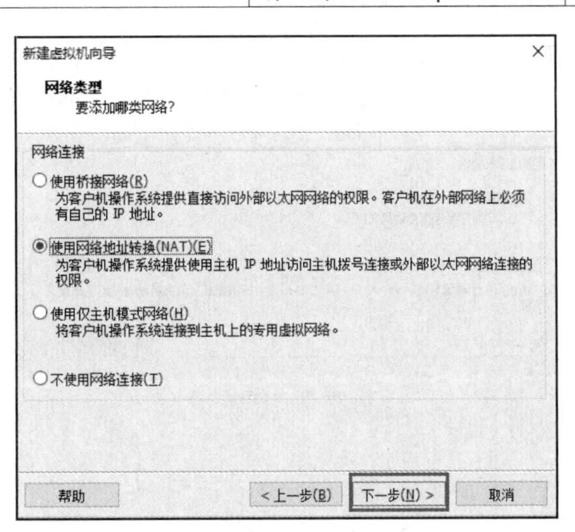

图 2-9　设置“网络类型”

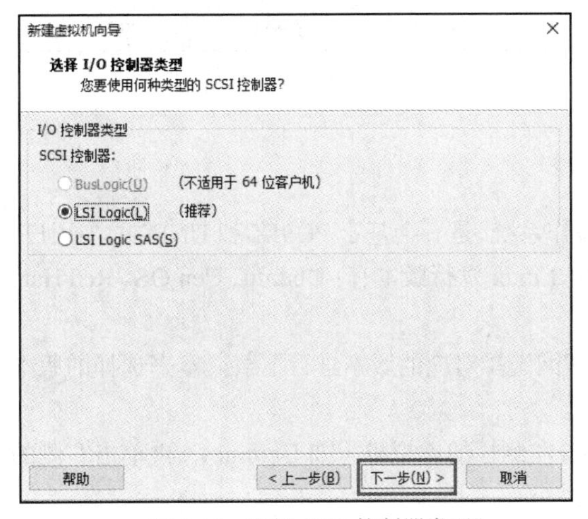

图 2-10　选择“I/O 控制器类型”

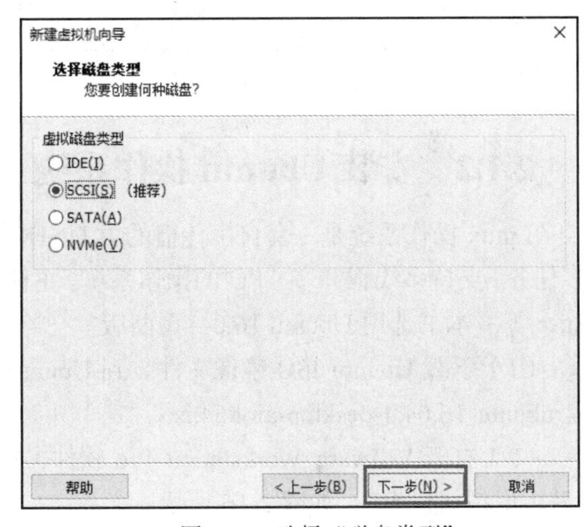

图 2-11　选择“磁盘类型”

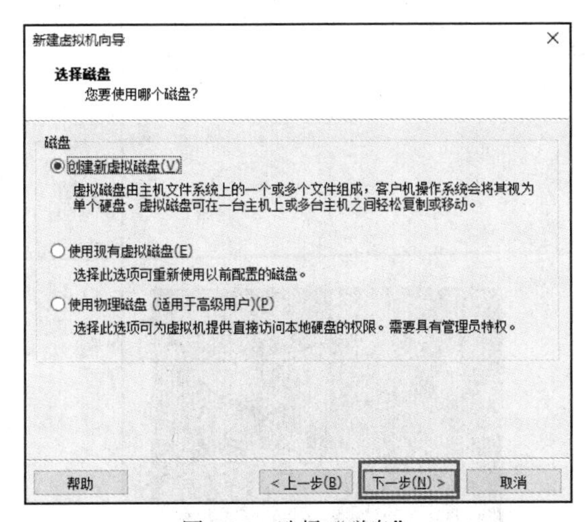

图 2-12　选择“磁盘”

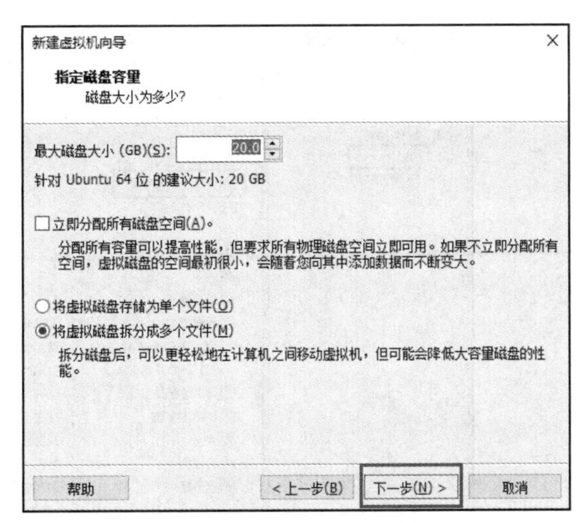

图 2-13　指定“磁盘容量”

指定“磁盘文件”，保留默认的位置或单击【浏览】按钮选择其他位置，并单击【下一步】按钮，如图 2-14 所示。

单击【完成】按钮，完成虚拟机的安装，如图 2-15 所示。

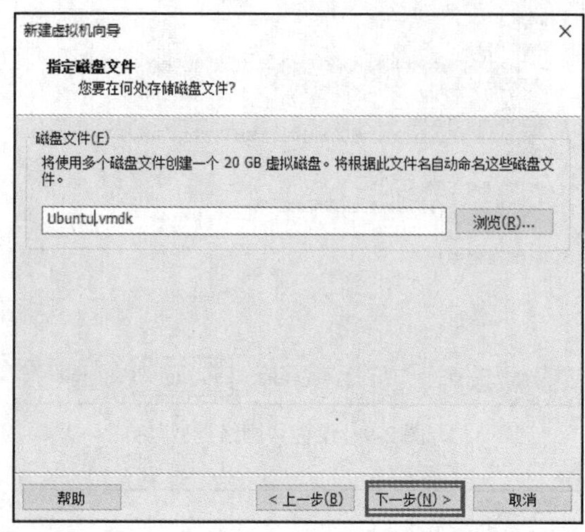

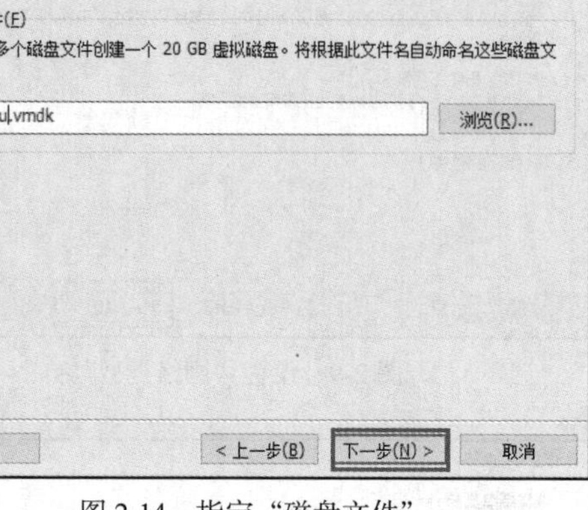

图 2-14　指定“磁盘文件”

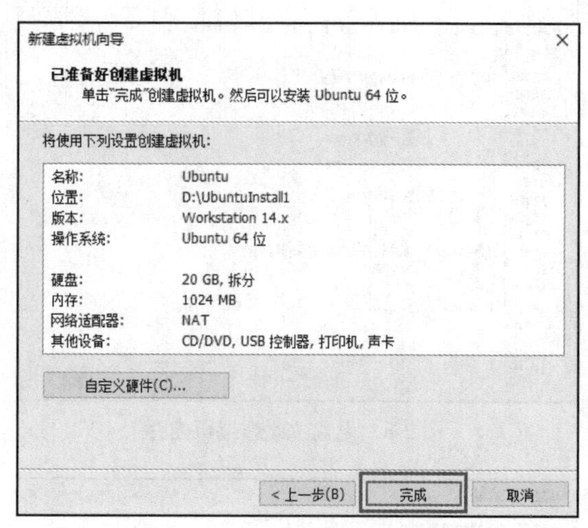

图 2-15　已准备好创建虚拟机

2.1.2　安装 Ubuntu 操作系统

Linux 操作系统是一套自由传播的类 UNIX 操作系统，是一个基于 POSIX 和 UNIX 的多用户、多任务、支持多线程和多 CPU 的操作系统。主流的 Linux 发行版本有：Ubuntu、CentOS、Red Hat、Suse 等。本书选用 Ubuntu 16.04　桌面版。

（1）下载 Ubuntu ISO 镜像文件。到 Ubuntu 官网选择对应的版本进行下载。本书选择的版本是 ubuntu-16.04.4-desktop-amd64.iso。

（2）打开 VMware Workstation Pro 软件，单击左侧栏的虚拟机（如 Ubuntu），再单击右侧的“编辑虚拟机设置”，如图 2-16 所示。

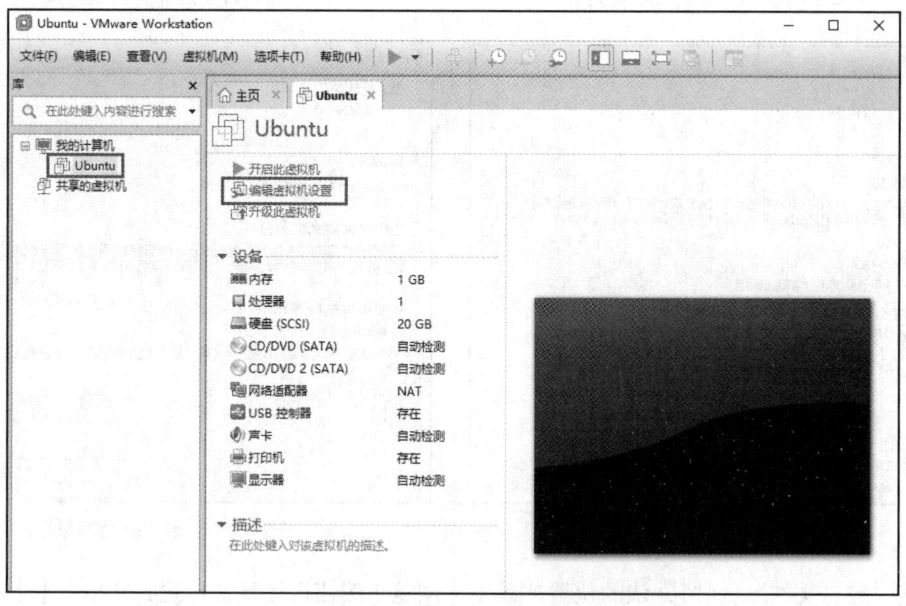

图 2-16　编辑虚拟机设置

选择“CD/DVD(SATA)”，连接选择“使用 ISO 映像文件”，单击【浏览】按钮，选择下载的 ISO 镜像文件，单击【确定】按钮，如图 2-17 所示。

图 2-17　选择 ISO 映像文件

单击“开启此虚拟机”，然后根据提示安装至完成，如图 2-18 所示。

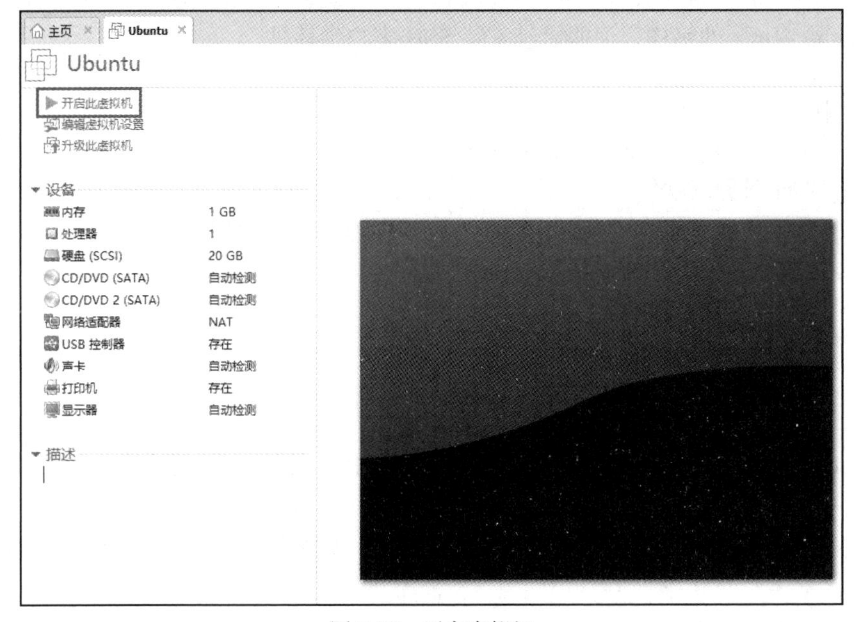

图 2-18　开启虚拟机

2.1.3 关闭防火墙

如果不关闭 Ubuntu 操作系统的防火墙，则可能会出现以下几种情况。

（1）无法正常访问 Hadoop HDFS 的 Web 管理页面。

（2）会导致后台某些运行脚本（如后面要学习的 Hive 程序）出现假死状态。

（3）在删除和增加节点的时候，会让数据迁移处理时间更长，甚至不能正常完成相关操作。

所以我们要关闭防火墙。关闭防火墙的命令如下。

```
$ sudo ufw disable
Firewall stopped and disabled on system startup
```

查看防火墙状态，状态为“不活动”，说明防火墙已经关闭。

```
$ sudo ufw status
Status: inactive
```

注意：本书使用的命令以“$”开头时，代表当前用户为普通用户；“#”开头代表当前用户为 root 用户。命令行中的“$”或者“#”是不需要输入的，例如，“$ sudo ufw status”只需要在终端命令行输入“sudo ufw status”即可。

2.1.4 SSH 安装

SSH 是 Secure Shell 的缩写，它是一种建立在应用层基础上的安全协议。SSH 是目前较可靠，专为远程登录会话和其他网络服务提供安全性的协议。利用 SSH 协议可以有效防止远程管理过程中的信息泄露。

SSH 由客户端（openssh-client）软件和服务端（openssh-server）软件组成。在安装 SSH 服务时，需要 Ubuntu 操作系统连接互联网。

1. 安装 SSH 客户端软件

Ubuntu 操作系统默认安装有 SSH 客户端软件，可通过以下命令查看是否已安装，如果返回包含“openssh-client”的字样，说明已经安装 SSH 客户端软件。

```
$ sudo dpkg -l | grep ssh
```

否则，用以下命令安装。

```
$ sudo apt-get install openssh-client
```

2. 安装 SSH 服务端软件

Ubuntu 操作系统默认没有安装 SSH 服务端软件，安装命令如下。

```
$ sudo apt-get install openssh-server
```

重启 SSH 服务，命令如下。

```
$ sudo /etc/init.d/ssh restart
```

2.1.5 安装 Xshell 及 Xftp

使用 Xshell 可以通过 SSH 协议远程连接 Linux 主机，使用 Xftp 可安全地在 UNIX/Linux 和 Windows 之间传输文件。可打开 NetSarang 官网下载最新的 Xshell 及 Xftp 免费版本，本书采用的是 Xshell 6.0 及 Xftp 6.0 免费版本。安装 Xshell 和 Xftp 较简单，只需要双击安装文件默认安装即可。

安装完 Xshell 及 Xftp 后，打开 Xshell，选中左侧所有会话，单击鼠标右键，选择【新建】-【会话】，如图 2-19 所示。

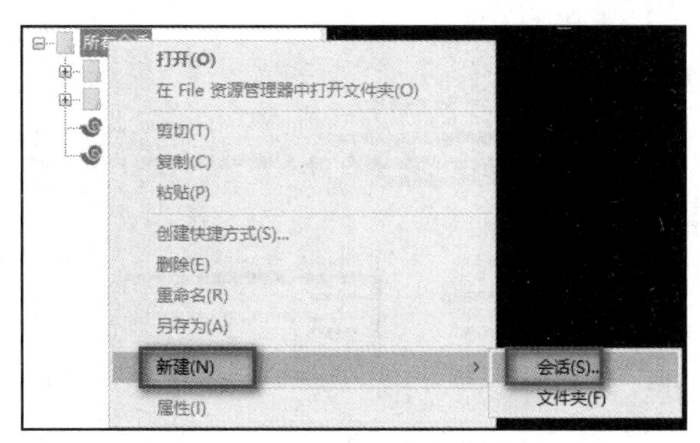

图 2-19　在 Xshell 中新建会话

在连接中，设置名称及主机。其中，主机是上面安装的 Ubuntu 操作系统的 IP 地址，如图 2-20 所示。

图 2-20　输入连接信息

说明，如果要查看 Ubuntu 操作系统的 IP 地址，可采用如下命令。

```
$ ifconfig
```

例如，显示如下结果，表示 Ubuntu 操作系统的 IP 地址是“192.168.30.128”。目前的 IP 地址是自动获取的，建议读者参考相关资料将 IP 地址设置为固定的。

```
ens160 Link encap:Ethernet  HWaddr 00:0c:29:bf:e1:df
      inet addr:192.168.30.128  Bcast:192.168.30.255  Mask:255.255.255.0
```

再在 Xshell 会话设置中，设置 Ubuntu 操作系统的登录用户名和密码，单击【连接】按钮即可开始连接上前面安装好 Ubuntu 操作系统，如图 2-21 所示。

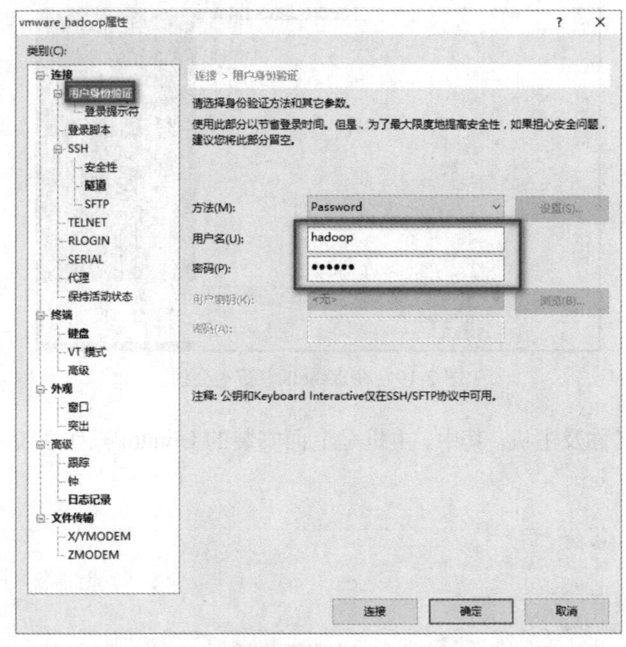

图 2-21　设置 Ubuntu 操作系统的用户名和密码

2.1.6　安装 JDK

Hadoop 是基于 Java 语言开发的，运行 Hadoop 需要安装 JDK（Java Development Kit）。

1．下载安装包并上传到 Linux 系统

JDK 安装包需要在 Oracle 官网下载。本书采用的 JDK 安装包为 jdk-8u171-linux-x64.tar.gz。将安装包下载至 Windows 本地目录下，例如，D:\soft。在 Xshell 软件中，单击上方的绿色小图标，打开 Xftp，如图 2-22 所示。

在弹出的 Xftp 窗口中，把 JDK 的安装包上传到 Ubuntu 系统~目录下，如图 2-23 所示。

图 2-22　打开 Xftp

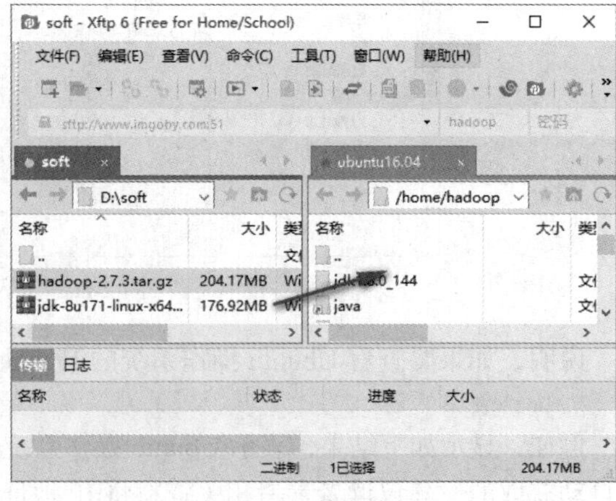

图 2-23　上传安装包

上传成功后，在 Ubuntu 操作系统下通过 ls 命令查看，命令及结果如下。

```
$ ls ~
jdk-8u171-linux-x64.tar.gz
```

2. 解压安装包到~目录下

```
$ cd ~
$ tar -zxvf jdk-8u171-linux-x64.tar.gz
```

3. 建立 JDK 软链接，以方便后续使用

```
$ ln -s jdk1.8.0_171 jdk
```

4. 设置 JDK 环境变量

```
$ vi ~/.bashrc      /*vi 为打开文件命令
```

在文件内容的末尾添加如下代码（注意：等号两侧不要有空格）。

```
export JAVA_HOME=~/jdk
export JRE_HOME=${JAVA_HOME}/jre
export CLASSPATH=$JAVA_HOME/lib/dt.jar:$JAVA_HOME/lib/tools.jar:.
export PATH=${JAVA_HOME}/bin:$PATH
```

5. 使设置生效

```
$ source ~/.bashrc
```

6. 检验是否安装成功

```
$ java -version
```

出现如下版本信息表示 JDK 安装成功。

```
java version "1.8.0_171"
Java(TM) SE Runtime Environment (build 1.8.0_171-b11)
Java HotSpot(TM) 64-Bit Server VM (build 25.171-b11, mixed mode)
```

2.1.7 下载 Hadoop 并解压

1. 下载 Hadoop 安装包

进入 Apache 官网，选择对应版本的 Hadoop 安装包，下载到 Windows 系统目录下，如 D:\soft，通过 Xftp 将 Hadoop 安装包上传至 Ubuntu 系统~目录。本书使用的 Hadoop 版本信息为 hadoop-2.7.3.tar.gz。

2. 解压安装包

解压安装包至~目录。

```
$ cd ~
$ tar -zxvf hadoop-2.7.3.tar.gz
```

3. 创建软链接

```
$ ln -s hadoop-2.7.3 hadoop
```

4. 设置环境变量

（1）为了可以在任意目录下使用 Hadoop 相关命令，需要告诉操作系统 Hadoop 的命令在哪些目录下。在~/.bashrc 文件中设置 PATH 的环境变量，系统会在设置的目录下查找命令。

```
$ vi ~/.bashrc
```

在打开文件的末尾添加以下两行代码，保存并退出。

```
export HADOOP_HOME=~/hadoop
export PATH=$PATH:$HADOOP_HOME/bin:$HADOOP_HOME/sbin
```

（2）使设置生效。

```
$ source ~/.bashrc
```

验证 Hadoop 环境变量设置是否正确的方法如下。

```
$ whereis hdfs
```

```
    hdfs: /home/hadoop/hadoop-2.7.3/bin/hdfs /home/hadoop/hadoop-2.7.3/bin/hdfs.cmd
    $ whereis start-all.sh
    start-all: /home/hadoop/hadoop-2.7.3/sbin/start-all.sh /home/hadoop/hadoop-2.7.3/
sbin/start-all.cmd
```

如果能正常显示 hdfs 和 start-all.sh 的路径说明设置正确。

（3）解压后的目录“~/hadoop-2.7.3”说明如下。

```
.
├── bin  ---存放操作命令，hdfs/hadoop 在这里
├── etc
│   └── hadoop  ---所有配置文件
├── include
├── lib       ---本地库（native 库，一些.so）
├── libexec
├── LICENSE.txt
├── logs      ---日志
├── NOTICE.txt
├── README.txt
├── sbin   ---集群的命令，如启动、停止
├── share
│   ├── doc   --文档
│   └── hadoop   --所有依赖的 jar 包
│       ├── common
│       │   ├── hadoop-common-2.7.3.jar
│       │   ├── hadoop-common-2.7.3-tests.jar
│       │   ├── hadoop-nfs-2.7.3.jar
│       │   ├── lib
│       │   ├── sources
│       │   └── templates
│       │       └── core-site.xml
│       ├── hdfs
│       │   ├── hadoop-hdfs-2.7.3.jar
│       │   ├── hadoop-hdfs-2.7.3-tests.jar
│       │   ├── hadoop-hdfs-nfs-2.7.3.jar
│       │   ├── jdiff
│       │   └── lib
│       ├── httpfs
│       ├── kms
│       │
│       ├── mapreduce
│       │   ├── hadoop-mapreduce-client-app-2.7.3.jar
│       │   ├── hadoop-mapreduce-client-common-2.7.3.jar
│       │   ├── hadoop-mapreduce-client-core-2.7.3.jar
│       │   ├── hadoop-mapreduce-client-hs-2.7.3.jar
│       │   ├── hadoop-mapreduce-client-hs-plugins-2.7.3.jar
│       │   ├── hadoop-mapreduce-client-jobclient-2.7.3.jar
│       │   ├── hadoop-mapreduce-client-jobclient-2.7.3-tests.jar
│       │   ├── hadoop-mapreduce-client-shuffle-2.7.3.jar
│       │   ├── hadoop-mapreduce-examples-2.7.3.jar    ---示例 wordcount 在这里
│       │   ├── lib
│       │   └── sources
│       ├── tools
│       └── yarn
│           ├── hadoop-yarn-api-2.7.3.jar
```

```
|       ├── hadoop-yarn-applications-distributedshell-2.7.3.jar
|       ├── hadoop-yarn-applications-unmanaged-am-launcher-2.7.3.jar
|       ├── hadoop-yarn-client-2.7.3.jar
|       ├── hadoop-yarn-common-2.7.3.jar
|       ├── hadoop-yarn-registry-2.7.3.jar
|       ├── hadoop-yarn-server-applicationhistoryservice-2.7.3.jar
|       ├── hadoop-yarn-server-common-2.7.3.jar
|       ├── hadoop-yarn-server-nodemanager-2.7.3.jar
|       ├── hadoop-yarn-server-resourcemanager-2.7.3.jar
|       ├── hadoop-yarn-server-sharedcachemanager-2.7.3.jar
|       ├── hadoop-yarn-server-tests-2.7.3.jar
|       ├── hadoop-yarn-server-web-proxy-2.7.3.jar
|       ├── lib
|       ├── sources
|       └── test
```

2.1.8　克隆主机

下面的步骤演示如何搭建完全分布模式，它需要 3 台主机。这里可以从第 1 台主机多克隆出 3 台主机。如果读者不考虑搭建完全分布模式，则可以跳过本小节内容。

（1）单击 Ubuntu-VMware Workstation 界面上方的小三角形，在下拉菜单中单击【关闭客户机】，先关闭 Ubuntu 主机（否则无法进行克隆操作），如图 2-24 所示。

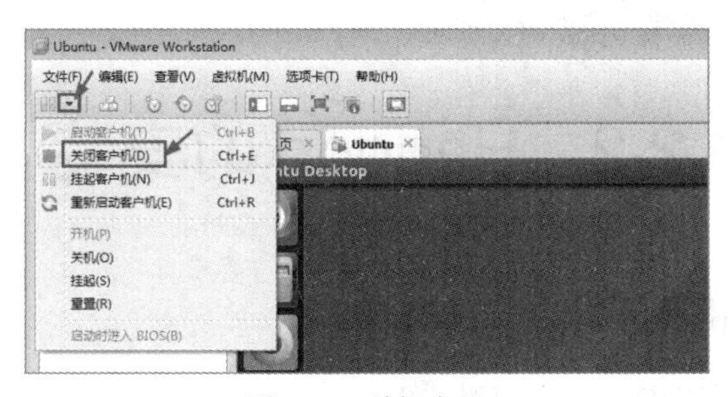

图 2-24　关闭主机

（2）在左侧栏单击要克隆的 Ubuntu 主机，单击右键，在弹出的界面中再单击【管理】-【克隆】，如图 2-25 所示。

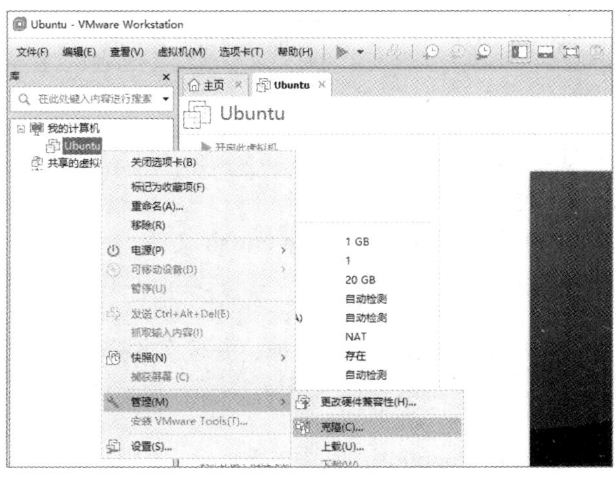

图 2-25　克隆主机

（3）连续单击【下一步】按钮至“克隆类型”界面，选择“创建完整克隆”，单击【下一步】按钮，如图 2-26 所示。

（4）修改虚拟机名称和位置，如图 2-27 所示。每台克隆机需要安装在一个空的文件夹里。

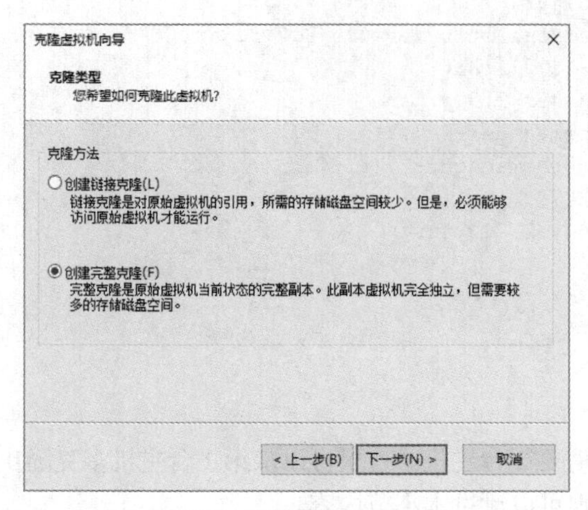

图 2-26 “克隆类型”界面

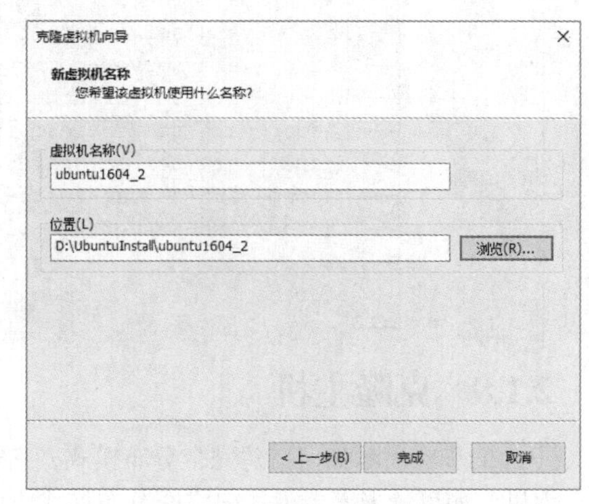

图 2-27 新建虚拟机名称

（5）单击【完成】按钮，等待克隆完成，此过程大概需要 3~5 分钟。

重复以上步骤，一共克隆出 3 台主机。

2.2 Hadoop 的安装

2.2.1 安装单机模式

Hadoop 单机模式没有 HDFS，只能测试 MapReduce 程序。MapReduce 处理的是本地 Linux 的文件数据。表 2-1 为安装 Hadoop 单机模式所需要配置的文件、属性名称属性值及含义。

表 2-1 Hadoop 单机模式的配置

文件名称	属性名称	属性值	含义
hadoop-env.sh	JAVA_HOME	/home/<用户名>/jdk	JAVA_HOME

1. 安装前准备

与 2.1 节一样，请参照 2.1 节操作。

2. 设置 Hadoop 配置文件

进入 Hadoop 配置文件所在目录，修改 hadoop-env.sh 文件。

```
$ cd ~/hadoop/etc/hadoop
$ vi hadoop-env.sh
```

找到 export JAVA_HOME 一行，把行首的#去掉，并按实际修改 JAVA_HOME 的值。

```
# The java implementation to use.
export JAVA_HOME=/home/hadoop/jdk
```

注意：JAVA_HOME=/home/hadoop/jdk，其中的 hadoop 为用户名，注意要按实际修改。

3. 测试 Hadoop

下面讲解在单机模式下测试 MapReduce 程序。

创建输入文件。

```
$ mkdir  ~/input
$ cd ~/input
$ vi data.txt
```

往 data.txt 写入如下内容，保存退出。

```
Hello World
Hello Hadoop
```

运行 MapReduce WordCount 例子，命令如下。

```
$ cd ~/hadoop/share/hadoop/mapreduce
$ hadoop jar hadoop-mapreduce-examples-2.7.3.jar wordcount ~/input/data.txt  ~/output
```

采用下面命令查看结果。

```
$ cd ~/output
$ ls
$ cat part-r-00000
Hadoop   1
Hello   2
World   1
```

2.2.2　安装伪分布式模式

伪分布式其实是完全分布式的一种特例，但它只有一个节点。表 2-2 为安装伪分布式模式所需要修改的文件、属性名称、属性值及含义。

表 2-2　伪分布式模式的配置

文件名称	属性名称	属性值	含义
hadoop-env.sh	JAVA_HOME	/home/<用户名>/jdk	JAVA_HOME
.bashrc	HADOOP_HOME	~/hadoop	HADOOP_HOME
core-site.xml	fs.defaultFS	hdfs://<ip>:8020	配置 NameNode 地址，8020 是 RPC 通信端口
	hadoop.tmp.dir	/home/<用户名>/hadoop/tmp	HDFS 数据保存在 Linux 的哪个目录，默认值是 Linux 的/tmp 目录
hdfs-site.xml	dfs.replication	1	副本数
mapred-site.xml	mapreduce.framework.name	yarn	配置为 yarn 表示是集群模式，配置为 local 表示是本地模式
yarn-site.xml	yarn.resourcemanager.hostname	<ip>	ResourceManager 的 IP 地址或主机名
	yarn.nodemanager.aux-services	mapreduce_shuffle	NodeManager 上运行的附属服务

1. 安装前准备

与 2.1 节一样，请参照 2.1 节操作。

2. 修改主机名

查看 Ubuntu 操作系统的主机名，参考下面的命令。

```
$ hostname
hadoop-virtual-machine
```

为了安装方便和易于记忆，将这台主机的主机名修改为 node1。

用 vi 命令编辑/etc/hostname 文件。

```
$ sudo vi /etc/hostname
```

将原有内容删除，添加如下内容。

```
node1
```

重启 Ubuntu 操作系统，使修改生效。

```
$ sudo reboot
```

3. 映射 IP 地址及主机名

先查看 Ubuntu 操作系统的 IP 地址，可参考 2.1.5 小节。比如，这里查到的 IP 地址是“192.168.30.128”。

修改/etc/hosts 文件。

```
$ sudo vi /etc/hosts
```

在文件末尾添加一下内容，下面的 IP 地址根据实际的 IP 地址修改。

```
192.168.30.128      node1
```

4. 免密登录设置

如果只需要本机登录别的主机，把本机当作客户端，则在本机安装 SSH 客户端（openssh-client）软件即可。如果要让别的主机（包括本机自己）登录本机，也就是说把本机当作服务端，就需要安装 SSH 服务端（openssh-server）软件。Ubuntu 操作系统默认没有安装 SSH 服务端软件，请参考 2.1.4 进行安装。

登录其他主机时，通常需要输入密码。如果要让普通用户（如 hadoop）无须输入密码就可以登录集群内的主机，即实现免密登录，通常的做法是在本机创建一个密钥对（包括公钥和私钥），并将公钥发送给集群内所有的主机进行认证，即可实现免密登录。

伪分布式只有一个节点，本机同时扮演着客户端和服务端的角色。在 SSH 客户端软件和 SSH 服务端软件都安装好的前提下，进行以下免密登录设置。

（1）生成密钥对

```
$ ssh-keygen -t rsa
```

其中，rsa 表示加密算法，键入上面一条命令后连续敲击三次回车键，系统会自动在~/.ssh 目录下生成公钥（id_rsa.pub）和私钥（id_rsa），可通过命令$ ls ~/.ssh 查看。

```
$ ls ~/.ssh
id_rsa  id_rsa.pub
```

（2）追加公钥

我们以本机登录本机自己为例（连接本机），将公钥追加到~/.ssh/authorized_keys 文件中。

```
$ ssh-copy-id -i ~/.ssh/id_rsa.pub node1
```

通过命令$ ls ~/.ssh 查看，认证文件 authorized_keys 已经生成。读者如果感兴趣，可以通过 cat 命令查看 authorized_keys 内容是否包含有 id_rsa.pub 的内容。

```
$ ls ~/.ssh
authorized_keys  id_rsa  id_rsa.pub
```

（3）免密登录验证

执行命令 ssh node1，首次登陆需要输入“yes”，第二次登录就不需要输入任何信息了。注意命令行路径的变化。以下实例免密登录之前的路径是“~/.ssh”，登录后的路径是“~”。

```
hadoop@node1:~/.ssh$ ssh node1
Welcome to Ubuntu 16.04.4 LTS (GNU/Linux 4.13.0-36-generic x86_64)
 * Documentation:  https://help.ubuntu.com
```

```
 * Management:    https://landscape.canonical.com
 * Support:       https://ubuntu.com/advantage
250 packages can be updated.
134 updates are security updates.
Last login: Sat Jul 14 21:19:26 2018 from 192.168.30.128
hadoop@node1:~$
```

用命令$ exit 退出 node1 登录，路径由“~”变为了登录前的“~/.ssh”。

```
hadoop@node1:~$ exit
logout
Connection to node1 closed.
hadoop@node1:~/.ssh$
```

5. 设置 Hadoop 配置文件

安装 Hadoop 伪分布式模式，总共有 5 个文件需设置，它们分别是 hadoop-env.sh、core-site.xml、hdfs-site.xml、mapred-site.xml、yarn-site.xml。这些配置文件的路径均在${HADOOP_HOME}/etc/hadoop 目录下。

进入 Hadoop 配置文件所在目录。

```
$ cd ${HADOOP_HOME}/etc/hadoop
```

（1）设置 hadoop-env.sh

与单机模式一样，请参照 2.2.1 小节。

（2）设置 core-site.xml

用 vi 命令打开 core-site.xml。

```
$ vi core-site.xml
```

参考以下内容进行修改，修改完保存退出。

```
<?xml version="1.0" encoding="UTF-8"?>
<?xml-stylesheet type="text/xsl" href="configuration.xsl"?>
<configuration>
    <property>
        <name>fs.defaultFS</name>
        <value>hdfs://node1:8020</value>
        <!-- 以上 ip 地址或主机名要按实际情况修改 -->
    </property>
    <property>
        <name>hadoop.tmp.dir</name>
        <value>/home/hadoop/hadoop/tmp</value>
    </property>
</configuration>
```

设置说明：

fs.defaultFS 属性指定默认文件系统的 URI 地址，一般格式为“hdfs://host:port”。其中，host 可以设置为 Ubuntu 操作系统的 IP 地址以及主机名称中的任意一个，这里设置为主机名；port 如果不设置，则使用默认端口号 8020。

hadoop.tmp.dir 指定 Hadoop 的临时工作目录，设置为/home/<用户名>/hadoop/tmp，<用户名>请根据实际情况修改。注意：一定要设置 hadoop.tmp.dir，否则默认的 tmp 目录在/tmp 下，重启 Ubuntu 操作系统时 tmp 目录下的 dfs/name 文件夹会被删除，造成 NameNode 丢失。

（3）设置 hdfs-site.xml

用 vi 命令打开 hdfs-site.xml。

```
$ vi hdfs-site.xml
```

修改成以下内容，保存退出。

```
<?xml version="1.0" encoding="UTF-8"?>
<?xml-stylesheet type="text/xsl" href="configuration.xsl"?>
<configuration>
        <property>
            <name>dfs.replication</name>
            <value>1</value>
        </property>
</configuration>
```

dfs.replication 的默认值是 3，因为伪分布式只有一个节点，所以值设置为 1。

（4）设置 mapred-site.xml

复制 mapred-site.xml.template，生成 mapred-site.xml。

```
cp mapred-site.xml.template mapred-site.xml
```

用 vi 命令打开 mapred-site.xml。

```
$ vi mapred-site.xml
```

修改成以下内容，保存退出。

```
<?xml version="1.0"?>
<?xml-stylesheet type="text/xsl" href="configuration.xsl"?>
<configuration>
   <property>
      <name>mapreduce.framework.name</name>
      <value>yarn</value>
   </property>
</configuration>
```

mapreduce.framework.name 默认值为 local，设置为 yarn，让 MapReduce 程序运行在 YARN 框架上。

（5）设置 yarn-site.xml

用 vi 命令打开 yarn-site.xml。

```
$ vi yarn-site.xml
```

修改成以下内容，保存退出。

```
<?xml version="1.0"?>
<configuration>
      <property>
         <name>yarn.resourcemanager.hostname</name>
         <value>node1</value>
         <!-- 以上主机名或 IP 地址按实际情况修改 -->
      </property>
      <property>
         <name>yarn.nodemanager.aux-services</name>
         <value>mapreduce_shuffle</value>
      </property>
</configuration>
```

yarn.resourcemanager.hostname 属性为资源管理器的主机，设置为 Ubuntu 操作系统的主机名或 IP 地址。

yarn.nodemanager.aux-services 属性为节点管理器的辅助服务器，默认值为空，设置为 mapreduce_shuffle。

通过以上设置，我们完成了 Hadoop 伪分布式模式的配置。其实 Hadoop 可以配置的属性还有很多，没有配置的属性就用默认值，默认属性配置存放在 core-default.xml、hdfs-default.xml、mapred-default.xml 和 yarn-default.xml 文件中。可以到官网查询对应文档或通过命令 locate <查找

的文件名> 来查找文件所在路径，再通过 cat 命令查看其内容，例如：

```
$ locate core-default.xml
/home/hadoop/soft/hadoop-2.7.3/share/doc/hadoop/hadoop-project-dist/hadoop-common/core-default.xml
$ cat /home/hadoop/soft/hadoop-2.7.3/share/doc/hadoop/hadoop-project-dist/hadoop-common/core-default.xml
```

6. 格式化 HDFS

格式化的过程是创建初始目录和文件系统结构的过程。执行以下命令格式化 HDFS。

```
$ hdfs namenode -format
```

注意：格式化只需进行一次，下次启动不要再次格式化，否则会缺失 DataNode 进程。

7. 启动 Hadoop

采用下面命令启动 HDFS。

```
$ start-dfs.sh
```

用 jps 命令验证，正确启动会出现以下 3 个进程。

```
$ jps
NameNode
DataNode
SecondaryNameNode
```

采用下面命令启动 YARN。

```
$start-yarn.sh
```

8. 验证 Hadoop 进程

用 jps 命令验证，正确启动将多出以下两个进程。

```
$ jps
ResourceManager
NodeManager
```

提示：start-dfs.sh、start-yarn.sh 也可以合并成下面一个命令。

```
$start-all.sh
```

如果某个主机少了某个进程，应该到相应主机去找对应的 log 查看原因，log 存放在 ${HADOOP_HOME}/logs 目录下。例如，若少了 DataNode 进程，那么就切换到${HADOOP_HOME}/logs 目录下，查看 DataNode 相关的 log，找到含有“WARN”“Error”“Exception”等的关键字句，通过上网搜索关键字句找到解决问题的办法。

```
$ cd ${HADOOP_HOME}/logs
$ cat hadoop-hadoop-datanode-node1.log
```

也可以通过 vi 命令查看。

```
$ vi hadoop-hadoop-datanode-node1.log
```

最新出现的错误，其信息都在文件末尾。

9. 通过 Web 访问 Hadoop

（1）HDFS Web 界面

在 Windows 浏览器中，输入网址 http://192.168.30.128:50070，可以查看 NameNode 和 DataNode 的信息，如图 2-28 所示。

在 Windows 浏览器中，输入网址 http://192.168.30.128:50090，可以查看 SecondaryNameNode 的信息，如图 2-29 所示。

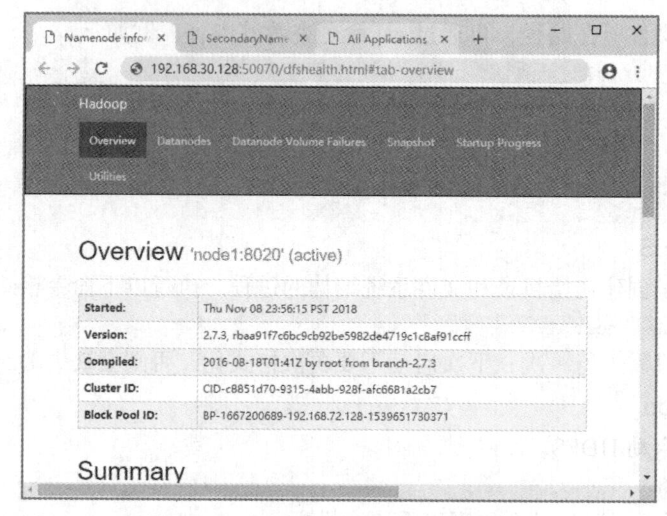

图 2-28　通过 Web 查看 50070 端口界面

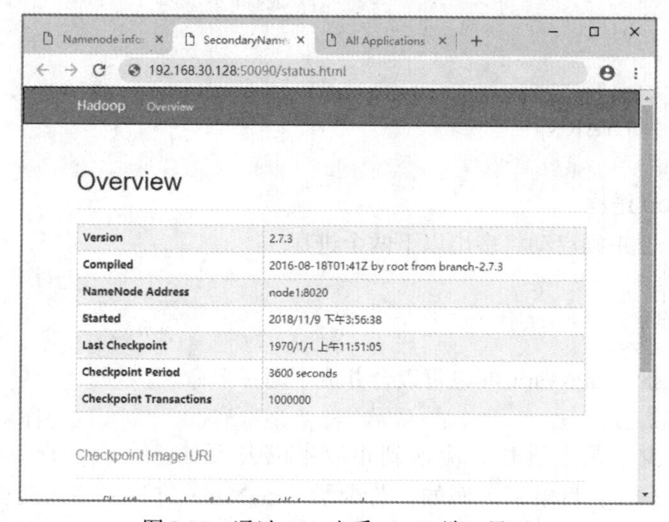

图 2-29　通过 Web 查看 50090 端口界面

（2）YARN Web 界面

在 Ubuntu 操作系统的浏览器中，输入网址 http://192.168.30.128:8088，可以查看集群所有应用程序的信息，如图 2-30 所示。

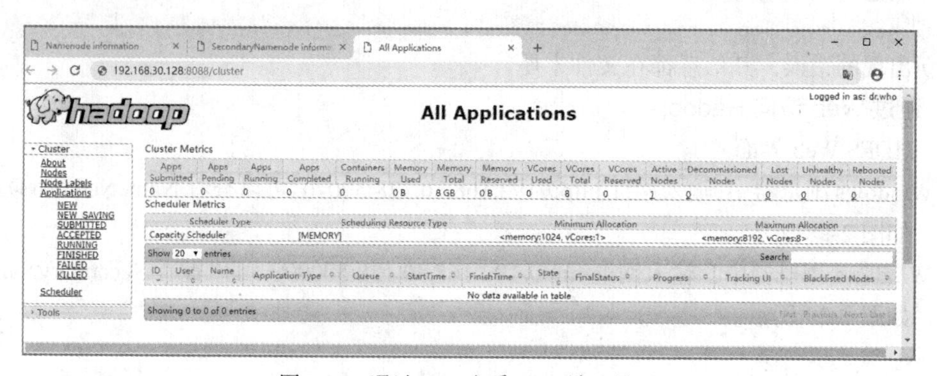

图 2-30　通过 Web 查看 8088 端口界面

10. 测试 Hadoop

通过一个 MapReduce 程序测试 Hadoop，统计 HDFS 中/input/data.txt 文件内单词出现的次数。

（1）在 Ubuntu 操作系统的~目录下，创建一个文本文件 data.txt。

```
$ cd ~
$ vi data.txt
```

在 data.txt 文件中输入如下内容，保存并退出。

```
Hello World
Hello Hadoop
```

（2）在 HDFS 创建 input 文件夹，命令如下。

```
$ hdfs dfs -mkdir /input
```

（3）将 data.txt 上传到 HDFS，命令如下。

```
$ hdfs dfs -put data.txt /input
```

（4）查看是否上传成功，命令如下。

```
$ hdfs dfs -ls /input
Found 1 items
-rw-r--r--   1 hadoop supergroup         25 2018-10-13 22:40 /input/data.txt
```

（5）运行 MapReduce WordCount 例子，命令如下。

```
$ cd ~/hadoop/share/hadoop/mapreduce
$ hadoop jar hadoop-mapreduce-examples-2.7.3.jar wordcount /input/data.txt /output
```

说明：第二条命令在同一行输入。

（6）查看结果。

```
$ hdfs dfs -cat /output/part-r-00000
Hadoop   1
Hello    2
World    1
```

11. 停止 Hadoop 进程

如果要关闭 Hadoop 进程，可采用下列命令分别关闭 HDFS 和 YARN。

```
$stop-dfs.sh
$stop-yarn.sh
```

或者使用以下命令停止所有进程。

```
$stop-all.sh
```

用命令 jps 查看：关闭了 Hadoop 所有进程。

```
$ jps
jps
```

至此，Hadoop 伪分布式模式搭建完成。

2.2.3 安装完全分布式模式

完全分布式模式（Fully-Distributed Mode）也叫集群模式，是真正的分布式的、由 3 个及以上的实体机或者虚拟机组成的集群。

表 2-3 为完全分布式模式所需要配置的文件、属性名称、属性值及含义。

表 2-3 完全分布式模式的配置

文件名称	属性名称	属性值	含义
hadoop-env.sh	JAVA_HOME	/home/<用户名>/jdk	JAVA_HOME
.bashrc	HADOOP_HOME	~/hadoop	HADOOP_HOME

续表

文件名称	属性名称	属性值	含义
core-site.xml	fs.defaultFS	hdfs://<hostname>:8020	配置 NameNode 地址，8020 是 RPC 通信端口
	hadoop.tmp.dir	/home/<用户名>/hadoop/tmp	HDFS 数据保存在 Linux 的哪个目录，默认值是 Linux 的/tmp 目录
hdfs-site.xml	dfs.replication	2	副本数，默认是 3
mapred-site.xml	mapreduce.framework.name	yarn	配置为 yarn 表示是集群模式，配置为 local 表示是本地模式
yarn-site.xml	yarn.resourcemanager.hostname	<hostname>	ResourceManager 的主机名
	yarn.nodemanager.aux-services	mapreduce_shuffle	NodeManager 上运行的附属服务
slaves	DataNode 的地址	从节点 1 主机名	
		从节点 2 主机名	

注意：<hostname>是主节点的主机名，请按照实际填写，如本书的完全分布式模式中<hostname>是主节点的<主机名>——“node1”；<用户名>是主机节点的用户名，请按照实际填写，本书主机节点的<用户名>是“hadoop”。

下面对 2.1.8 克隆出来的 3 台虚拟机进行 Hadoop 完全分布式模式安装，并查看主机的 IP 地址。安装前先做简单的节点规划，完全分布式模式目前规划 1 个主节点（Master）和 2 个从节点（Slave），一共 3 个节点。其中，主节点运行 NameNode、SecondaryNameNode 以及 ResourceManager；从节点运行 DataNode、NodeManager。安装规划如表 2-4 所示。

表 2-4　完全分布式模式节点规划

主机名称	IP 地址	角色	运行进程
node1	192.168.30.131	主节点	NameNode、SecondaryNameNode、ResourceManager
node2	192.168.30.132	从节点	DataNode、NodeManager
node3	192.168.30.133	从节点	DataNode、NodeManager

1. 安装前准备

与 2.1 节一样，请参照 2.1 节操作。

这里采用 3 台克隆后的虚拟机。采用 ifconfig 命令查看 IP 地址，IP 地址依次为 192.168.30.131、192.168.30.132、192.168.30.133。IP 地址建议设置为固定 IP 地址。

2. 修改主机名

（1）修改克隆出来的第一台主机名称为 node1

在虚拟机上打开克隆出来的第一台主机，用 vi 命令编辑/etc/hostname 文件。

```
$ sudo vi /etc/hostname
```

将原有内容删除，添加如下内容。

```
node1
```

重启使之生效。

```
$ sudo reboot
```

（2）修改克隆出来的第二台主机名称为 node2

在虚拟机上打开克隆出来的第二台主机，用 vi 命令编辑/etc/hostname 文件。

```
$ sudo vi /etc/hostname
```

将原有内容删除，添加如下内容。

```
node2
```

重启使之生效。

```
$ sudo reboot
```

（3）修改克隆出来的第三台主机名称为 node3

在虚拟机上打开克隆出来的第三台主机，用 vi 命令编辑/etc/hostname 文件。

```
$ sudo vi /etc/hostname
```

将原有内容删除，添加如下内容。

```
node3
```

重启使之生效。

```
$ sudo reboot
```

3. 映射 IP 地址及主机名

对 3 台虚拟机，依次修改/etc/hosts 文件。

```
$ sudo vi /etc/hosts
```

在文件末尾添加如下内容。注意：IP 地址要根据实际情况填写。

```
192.168.30.131    node1
192.168.30.132    node2
192.168.30.133    node3
```

4. 免密登录设置

在完全分布式模式下，集群内任意一台主机可免密登录集群内所有主机，即实现了两两免密登录。免密登录的设置方法和伪分布模式的免密登录设置方法一样，分别在 node1、node2、node3 主机上生成公钥/私钥密钥对，然后将公钥发送给集群内的所有主机。下面以 node1 免密登录集群内其他所有主机为例进行讲解。在完成 node1 主机免密登录集群内其他主机后，其他两台主机可仿照 node1 的步骤完成免密码登录设置。

（1）在 node1 主机生成密钥对

```
$ ssh-keygen -t rsa
```

其中，rsa 表示加密算法，键入上面一条命令后连续敲击三次回车键，系统会自动在~/.ssh 目录下生成公钥（id_rsa.pub）和私钥（id_rsa），可通过命令$ ls ~/.ssh 查看。

```
$ ls ~/.ssh
id_rsa  id_rsa.pub
```

（2）将 node1 公钥 id_rsa.pub 复制到 node1、node2 和 node3 主机上

```
$ ssh-copy-id -i  ~/.ssh/id_rsa.pub node1
$ ssh-copy-id -i  ~/.ssh/id_rsa.pub node2
$ ssh-copy-id -i  ~/.ssh/id_rsa.pub node3
```

（3）验证免密登录：在 node1 主机输入一下命令验证，注意主机名称的变化

```
$ ssh node1
$ ssh node2
$ ssh node3
```

5. 安装 NTP 服务

完全分布式模式由多台主机组成，各个主机的时间可能存在较大差异。如果时间差异较大，执行 MapReduce 程序的时候会存在问题。NTP 服务通过获取网络时间使集群内不同主机的时间保持一致。默认安装 Ubuntu 操作系统时，不会安装 NTP 服务。

在 3 台主机分别安装 NTP 服务，命令如下（在安装 NTP 服务时需连接互联网）。

```
$ sudo apt-get install ntp
```

查看时间服务是否运行，如果输出有“ntp”字样，说明 NTP 正在运行。

```
$ sudo dpkg -l | grep ntp
```

6. 设置 Hadoop 配置文件

在 node1 主机进行操作。进入 node1 主机的 Hadoop 配置文件目录${HADOOP_HOME}/etc/hadoop。

```
$ cd ~/hadoop/etc/hadoop
```

（1）设置 hadoop-env.sh

这里与单机模式一样，请参照 2.2.1 小节设置。

（2）设置 core-site.xml

core-site.xml 与伪分布式的设置一样，请参照 2.2.2 小节设置。

（3）设置 hdfs-site.xml

修改 hdfs-site.xml 文件内容为：

```
<?xml version="1.0" encoding="UTF-8"?>
<?xml-stylesheet type="text/xsl" href="configuration.xsl"?>
<configuration>
        <property>
                <name>dfs.replication</name>
                <value>2</value>
        </property>
</configuration>
```

（4）设置 mapred-site.xml

mapred-site.xml 与伪分布式的设置一样，请参照 2.2.2 小节设置。

（5）设置 yarn-site.xml

yarn-site.xml 与伪分布式的设置一样，请参照 2.2.2 小节设置。

（6）设置 slavers 文件

设置 slavers 文件就是指定哪些主机是 Slaver。

进入配置目录${HADOOP_HOME}/etc/hadoop，修改 slaves 文件。

```
$ cd ~/hadoop/etc/hadoop
$ vi slaves
```

将原有内容删除，添加以下内容。

```
node2
node3
```

（7）分发配置

将 node1 的配置文件分发至 node2 和 node3 主机。

```
$ cd ~/hadoop/etc/
$ scp -r hadoop hadoop@node2:~/hadoop/etc/
$ scp -r hadoop hadoop@node3:~/hadoop/etc/
```

7. 格式化 HDFS

在 node1 主机操作，命令如下。

```
$ hdfs namenode -format
```

8. 启动 Hadoop

启动命令只需在 node1 主机操作。

采用下面命令分别启动 HDFS 和 YARN。

```
$ start-dfs.sh
$ start-yarn.sh
```

或者用以下命令启动 HDFS 和 YARN。

```
$ start-all.sh
```

9. 验证 Hadoop 进程

用 jps 命令分别在所有主机验证。

```
$ jps
```

node1 主机包含以下 3 个进程表示启动 Hadoop 成功。

```
$ jps
SecondaryNameNode
NameNode
ResourceManager
```

在 node2 和 node3 主机分别执行 jps 命令，均包含以下两个进程表示启动 Hadoop 成功。

```
$ jps
NodeManager
DataNode
```

如果某个主机少了某个进程，应该到对应主机去找相关的 log 查看原因，log 存放在${HADOOP_HOME}/logs 目录下。例如，node3 主机少了 DataNode 进程，则应该进入 node3 主机的${HADOOP_HOME}/logs 目录下，查看 DataNode 相关的 log，找到含有“WARN”“Error”“Exception”等的关键字句，通过上网搜索关键字句找到解决问题的办法。

```
$ ssh node3
$ cd ~/hadoop-2.7.3/logs
$ cat hadoop-hadoop-datanode-node3.log
```

也可以通过 vi 命令查看。

```
$ vi hadoop-hadoop-datanode-node1.log
```

最新出现的错误，其信息都在文件末尾。

10. 通过 Web 访问 Hadoop

（1）HDFS Web 界面

在 Windows 的浏览器中，输入网址 http://192.168.30.131:50070，可以查看 NameNode 和 DataNode 信息，如图 2-31 所示。其中，192.168.30.131 表示 Master 的 IP 地址，请根据实际情况修改。

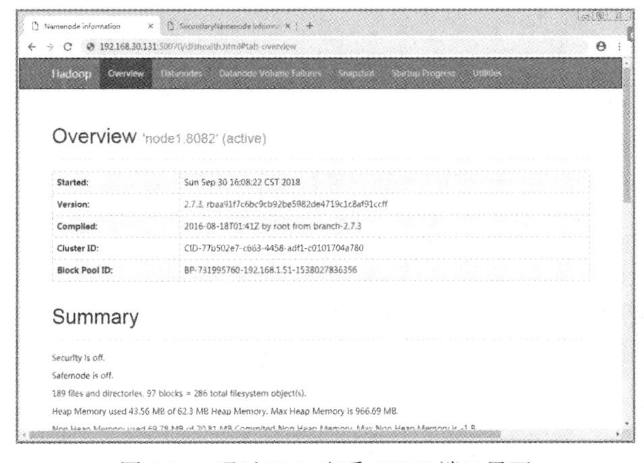

图 2-31　通过 Web 查看 50070 端口界面

单击 Web 页面的 Datanodes 查看 DataNode 信息，如图 2-32 所示，有两个 DataNode 正在运行。

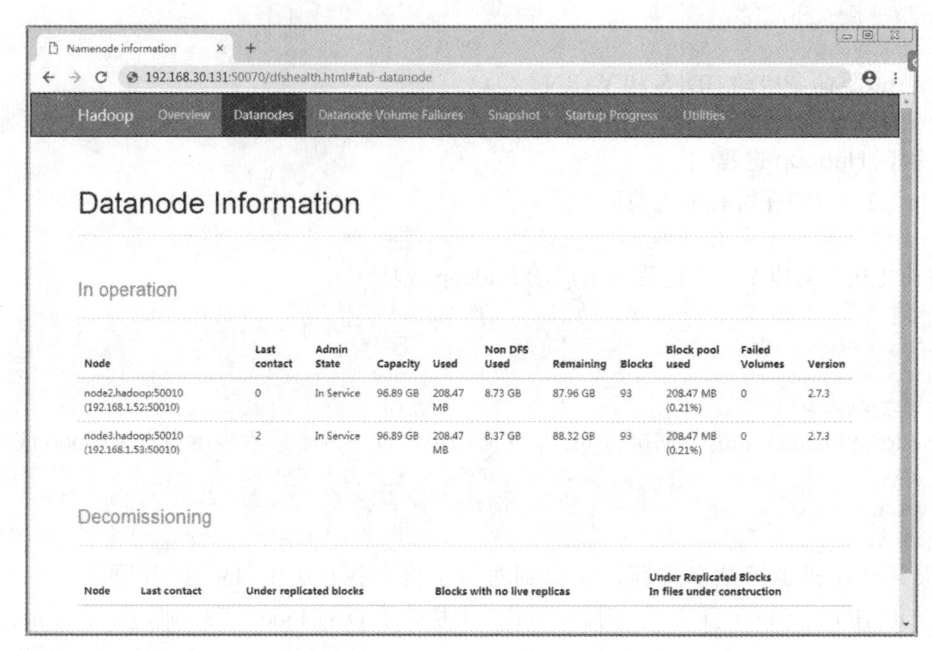

图 2-32　查看 Datanodes 信息

在 Windows 浏览器中，输入网址 http://192.168.30.131:50090，可以查看 SecondaryNameNode 信息，如图 2-33 所示。

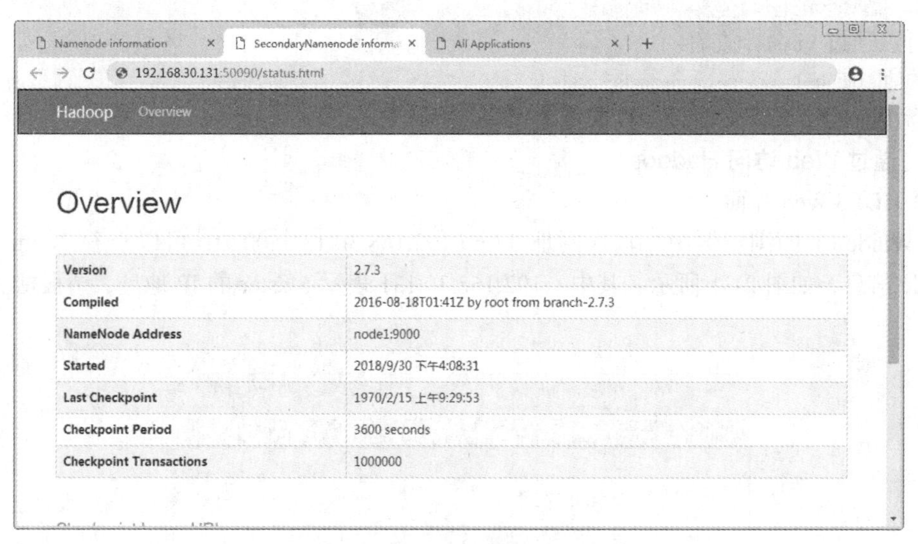

图 2-33　通过 Web 查看 50090 端口界面

（2）YARN Web 界面

在 Windows 的浏览器中，输入网址 http://192.168.30.131:8088，可以查看集群所有应用程序的信息，如图 2-34 所示，可以看到 Active Nodes 为 2，说明集群有两个 NodeManager 节点正在运行。

11. 测试 Hadoop

与伪分布式模式一样，请参照 2.2.2 小节操作。

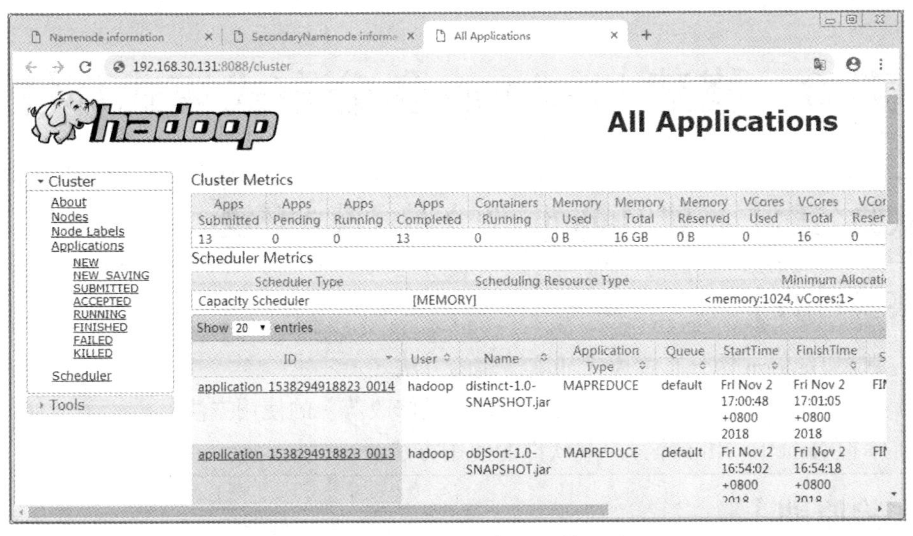

图 2-34　通过 Web 查看 8088 端口界面

12. 停止 Hadoop 进程

与伪分布式模式一样，请参照 2.2.2 小节操作。

至此，Hadoop 完全分布式模式（集群模式）搭建完成。

习　题

2-1　选择题

（1）Hadoop 开发需要使用什么账户才能登录 Linux 系统。(　　)

A．游客　　B．root　　C．普通用户　　D．任意

（2）配置主机名和 IP 地址映射的文件位置是（　　）。

A．/home/hosts　　B．/usr/local/hosts　　C．/etc/host　　D．/etc/hosts

（3）解压名为 jdk.tar.gz 的压缩文件的命令是（　　）。

A．tar -zxvf jdk.tar.gz　　B．tar jdk

C．tar jdk.tar.gz　　D．tar -zcvf jdk.tar.gz

（4）使配置的环境变量生效的命令是（　　）。

A．vi ~/.bashrc　　B．source ~/bashrc　　C．cat ~/.bashrc　　D．source ~/.bashrc

（5）Linux 下启动 HDFS 的命令是（　　）。

A．hdfs　　B．start dfs　　C．start-dfs.sh　　D．start-dfs.cmd

（6）启动 yarn 命令后会出现哪些进程。(　　)

A．NameNode　　B．NodeManager　　C．ResourceManager　　D．DataNode

2-2　动手在个人计算机上安装 Hadoop 伪分布式模式环境。

2-3　启动 Hadoop 后，执行 jps 命令发现没有 NameNode 进程，请问解决的思路是什么。

实验　搭建 Hadoop 伪分布式模式环境

【实验名称】搭建 Hadoop 伪分布式模式环境

【实验目的】

（1）掌握 Hadoop 伪分布式模式环境搭建的方法。
（2）熟练掌握 Linux 命令（vi、tar、环境变量修改等）的使用方法。
（3）掌握 Xshell、Xftp 等客户端软件的使用方法。

【实验原理】

略。

【实验环境】

个人笔记本电脑配置要求如下。
内存：至少 4GB。
硬盘：至少空余 40GB。
操作系统：64 位 Windows 系统。

【实验步骤】

（1）安装前准备

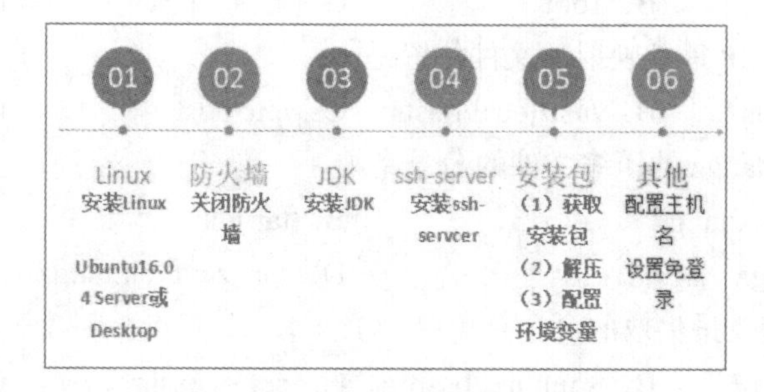

（2）安装

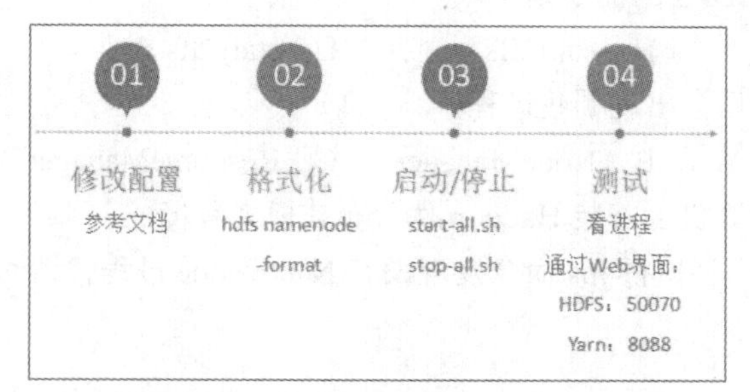

参考本书第 2 章 2.2.2 小节完成 Hadoop 伪分布模式环境的搭建。

【实验要求】

1．现场验收要求

（1）使用 jps 命令查看进程是否正常。

（2）通过 Web 界面查看进程是否正常。

HDFS:　http://IP:50070　http://IP:50090

Yarn:　http://IP:8088

（3）运行 MapReduce Example，查看程序运行是否正常。

```
cd ~/hadoop/share/hadoop/mapreduce/
hadoop jar hadoop-mapreduce-examples-2.7.3.jar wordcount /input/data.txt   /output
```

2．提交实验报告

第3章 HDFS

2003 年，Google 公司发布了关于“Google File System（GFS）”的论文。GFS 是一个可扩展的分布式文件系统设计思想，用于设计针对大型的、分布式的、对大量数据进行访问的文件系统。HDFS 就是 GFS 思想的开源实现，HDFS 具有高容错性、高吞吐量、高扩展性等特点，很好地解决了海量数据的存储问题。

本章首先介绍 HDFS 的背景，分析 HDFS 的优缺点，并重点分析 HDFS 的组成与架构、工作机制（包括机架感应、文件读取与写入、数据容错及解决措施）；然后详细地介绍 HDFS 的 Shell 命令、Java API；最后简要地介绍 HDFS 的高级功能。

本章主要内容如下。

（1）HDFS 简介。

（2）HDFS 的组成与架构。

（3）HDFS 的工作机制。

（4）HDFS 操作。

（5）HDFS 的高级功能。

3.1 HDFS 简介

HDFS（Hadoop Distribute File System）是 Google 公司的 GFS 分布式文件系统思想的开源实现，是 Apache Hadoop 项目的一个子项目。HDFS 是基于流数据访问模式的分布式文件系统，支持海量数据的存储，允许用户将成百上千的计算机组成存储集群，HDFS 可以运行在低成本的硬件之上，提供高吞吐量、高容错性的数据访问，非常适合大规模数据集上的应用。下面分别介绍 HDFS 的优缺点。

HDFS 的优点如下。

（1）处理超大文件。HDFS 能够处理 TB 级甚至 PB 级的数据。

（2）支持流式数据访问。HDFS 设计建立在“一次写入，多次读取”的基础上，意味着一个数据集一旦生成，就会被复制分发到不同的存储节点，然后响应各种数据分析任务请求。

（3）低成本运行。HDFS 可运行在低廉的商用硬件集群上。

HDFS 的缺点如下。

（1）不适合处理低延迟的数据访问。HDFS 不适合处理用户要求时间比较短的低延迟应用，它主要处理高数据吞吐量的应用。

（2）不适合处理大量的小文件。HDFS 的名称节点（NameNode）把文件系统的元数据存放在内存中，文件系统的容量由 NameNode 内存大小决定，小文件太多会消耗 NameNode 的内存。

（3）不适合多用户写入及任意修改文件。目前 HDFS 还不支持多个用户对同一文件的写操作，以及在文件任意位置进行修改。

3.2　HDFS 的组成与架构

HDFS 首先把大数据文件切分成若干个小的数据块，再把这些数据块分别写入不同的节点，这些负责保存文件数据的节点被称为数据节点（DataNode）。当用户访问数据文件时，为了保证能够读取到每一个数据块，HDFS 使用一个专门保存文件属性信息的节点——名称节点（NameNode）。HDFS 的架构如图 3-1 所示。

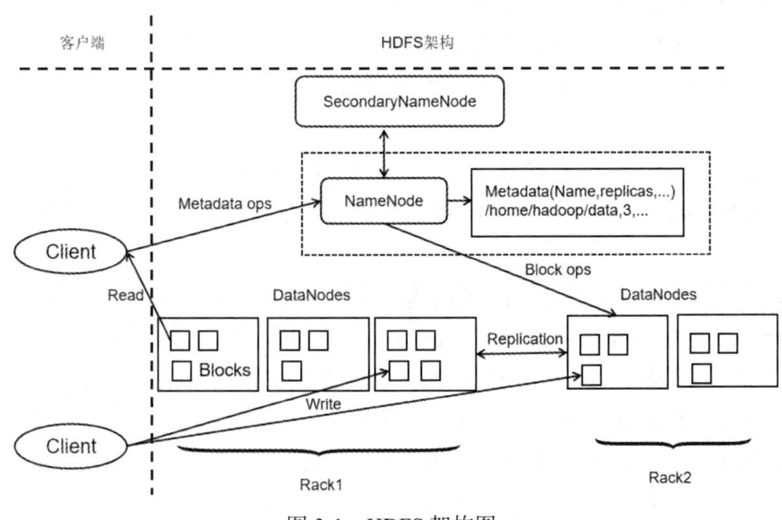

图 3-1　HDFS 架构图

3.2.1　NameNode

名称节点（NameNode）是 HDFS 的管理者，它的职责有 3 个方面。一方面，它要负责管理和维护 HDFS 的命名空间（NameSpace），维护命名空间中的两个重要文件——edits 和 fsimage。另一方面，它要管理 DataNode 上的数据块（Block），维持副本数量。另外，它还要接收客户端的请求，比如文件的上传、下载、创建目录等。

1. 管理和维护 HDFS 的命名空间

NameNode 管理 HDFS 文件系统的命名空间，它维护着文件系统树以及文件树中所有的文件（或文件夹）的元数据。管理这些信息的文件有两个，分别是命名空间镜像文件（fsimage）和操作日志文件（edits）。fsimage 包含 Hadoop 文件系统中的所有目录和文件的序列化信息。对于文件，fsimage 包含的信息有修改时间、访问时间、块大小和组成一个文件的数据块信息等；而对于目录，fsimage 包含的信息主要有修改时间、访问控制权限等。操作日志（editlog）主要是在 NameNode 已经启动的情况下对 HDFS 进行的各种更新操作进行记录。HDFS 客户端执行的所有写操作都会被记录到 editlog 中。保存 editlog 的文件则是 edits 文件。

2. 管理 DataNode 上的数据块

在 HDFS 内部，一个文件被分成一个或多个数据块（Block），这些数据块存储在 DataNode 中，NameNode 负责管理数据块的所有元数据信息，主要包括“文件名->数据块”映射、“数据块->DataNode”映射列表，该列表通过 DataNode 上报给 NameNode 建立，NameNode 决定文件数据块到具体 DataNode 节点的映射。

3. 接收客户端的请求

NameNode 需要接收客户端的请求，例如，接收客户端上传文件、下载文件、删除文件等的请求。

3.2.2 DataNode

每个磁盘都有默认的数据块大小，它是磁盘进行数据读、写的最小单位。文件系统数据块的大小通常为磁盘数据块的整数倍，如一个磁盘数据块一般为 512B，文件系统数据块一般为几千字节。HDFS 数据块的大小默认为 128MB（在 Hadoop 2.2 版本之前，默认为 64MB）。数据块如此大，目的是减少寻址开销，减少磁盘一次读取时间。如果数据块太小，那么大量的时间会花在磁盘数据块的定位上。HDFS 将每个文件存储成数据块序列。除了最后一个数据块，所有的数据块都是同样的大小。为了容错，文件的所有数据块都被冗余复制，每个文件的数据块大小和复制因子都是可配置的。

数据节点（DataNode）负责存储数据，一个数据块会在多个 DataNode 中进行冗余备份，一个数据块在一个 DataNode 上最多只有一个备份，DataNode 上存储了数据块 ID 和数据块的内容，以及它们的映射关系。

DataNode 定时和 NameNode 进行心跳通信，接受 NameNode 的指令。为了减轻 NameNode 的负担，NameNode 上并不永久保存哪个 DataNode 上有哪些数据块的信息，而是通过 DataNode 启动时上报的方式更新 NameNode 上的映射表。DataNode 和 NameNode 建立连接后，会不断和 NameNode 保持联系，包括接受 NameNode 对 DataNode 的一些命令，如删除数据或把数据块复制到另一个 DataNode 上等。DataNode 通常以机架形式组织，机架通过一个交换机将所有系统连接起来，机架内部节点之间的传输速度快于机架间节点的传输速度。

DataNode 同时也作为服务器接受来自客户端的访问，处理数据块的读、写请求。DataNode 之间还会相互通信，执行数据块复制任务。在客户端执行写操作时，DataNode 之间需要相互配合，保证写操作的一致性。DataNode 功能如下。

（1）保存数据块。每个数据块对应一个元数据信息文件，描述这个数据块属于哪个文件，是第几个数据块等。

（2）启动 DataNode 线程，向 NameNode 定期汇报数据块信息。

（3）定期向 NameNode 发送心跳信息保持联系。如果 NameNode 10 分钟没有收到 DataNode 的心跳信息，则认为其失去联系（Lost），并将其上的数据块复制到其他 DataNode。

3.2.3 SecondaryNameNode

HDFS 定义了一个第二名称节点（SecondaryNameNode），其主要职责是定期把 NameNode 的 fsimage 和 edits 下载到本地，并将它们加载到内存进行合并，最后将合并后的新的 fsimage 上传回 NameNode，这个过程称为检查点（CheckPoint）。出于可靠性考虑，SecondaryNameNode 与 NameNode 通常运行在不同的机器上，且 SecondaryNameNode 的内存与 NameNode 的内存一样大。

启动检查点进程由两个参数控制。第一个参数是 dfs.namenode.checkpoint.period，它指定两个连续检查点之间的最大时间间隔，其默认值为 1 小时。第二个参数是 dfs.namenode.checkpoint.txns，它定义了 NameNode 上的新增事务的数量，默认设置为 1000000。当时间间隔达到设定值或当事务数达到设定值，都会启动检查点进程。

定期合并 fsimage 和 edits 文件，使 edits 大小保持在限制范围内，这样减少了重新启动 NameNode 时合并 fsimage 和 edits 耗费的时间，从而减少 NameNode 的启动时间，另外这也起到一个冷备份的作用，在 NameNode 失效时能恢复部分 fsimage。

SecondaryNameNode 的工作流程如图 3-2 所示。

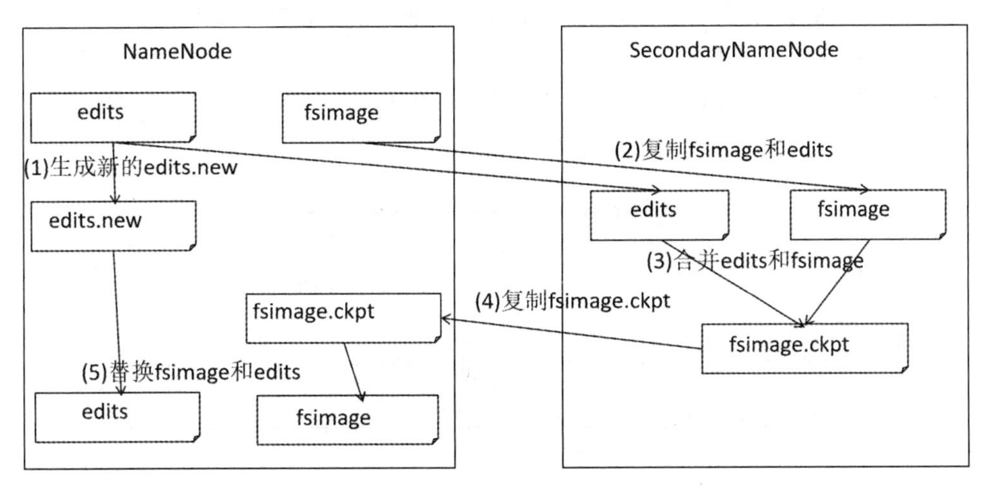

图 3-2　fsimage 和 edits 文件合并的过程

（1）SecondaryNameNode 会定期与 NameNode 通信，请求其停止使用 edits 文件，暂时将新的更新操作写到一个新的文件 edits.new 上，这个操作是瞬间完成的。

（2）SecondaryNameNode 通过 HTTP GET 方式从 NameNode 上获取 fsimage 和 edits 文件，并下载到本地的相应目录下。

（3）SecondaryNameNode 将下载下来的 fsimage 载入内存，然后一条一条地执行 edits 文件中的各项更新操作，使得内存中的 fsimage 保持最新，这个过程就是将 edits 和 fsimage 文件合并。

（4）SecondaryNameNode 执行完（3）操作之后，会通过 HTTP POST 方式将新的 fsimage 文件发送到 NameNode 节点上。

（5）NameNode 用从 SecondaryNameNode 接收到的新的 fsimage 文件替换旧的 fsimage 文件，同时将 edits.new 文件更名为 edits。

3.3　HDFS 的工作机制

3.3.1　机架感知与副本冗余存储策略

1. 机架感知

通常，大型 Hadoop 集群会分布在很多机架上。在这种情况下，不同节点之间的通信希望尽量在同一个机架之内进行，而不是跨机架；为了提高容错能力，名称节点会尽可能把数据块的副本放到多个机架上。在综合考虑这两点的基础上，Hadoop 设计了机架感知（rack-aware）功能。

在默认情况下，HDFS 不能自动判断集群中各个 DataNode 的网络拓扑情况，此时集群默认都处在同一个机架名为“/default-rack”的机架下。这种情况的任何一台 DataNode 机器，不管物理上是否属于同一个机架，都会被认为是在同一个机架下。我们通常通过外在脚本实现机架感知，此时需要配置 net.topology.script.file.name 属性，属性值通常是一个可执行脚本文件的路径（支持 Python 和 Shell）。脚本接收一个值，输出一个值。一般都是接收 IP 地址，输出这个 IP 地址对应的机架信息。

图 3-3 是 DataNode 的网络拓扑图。D1、R1 都是交换机，最底层是 DataNode。对于这样的拓扑图，可执行脚本文件返回各 DataNode 的机架 ID（RackID）。比如，H1 的 parent 是 R1，R1 的 parent 是 D1，则 H1 的 RackID=/D1/R1/H1。其他节点同理可以获取得到机架的 ID。

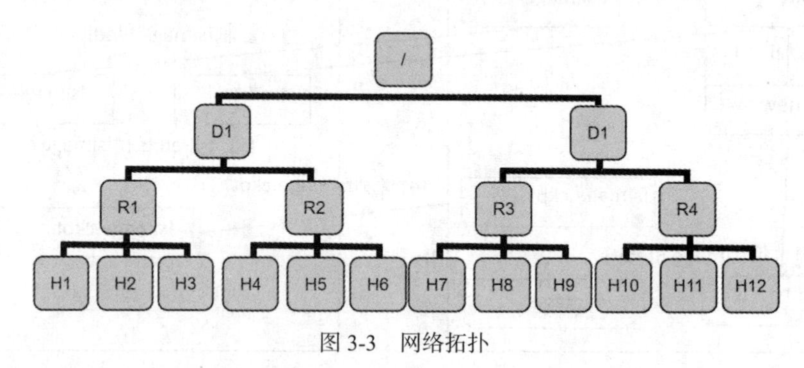

图 3-3　网络拓扑

有了这些 RackID 信息就可以计算出任意两台 DataNode 之间的距离。

```
distance(/D1/R1/H1,/D1/R1/H1)=0  相同的 DataNode
distance(/D1/R1/H1,/D1/R1/H2)=2  同一 Rack 下的不同 DataNode
distance(/D1/R1/H1,/D1/R1/H4)=4  同一 IDC 下的不同 DataNode
distance(/D1/R1/H1,/D2/R3/H7)=6  不同 IDC 下的 DataNode
```

2. 副本冗余存储策略

HDFS 上的文件对应的数据块保存有多个副本，且提供容错机制，副本丢失或宕机时自动恢复。HDFS 默认保存 3 份副本，以这种情况为例对副本冗余存储策略描述如图 3-4 所示。

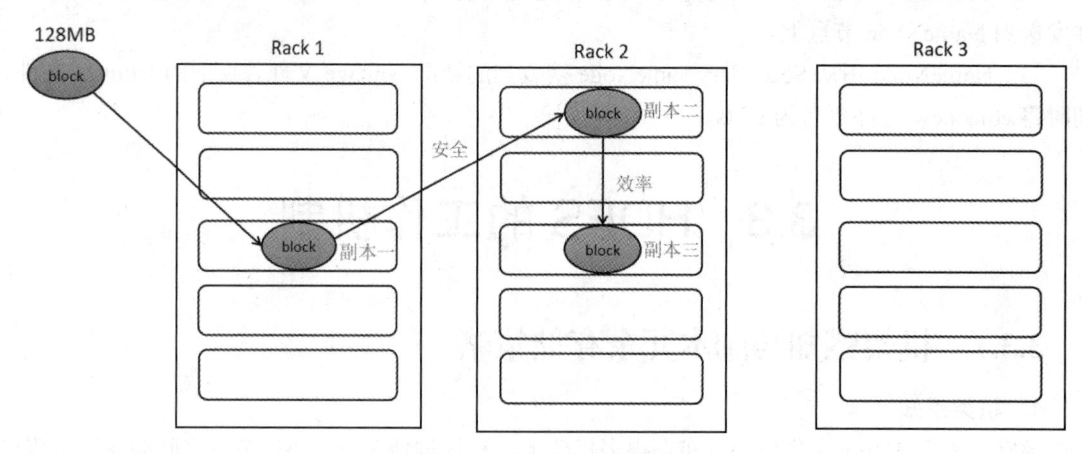

图 3-4　副本冗余存储策略

（1）第一个副本（副本一）：放置在上传文件的数据节点；如果是在集群外提交，则随机挑选一台磁盘不太满、CPU 不太忙的节点。

（2）第二个副本（副本二）：放置在与第一个副本不同的机架的节点上。

（3）第三个副本（副本三）：放置在与第二个副本相同机架的其他节点上。

这种策略减少了机架间的数据传输，提高了写操作的效率。机架的错误远远比节点的错误少，所以这种策略不会影响数据的可靠性和可用性。同时，因为数据块只放在两个不同的机架上，所以此策略减少了读取数据时需要的网络传输总带宽。在这种策略下，副本并不是均匀分布在不同的机架上。一个副本在一个机架的一个节点上，另外两个副本在另外一个机架的不同节点上，如果还有更多副本则均匀分布在剩下的机架中。这一策略在不损害数据可靠性和读取性能的情况下改进了写的性能。

如果还有更多副本，这些副本会随机选择节点存放。

3.3.2　文件读取

HDFS 文件读取过程如图 3-5 所示。

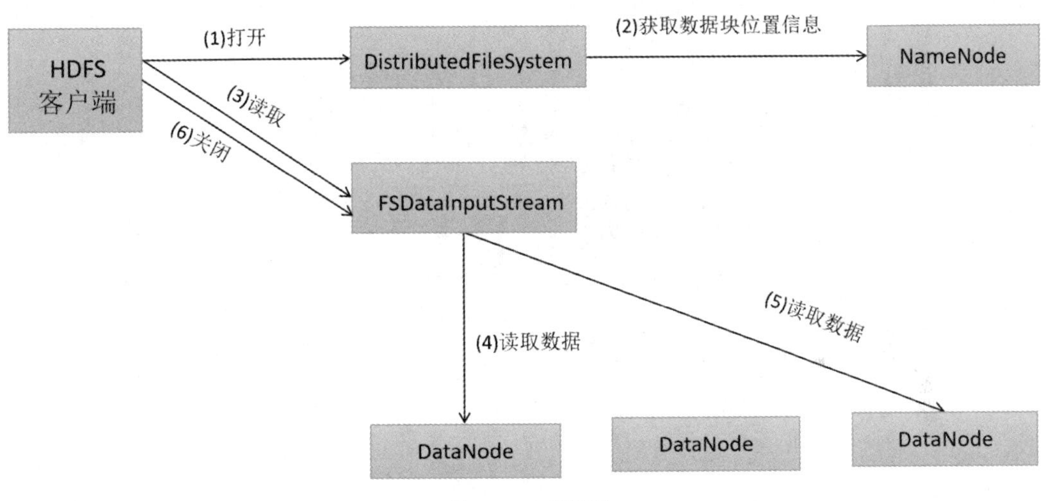

图 3-5　文件读取

（1）HDFS 客户端通过 DistributedFileSystem 对象的 open()方法打开要读取的文件。

（2）DistributedFileSystem 负责向远程的名称节点（NameNode）发起 RPC 调用，得到文件的数据块信息，返回数据块列表。对于每个数据块，NameNode 返回该数据块的 DataNode 地址。

（3）DistributedFileSystem 返回一个 FSDataInputStream 对象给客户端，客户端调用 FSDataInputStream 对象的 read()方法开始读取数据。

（4）通过对数据流反复调用 read()方法，把数据从数据节点传输到客户端。

（5）当一个节点的数据读取完毕时，DFSInputStream 对象会关闭与此数据节点的连接，连接此文件下一个数据块的最近数据节点。

（6）当客户端读取完数据时，调用 FSDataInputStream 对象的 close()方法关闭输入流。FSDataInputStream 输入流类的常用方法如表 3-1 所示。

表 3-1　　　　FSDataInputStream 输入流类的常用方法

方 法 名	返 回 值	说 明
read(ByteBuffer buf)	int	读取数据并放入 buf 缓冲区，返回所读取的字节数
read(long pos,byte[] buf,int offset,int len)	int	从输入流的指定位置开始，把数据读入缓冲区中。pos 指定从输入流中读取数据的位置，offset 指定数据写入缓冲区的位置（偏移量），len 指定读操作的最大字节数
readFully(long pos,byte[] buf)	void	从指定位置开始，读取所有数据到缓冲区
seek(long offset)	void	指向输入流的第 offset 字节
releaseBuffer(ByteBuffer buf)	void	删除指定的缓冲区

例如，编写程序，通过输入流逐行读入文件/mydir/test.txt 的内容。

```
//读文件
package hdfs;
import java.net.URI;
import org.apache.hadoop.conf.Configuration;
import org.apache.hadoop.fs.FSDataInputStream;
import org.apache.hadoop.fs.FileSystem;
import org.apache.hadoop.fs.Path;
public class App{
      public static void main(String[] args) throws Exception {
      Configuration conf=new Configuration();
      //配置 NameNode 地址
      URI uri=new URI("hdfs://192.168.30.128:8020");
      //指定用户名,获取 FileSystem 对象
      FileSystem fs=FileSystem.get(uri,conf,"hadoop");
      Path src=new Path("/mydir/test.txt");

      FSDataInputStream dis=fs.open(src);
      String str=null;
      while( (str=dis.readLine()) != null){
         System.out.println(str);
      }
      dis.close();

      //不需要再操作 FileSystem 了，关闭
      fs.close();
   }
}
```

程序运行结果：

```
hadoop
hdfs
mapreduce
```

3.3.3　文件写入

HDFS 文件写入的过程如图 3-6 所示。

（1）客户端调用 DistributedFileSystem 对象的 create()方法创建一个文件输出流对象。

（2）DistributedFileSystem 对象向远程的 NameNode 节点发起一次 RPC 调用，NameNode 检查该文件是否已经存在，以及客户端是否有权限新建文件。

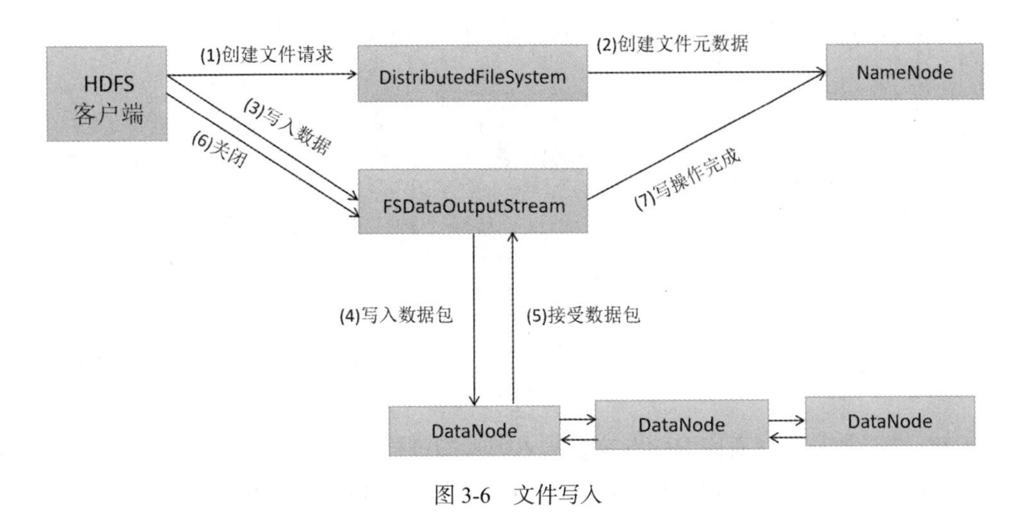

图 3-6 文件写入

（3）客户端调用 FSDataOutputStream 对象的 write()方法写数据，数据先被写入缓冲区，再被切分为一个个数据包。

（4）每个数据包被发送到由 NameNode 节点分配的一组数据节点的一个节点上，在这组数据节点组成的管道上依次传输数据包。

（5）管道上的数据节点按反向顺序返回确认信息，最终由管道中的第一个数据节点将整条管道的确认信息发送给客户端。

（6）客户端完成写入，调用 close()方法关闭文件输出流。

（7）通知 NameNode 文件写入成功。

FSDataOutputStream 输出流类的常用方法如表 3-2 所示。

表 3-2 FSDataOutputStream 输出流类的常用方法

方 法 名	返 回 值	说 明
write(byte[] b)	void	将数组 b 中的所有字节写入输出流
write(byte[] buf, int off,int len)	void	将字节数组写入底层输出流，写入的字节从 off 偏移量开始，写入长度为 len
flush()	void	刷新数据输出流。缓冲区内容被强制写入流中

例如，向/mydir/test2.txt 文件写入字符串“hello world”。

```
//向/mydir/test2.txt 文件写入字符串"hello world"
package hdfs;
import java.net.URI;
import org.apache.hadoop.conf.Configuration;
import org.apache.hadoop.fs.FSDataOutputStream;
import org.apache.hadoop.fs.FileSystem;
import org.apache.hadoop.fs.Path;
public class App{
    public static void main(String[] args) throws Exception {
        Configuration conf=new Configuration();
        //配置 NameNode 地址
        URI uri=new URI("hdfs://192.168.30.128:8020");
        //指定用户名,获取 FileSystem 对象
```

```
        FileSystem fs=FileSystem.get(uri,conf,"hadoop");

        Path path=new Path("/mydir/test2.txt");
        byte[] buff="hello world".getBytes();
        FSDataOutputStream dos=fs.create(path);
        dos.write(buff);
        //关闭流
        dos.close();

        //不需要再操作 FileSystem 了，关闭
        fs.close();
    }
}
```

从 HDFS 中读取文件或者向 HDFS 文件写入数据的过程都是通过数据流完成的。HDFS 提供了数据流的 I/O 操作类，包括 FSDataInputStream 和 FSDataOutputStream。

3.3.4 数据容错

HDFS 能够在出错的情况下保证数据存储的可靠性。常见的出错情况包括数据节点（DataNode）出错、名称节点（NameNode）出错和数据本身出错。

1. 数据节点（DataNode）出错

每个 DataNode 周期性地向 NameNode 发送心跳信号，网络割裂会导致 DataNode 与 NameNode 失去联系。NameNode 通过心跳信号的缺失来检测这一情况，并将这些近期不再发送心跳信号的 DataNode 标志为宕机，不会再将新的 I/O 请求发给它们。DataNode 的宕机可能引起一些数据块的副本数低于指定值，NameNode 不断检测这些需要复制的数据块，一旦发现某数据块的副本数低于设定副本数就启动复制操作。在某个 DataNode 节点失效，某个副本遭到损坏，DataNode 上的硬盘出现错误，或者文件的副本系数增大时，数据块就需要重新复制。

2. 名称节点（NameNode）出错

HDFS 中的所有元数据都保存在名称节点上，名称节点维护着两个重要文件——fsimage 和 edits。如果这两个文件发生损坏，整个 HDFS 将失效。Hadoop 采用两种机制来确保名称节点的安全。第一种，把名称节点上的元数据信息同步存储在其他文件系统（比如网络文件系统 NFS）中，当名称节点失效时，可以到有元数据的文件系统中获取元数据信息。后面提到的 HDFS HA（High Available，高可用）就是采用共享存储系统来存储 edits 的。当一个 NameNode 出现故障时，HDFS 自动切换到备用的 NameNode 上，元信息则从共享存储系统中获取。第二种，运行一个 SecondaryNameNode，当名称节点宕机后，可以把 SecondaryNameNode 作为一种补救措施，利用 SecondaryNameNode 中的元数据信息进行系统恢复，但是这种方法仍然会有部分数据丢失。通常情况下会把这两种方法结合使用。

3. 数据出错

从某个 DataNode 获取的数据块有可能是损坏的，损坏可能是由 DataNode 的存储设备错误、网络错误或者软件 bug 造成的。HDFS 使用校验和来判断数据块是否损坏。当客户端创建一个新的 HDFS 文件时，HDFS 会计算这个文件每个数据块的校验和，并将校验和作为一个单独的隐藏文件保存在同一个 HDFS 命名空间下。当客户端获取文件内容后，它会检验从 DataNode 获取的数据与相应的校验和是否匹配。如果不匹配，客户端可以选择从其他 DataNode 获取该数据块的副本。HDFS 的每个 DataNode 还保存了检查校验的日志，客户端的每一次检验都会被记录在日志中。

3.4　HDFS 操作

可以通过以下 3 种方式访问 HDFS，进行 HDFS 操作。

3.4.1　通过 Web 界面进行 HDFS 操作

1．在第 2 章“Hadoop 环境设置”的学习中，我们了解到可以通过访问端口为 50070 的网页查看 HDFS 的信息。具体方法请参考 2.2 节。在通过 50070 端口打开 HDFS 的 Web 界面后，单击菜单【Utilities】-【Browse the file system】，如图 3-7 所示。

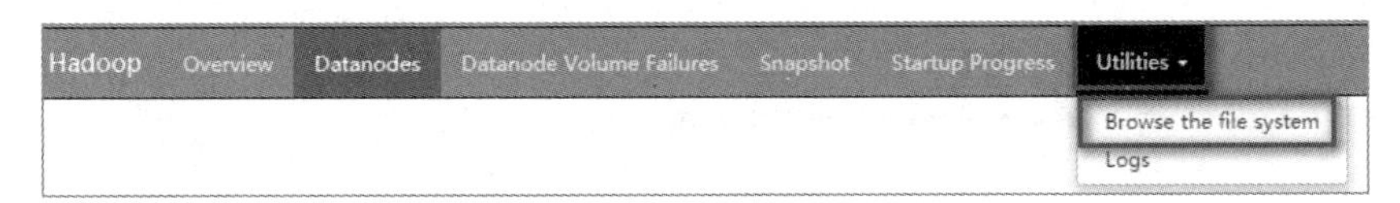

图 3-7　查看文件系统的菜单

可以查看 HDFS 的目录结构及文件属性等，如图 3-8 所示。

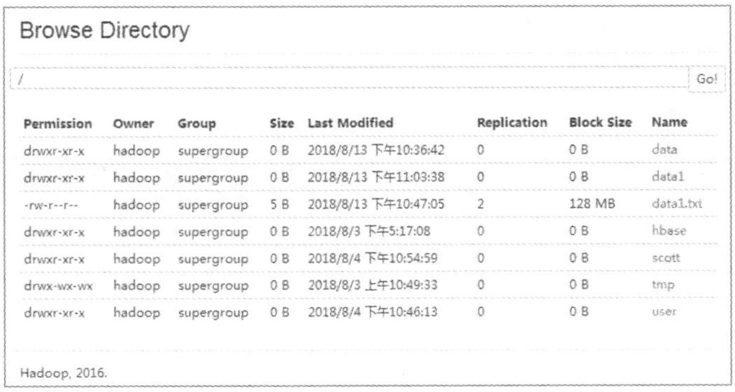

Browse Directory

/ Go!

Permission	Owner	Group	Size	Last Modified	Replication	Block Size	Name
drwxr-xr-x	hadoop	supergroup	0 B	2018/8/13 下午10:36:42	0	0 B	data
drwxr-xr-x	hadoop	supergroup	0 B	2018/8/13 下午11:03:38	0	0 B	data1
-rw-r--r--	hadoop	supergroup	5 B	2018/8/13 下午10:47:05	2	128 MB	data1.txt
drwxr-xr-x	hadoop	supergroup	0 B	2018/8/3 下午5:17:08	0	0 B	hbase
drwxr-xr-x	hadoop	supergroup	0 B	2018/8/4 下午10:54:59	0	0 B	scott
drwx-wx-wx	hadoop	supergroup	0 B	2018/8/3 上午10:49:33	0	0 B	tmp
drwxr-xr-x	hadoop	supergroup	0 B	2018/8/4 下午10:46:13	0	0 B	user

Hadoop, 2016.

图 3-8　HDFS 的目录结构及文件属性

单击菜单【Datanodes】，可以查看文件系统的节点信息，如图 3-9 所示。

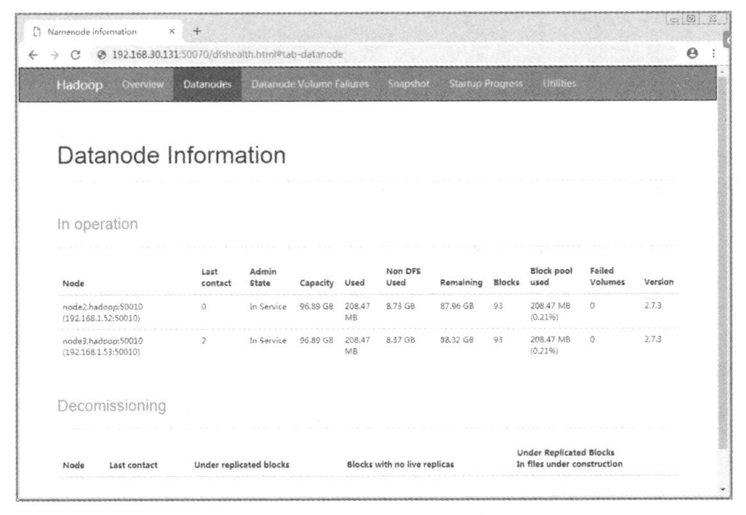

图 3-9　DataNode 相关信息

单击菜单【Startup Progress】可以查看 HDFS 的启动过程，如图 3-10 所示。可以看到 HDFS 启动经历了如下 4 个阶段。

（1）加载文件的元信息 fsimage。

（2）加载操作日志文件 edits。

（3）操作检查点。

（4）自动进入安全模式，检查数据块的副本率是否满足要求。当满足要求后，退出安全模式。

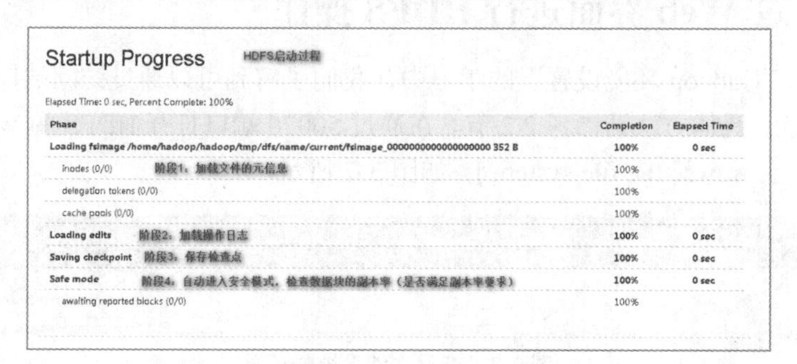

图 3-10　HDFS 的启动过程

2．通过访问端口为 50090 的网页查看 SecondaryNameNode 的信息（方法见 2.2 节）。可以查看 Hadoop 的版本、NameNode 的入口地址，以及 Checkpoint 等信息，如图 3-11 所示。

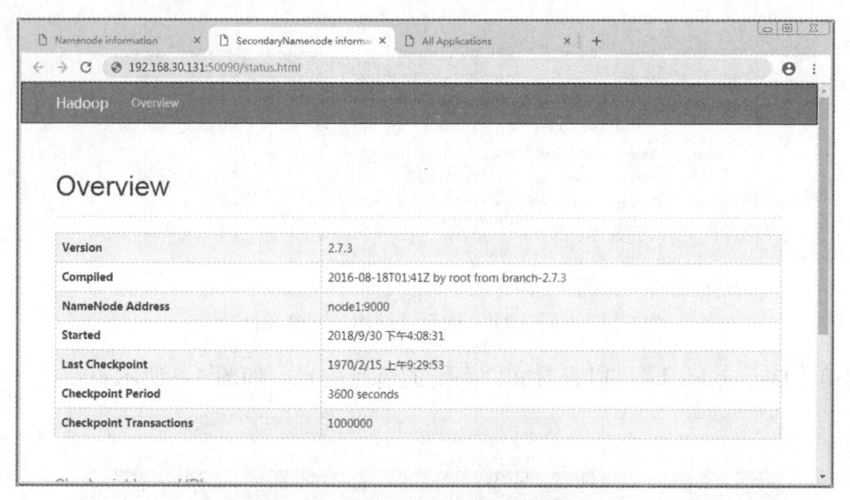

图 3-11　SecondaryNameNode 信息

3.4.2　通过 HDFS Shell 进行 HDFS 操作

HDFS Shell 命令是由一系列类似 Linux Shell 的命令组成的。命令大致可分为操作命令、管理命令、其他命令三类。

注意：本书使用的命令以“$”开头时，代表当前用户为普通用户；以“#”开头时，代表当前用户为 root 用户。命令行中的“$”或者“#”是不需要输入的，例如，输入命令“$ hdfs　dfs　-ls　/”时只需要在终端命令行输入“hdfs　dfs　-ls　/”即可。

1．操作命令

操作命令是以“hdfs dfs”开头的命令。通过这些命令，用户可以完成 HDFS 文件的复制、删除和查找等操作，Shell 命令的一般格式如下。

```
hdfs dfs [通用选项]
```

其中，hdfs 是 Hadoop 系统在 Linux 系统中的主命令；dfs 是子命令，表示执行文件系统操作；通用选项由 HDFS 文件操作命令和操作参数组成。

（1）创建文件夹

命令：hdfs dfs -mkdir　[-p] <paths>

[-p]：表示如果父目录不存在，先创建父目录。

例如，新建文件夹/mydir、/mydir/dir1/dir2/dir3。命令如下。

```
$hdfs dfs -mkdir /mydir
$hdfs dfs -mkdir -p /mydir/dir1/dir2/dir3
```

（2）列出指定的文件和目录

命令：hdfs dfs -ls　[-d][-h][-R] <paths>

[-d]：返回 path。

[-h]：h 指“human-readble”，表示按照人性化的单位显示文件大小，比如文件显示为 10MB，而不会显示 10240KB。

[-R]：级联显示 paths 下的文件。

例如，列出根目录下的文件或目录。命令如下。

```
$hdfs dfs -ls /
```

结果如下：

```
Found 2 items
drwxr-xr-x   - hadoop supergroup          0 2018-11-09 15:56 /mydir
drwxr-xr-x   - hadoop supergroup          0 2018-11-09 16:02 /user
```

列出主目录/user/${USER}下的文件和目录，若当前用户为 hadoop，可以写成：

```
$hdfs dfs -ls /user/hadoop
```

或直接写成如下形式（注意：主目录/user/${USER}须存在，若不存在请先创建此目录，否则运行下面命令会报错）：

```
$hdfs  dfs -ls
```

级联列出目录下的目录和文件（包括子目录、子文件）。命令如下。

```
$hdfs dfs -ls -R /mydir
```

结果如下：

```
drwxr-xr-x   - hadoop supergroup          0 2018-11-09 16:05 /mydir/dir1
drwxr-xr-x   - hadoop supergroup          0 2018-11-09 16:05 /mydir/dir1/dir2
drwxr-xr-x   - hadoop supergroup          0 2018-11-09 16:05 /mydir/dir1/dir2/dir3
```

（3）新建文件

命令：hdfs dfs -touchz <paths>

例如，在主目录/user/${USER}/input 下创建大小为 0 的空文件 file。命令如下。

```
$hdfs dfs -touchz /mydir/input.txt
$hdfs dfs -ls /mydir
```

结果如下：

```
Found 2 items
drwxr-xr-x   - hadoop supergroup          0 2018-11-09 16:05 /mydir/dir1
-rw-r--r--   1 hadoop supergroup          0 2018-11-09 16:07 /mydir/input.txt
```

（4）上传文件

命令：hdfs dfs -put　[-f] [-p] <localsrc>　<dst>

hdfs dfs -copyFromLocal [-f] [-p] [-l] <localsrc> <dst>

put 或 copyFromLocal 命令是将本地文件上传到 HDFS。localsrc 表示本地文件的路径，dst 表示保存在 HDFS 上的路径。

例如，在本地创建两个文件 data.txt、data2.txt，通过 vi 命令编辑这两个文件并输入某些内容后保存（具体方法这里不详细说明）。

将 data.txt 上传到 HDFS 的/mydir 下，采用如下命令：

```
$hdfs dfs -put data.txt /mydir/data.txt
```

或采用如下命令：

```
$hdfs dfs -put data.txt /mydir
```

将 data2.txt 上传到 HDFS 的/mydir 下，采用如下命令：

```
$hdfs dfs -copyFromLocal data2.txt /mydir/data2.txt
```

或采用如下命令：

```
$hdfs dfs -copyFromLocal data2.txt /mydir
```

再采用下面命令查看 HDFS 目录下的文件。

```
$hdfs dfs -ls  /mydir
```

结果如下。

```
Found 4 items
-rw-r--r--   1 hadoop supergroup          73 2018-11-09 16:14 /mydir/data.txt
-rw-r--r--   1 hadoop supergroup          12 2018-11-09 16:15 /mydir/data2.txt
drwxr-xr-x   -hadoop supergroup            0 2018-11-09 16:05 /mydir/dir1
-rw-r--r--   1 hadoop supergroup           0 2018-11-09 16:07 /mydir/input.txt
```

（5）将本地文件移动到 HDFS

命令：hdfs dfs -moveFromLocal <localsrc> <dst>

与“hdfs dfs -copyFromLocal”命令不同的是，此命令将文件复制到 HDFS 后，本地的文件会被删除。

```
$hdfs dfs -moveFromLocal data3.txt /mydir
```

（6）下载文件

命令：hdfs dfs -get [-p] <src> <localdst>

hdfs dfs -copyToLocal [-p] [-ignoreCrc] [-crc] <src> <localdst>

get 或 copyToLocal 命令把文件从分布式系统复制到本地，src 表示 HDFS 中文件的完整路径，localdst 为要保存在本地的文件名或文件夹的路径。

例如，将 HDFS 中的/mydir/data.txt 文件下载并保存为本地的~/local_data.txt，将/mydir/data3.txt 文件下载到本地~目录。命令如下。

```
$hdfs dfs -get /mydir/data.txt ~/local_data.txt
$hdfs dfs -copyToLocal /mydir/data3.txt ~
```

（7）查看文件

命令：hdfs dfs -cat/text[-ignoreCrc] <src>

hdfs dfs -tail [-f]<file>

-ignoreCrc：忽略循环检验失败的文件。

-f：动态更新显示数据。

例如，查看/mydir/data.txt。命令如下。

```
$hdfs dfs -cat  /mydir/data.txt
```

（8）追写文件

命令：hdfs dfs -appendToFile <localsrc>　<dst>

该命令将 localsrc 指向的本地文件内容写入目标文件 dst。如果 localsrc 是“-”，表示数据来自键盘输入，“Ctrl+C”组合键结束输入。

例如，在本地根目录下新建 data4.txt 文件，内容为”hadoop”（创建文件及输入文件内容这里不做详细说明），追加到文件/mydir/data.txt 中。命令如下。

```
$hdfs dfs -appendToFile data4.txt /mydir/data.txt
$hdfs dfs -cat /mydir/data.txt
```

（9）删除目录或者文件

命令：hdfs dfs -rm [-f] [-r] <src>

-f：如果要删除的文件不存在，不显示错误信息。

-r/R：级联删除目录下所有的文件和子目录文件。

例如，删除 HDFS 中的/mydemo/data3.txt 文件。命令如下。

```
$hdfs dfs -rm /mydemo/data3.txt
```

（10）显示占用的磁盘空间大小

命令：hdfs dfs -du [-s] [-h] <path>

按字节显示指定目录所占空间大小。

-s：显示指定目录下文件总的大小。

-h：h 指“human-readble”，表示按照人性化的单位显示文件大小，比如文件显示为 10MB，而不会显示 10240KB。

例如，显示 HDFS 主目录中 input 文件夹下所有文件的大小。命令如下。

```
$hdfs dfs -du /mydir
```

结果如下：

```
80  /mydir/data.txt
12  /mydir/data2.txt
6   /mydir/data3.txt
0   /mydir/dir1
0   /mydir/input.txt
```

（11）HDFS 中的文件复制

命令：hdfs dfs -cp [-f] [-p | -p[topax]] <src>　<dst>

-f：如果目标文件存在，将强行覆盖。

-p：将保存文件的属性。

例如，将 HDFS 中的/mydir/data.txt 复制为/mydir/data_copy.txt。命令如下。

```
$hdfs dfs -cp /mydir/data.txt /mydir/data_copy.txt
```

（12）HDFS 中的文件移动（改名）

命令：hdfs dfs -mv <src>　<dst>

例如，将 HDFS 中的/mydir/data3.txt 移动（也可理解为改名）为/mydir/data0.txt。命令如下。

```
$hdfs dfs -mv /mydir/data3.txt /mydir/data0.txt
```

（13）HDFS 中的文件合并后下载

命令：hdfs dfs -getmerge [-nl] <src> <localdst>

例如，将 HDFS 中/mydir 目录下（不包含子目录）的文件合并后再下载到本地。命令如下。

```
$hdfs dfs -getmerge /mydir merge.txt
```

（14）统计

命令：hdfs dfs -count [-q] [-h] <path>

统计某个目录下的子目录与文件的个数及文件大小。统计的结果包含目录数、文件数、文件大小。

例如，创建/mydir2 目录，统计该目录下的子目录与文件个数及文件大小。命令如下。

```
$hdfs dfs -mkdir /mydir2
$hdfs dfs -count /mydir2
```

结果如下：第一个数字表示目录数，第二个数字表示文件数，第三个数字表示文件总大小。可以看出，当一个目录下没有创建子目录时，目录数是 1，因为统计了“.”这个目录。

```
           1            0                   0 /mydir2
```

下面命令为上传一个文件后，再统计。可以看出已经有一个文件。

```
$hdfs dfs -put data.txt /mydir2
$hdfs dfs -count /mydir2
```

结果如下：

```
           1            1                  73 /mydir2
```

（15）设置扩展属性

命令：hdfs dfs -setfattr {-n name [-v value] | -x name} <path>

其中，采用 hdfs dfs -setfattr -n name [-v value] <path>可以设置属性。采用 hdfs dfs -setfattr -x name <path>可以删除属性。

-n：指定属性的名称（设置属性时用此参数），属性的名称必须以“user/trusted/security/system/raw”中某一个为前缀，比如“user.myattr”。

-v：指定属性的值。

-x：指定属性的名称（删除属性时用此参数）。

例如，将 HDFS 中的文件/mydir/data.txt 设置名为“user.from”，值为“http://www.example.com/mydir/data.txt”的扩展属性。命令如下。

```
$hdfs dfs -setfattr -n user.from -v http://www.example.com /mydir/data.txt
```

（16）获取扩展属性

命令：hdfs dfs -getfattr [-R] {-n name | -d} [-e en] <path>

-n：指定属性的名称。属性的名称必须以“user/trusted/security/system/raw”中某一个为前缀，比如“user.myattr”。

-d：指 dump，即显示所有属性。

-e：指 encoding，包含 text、hex、base64 等。

例如，获取 HDFS 中文件/mydir/data.txt 的扩展属性。命令如下。

```
hdfs dfs -getfattr -d /mydir/data.txt
```

结果如下：

```
# file: /mydir/data.txt
user.from="http://www.example.com"
```

2. 管理命令

管理命令是以“hdfs dfsadmin”开头的命令。通过这些命令，用户可以管理 HDFS。管理命令的一般格式如下：

```
hdfs dfsadmin [通用选项]
```

其中，hdfs 是 Hadoop 系统在 Linux 系统中的主命令；dfsadmin 是子命令，表示执行文件系统管理的操作；通用选项由 HDFS 管理命令和参数组成。

（1）报告文件系统的基本信息和统计信息

命令：hdfs dfsadmin -report

例如：

```
$hdfs dfsadmin -report
```

结果如下：

```
Configured Capacity: 19994112000 (18.62 GB)
Present Capacity: 12120203264 (11.29 GB)
DFS Remaining: 12116598784 (11.28 GB)
DFS Used: 3604480 (3.44 MB)
DFS Used%: 0.03%
Under replicated blocks: 0
Blocks with corrupt replicas: 0
Missing blocks: 0
Missing blocks (with replication factor 1): 0

-------------------------------------------------
Live datanodes (1):

Name: 192.168.30.128:50010 (node1.hadoop)
Hostname: node1.hadoop
Decommission Status : Normal
Configured Capacity: 19994112000 (18.62 GB)
DFS Used: 3604480 (3.44 MB)
Non DFS Used: 7873908736 (7.33 GB)
DFS Remaining: 12116598784 (11.28 GB)
DFS Used%: 0.02%
DFS Remaining%: 60.60%
Configured Cache Capacity: 0 (0 B)
Cache Used: 0 (0 B)
Cache Remaining: 0 (0 B)
Cache Used%: 100.00%
Cache Remaining%: 0.00%
Xceivers: 1
Last contact: Fri Nov 09 17:26:03 PST 2018
```

（2）查看拓扑

命令：hdfs dfsadmin -printTopology

例如：

```
$hdfs dfsadmin -printTopology
```

结果如下：

```
Rack: /default-rack
   192.168.30.128:50010 (node1.hadoop)
```

更多的管理相关的命令在 3.5 节的高级功能中会涉及。

3. 其他命令

我们把操作命令“hdfs dfs”、管理命令“hdfs dfsadmin”之外的命令称为其他命令。比如第 2 章提到的对 HDFS 进行格式化的命令“hdfs namenode -format”。

下面是输入“hdfs”后提示支持的所有子命令。

```
Usage: hdfs [--config confdir] [--loglevel loglevel] COMMAND
       where COMMAND is one of:
```

```
dfs                  run a filesystem command on the file systems supported in Hadoop.
classpath             prints the classpath
namenode -format       format the DFS filesystem
secondarynamenode      run the DFS secondary namenode
namenode              run the DFS namenode
journalnode            run the DFS journalnode
zkfc                 run the ZK Failover Controller daemon
datanode              run a DFS datanode
dfsadmin              run a DFS admin client
haadmin               run a DFS HA admin client
fsck                 run a DFS filesystem checking utility
balancer              run a cluster balancing utility
jmxget               get JMX exported values from NameNode or DataNode.
mover                run a utility to move block replicas across
                    storage types
oiv                  apply the offline fsimage viewer to an fsimage
oiv_legacy            apply the offline fsimage viewer to an legacy fsimage
oev                  apply the offline edits viewer to an edits file
fetchdt               fetch a delegation token from the NameNode
getconf               get config values from configuration
groups                get the groups which users belong to
snapshotDiff           diff two snapshots of a directory or diff the
                    current directory contents with a snapshot
lsSnapshottableDir   list all snapshottable dirs owned by the current user
                           Use -help to see options
portmap               run a portmap service
nfs3                 run an NFS version 3 gateway
cacheadmin            configure the HDFS cache
crypto               configure HDFS encryption zones
storagepolicies        list/get/set block storage policies
version               print the version
```

3.4.3 通过 HDFS API 进行 HDFS 操作

Hadoop 提供了多种 HDFS 的访问接口，包括 C API、HTTP API、REST API 以及 Java API。

C API 为 C 语言程序提供了 HDFS 文件操作和文件系统管理的访问接口。HTTP API 提供了通过 HTTP 完成从远程 Hadoop HDFS 集群读取数据的方式。

这里主要介绍 HDFS Java API。HDFS Java API 位于“org.apache.hadoop.fs”包中，这些 API 能够支持的操作包含打开文件、读写文件、删除文件等。Hadoop 类库中最终面向用户提供的接口类是 FileSystem。该类是个抽象类，只能通过类的 get 方法得到具体类。该类封装了大部分的文件操作，如 mkdir、delete 等。更多的 API 接口说明请访问 Hadoop 官方网站。

HDFS Java API 的一般用法如下。

（1）实例化 Configuraion 类

Configuration 类封装了客户端或服务器的配置，Configuration 实例会自动加载 HDFS 的配置文件 core-site.xml，从中获取 Hadoop 集群的配置信息。

```
Configuration conf=new Configuration();
```

（2）实例化 FileSystem 类

FileSystem 类是客户端访问文件系统的入口，是一个抽象的文件系统类。DistributedFileSystem 类是 FileSystem 类的一个具体实现。实例化 FileSystem 类并返回默认的文件系统的代码如下：

```
FileSystem fs=FileSystem.get(uri,conf,"username"); //其中 uri 是 URI 类的实例，username
```

表示用户名（字符串类型）

（3）设置目标对象的路径

HDFS Java API 提供了 Path 类封装 HDFS 文件路径。Path 类位于 org.apache.hadoop.fs 包中。设置目标对象路径的代码如下：

```
Path path=new Path("/test");
```

（4）执行文件或目录操作

得到 FileSystem 实例后，就可以使用该实例提供的方法执行相应的操作，例如，打开文件、创建文件、重命名文件、删除文件等。常用的方法如表 3-3 所示。

表 3-3　FileSystem 类常用方法

方法名称及参数	返　回　值	功　　能
create(Path f)	FSDataOutputStream	创建一个文件
open(Path f)	FSDataInputStream	打开指定的文件
delete(Path f)	boolean	删除指定文件
exists(Path f)	boolean	检查文件是否存在
getBlockSize(Path f)	long	返回指定文件的数据块的大小
getLength(Path f)	long	返回文件长度
mkdirs(Path f)	boolean	建立子目录
copyFromLocalFile(Path src,Path dst)	void	从本地磁盘上传文件到 HDFS
copyToLocalFile(Path src,Path dst)	void	从 HDFS 下载文件到本地磁盘
……	……	……

1．上传文件

可以采用两种方式进行文件的上传，一种是采用 FileSystem 类自带的 copyFromLocalFile 接口，一种是通过流拷贝的方式。

（1）采用 FileSystem 类自带的 copyFromLocalFile 接口上传文件。示例代码如下。

```
/**
*将本地 D:\test.txt 文件上传至 HDFS 的/mydir 下
*/
package org.apache.hadoop.examples;

import java.io.FileInputStream;
import java.io.InputStream;
import java.io.OutputStream;
import java.net.URI;

import org.apache.hadoop.conf.Configuration;
import org.apache.hadoop.fs.FileSystem;
import org.apache.hadoop.fs.Path;
import org.apache.hadoop.io.IOUtils;

/**
 * HDFS Upload
 *
```

```
 */
public class App
{
    public static void main(String[] args) throws Exception{
        Configuration conf=new Configuration();
        //配置 NameNode 地址
        URI uri=new URI("hdfs://192.168.30.128:8020");
        //指定用户名,获取 FileSystem 对象
        FileSystem fs=FileSystem.get(uri,conf,"hadoop");

        //Local file
        Path src=new Path("d:\\test.txt");
        //HDFS file
        Path dst=new Path("/mydir/test.txt");
        fs.copyFromLocalFile(src,dst);

        //不需要再操作 FileSystem 了，关闭
        fs.close();

        System.out.println( "Upload Successfully!" );
    }
}
```

（2）采用流拷贝的方式上传文件。示例代码如下。

```
/**
*将本地 D:\test.txt 文件上传至 HDFS 的/mydir 下
*/
package org.apache.hadoop.examples;

import java.io.FileInputStream;
import java.io.InputStream;
import java.io.OutputStream;
import java.net.URI;

import org.apache.hadoop.conf.Configuration;
import org.apache.hadoop.fs.FileSystem;
import org.apache.hadoop.fs.Path;
import org.apache.hadoop.io.IOUtils;

/**
 * HDFS Upload
 *
 */
public class App
{
    public static void main( String[] args ) throws Exception {
        Configuration conf=new Configuration();
        //配置 NameNode 地址
        URI uri=new URI("hdfs://192.168.30.128:8020");
        //指定用户名,获取 FileSystem 对象
        FileSystem fs=FileSystem.get(uri,conf,"hadoop");

        //构造一个输入流
        InputStream is = new FileInputStream("d:\\test.txt");
```

```
        //得到一个输出流
        OutputStream os = fs.create(new Path("/mydir/test.txt"));

        // 使用工具类实现复制
        IOUtils.copyBytes(is, os, 1024);

        //关闭流
        is.close();
        os.close();

        //不需要再操作 FileSystem 了，关闭 client
        fs.close();

        System.out.println( "Upload Successfully!" );
    }
}
```

通过 HDFS 命令查看结果：

```
hdfs dfs -ls /mydir
```

结果如下：

```
Found 1 items
-rw-r--r--   3 hadoop supergroup         27 2018-11-09 18:10 /mydir/test.txt
```

2. 创建文件

可通过 FileSystem.create(Path f,Boolean b)方法在 HDFS 上创建文件，其中 f 为文件的完整路径，b 为判断是否覆盖。示例代码如下。

```
/**
*在 HDFS 上创建/mydir/test2.txt 文件
*/
package org.apache.hadoop.examples;
import org.apache.hadoop.conf.*;
import org.apache.hadoop.fs.*;
import java.net.URI;

/**
 * HDFS: Create File
 *
 */
public class App {
  public static void main(String[] args) throws Exception{
        Configuration conf=new Configuration();
        //配置 NameNode 地址
        URI uri=new URI("hdfs://192.168.30.128:8020");
        //指定用户名,获取 FileSystem 对象
        FileSystem fs=FileSystem.get(uri,conf,"hadoop");
        //define new file
        Path dfs=new Path("/mydir/test2.txt");
        FSDataOutputStream os=fs.create(dfs,true);
        newFile.writeBytes("hello,hdfs!");

        //关闭流
        os.close();
```

```
        //不需要再操作 FileSystem 了，关闭
        fs.close();
    }
}
```

通过 HDFS 命令查看结果：

```
hdfs dfs -cat /mydir/test2.txt
```

结果如下：

```
Hello,hdfs!
```

3. 查看文件详细信息

通过类 FileStatus 可查看指定文件在 HDFS 集群上的具体信息，包括最近访问时间、最后修改时间、文件大小、数据块大小、文件拥有者、文件用户组、文件复制数等信息。示例代码如下。

```
/**
* 查看 HDFS 上的/mydir/test.txt 文件的详细信息
*/
package org.apache.hadoop.examples;

import java.net.URI;
import java.text.SimpleDateFormat;
import java.util.Date;

import org.apache.hadoop.conf.Configuration;
import org.apache.hadoop.fs.FileStatus;
import org.apache.hadoop.fs.FileSystem;
import org.apache.hadoop.fs.Path;

/**
 * HDFS Meta
 *
 */
public class App
{
    public static void main(String[] args) throws Exception {
        Configuration conf=new Configuration();
        //配置 NameNode 地址
        URI uri=new URI("hdfs://192.168.30.128:8020");
        //指定用户名,获取 FileSystem 对象
        FileSystem fs=FileSystem.get(uri,conf,"hadoop");

        //指定路径
        Path path=new Path("/mydir/test.txt");

        //获取状态
        FileStatus fileStatus=fs.getFileLinkStatus(path);

        //获取数据块大小
        long blockSize=fileStatus.getBlockSize();
        System.out.println("blockSize:"+blockSize);

        //获取文件大小
        long fileSize=fileStatus.getLen();
```

```
        System.out.println("fileSize:"+fileSize);

        //获取文件拥有者
        String fileOwner=fileStatus.getOwner();
        System.out.println("fileOwner:"+fileOwner);

        //获取最近访问时间
        SimpleDateFormat sdf=new SimpleDateFormat("yyyy-mm-dd hh:mm:ss");
        long accessTime=fileStatus.getAccessTime();
        System.out.println("accessTime:"+sdf.format(new Date(accessTime)));

        //获取最后修改时间
        long modifyTime=fileStatus.getModificationTime();
        System.out.println("modifyTime:"+sdf.format(new Date(modifyTime)));

        //不需要再操作 FileSystem 了，关闭
        fs.close();
    }
}
```

结果如下：

```
blockSize:134217728
fileSize:27
fileOwner:hadoop
accessTime:2018-10-10 10:10:04
modifyTime:2018-10-10 10:10:04
```

4. 下载文件

可以采用两种方式进行文件的下载，一种是采用 FileSystem 类自带的 copyToLocalFile 接口，一种是通过流拷贝的方式。

（1）采用 FileSystem 类自带的 copyToLocalFile 接口下载文件。

调用 FileSystem 的 copyToLocalFile(Path src,Path dst)方法从 HDFS 下载文件到本地。src 为 HDFS 上的文件路径，dst 为下载后保存在本地的文件路径（参数包含文件的完整路径）。示例代码如下。

```
/**
*将 HDFS 上的/mydir/test.txt 文件下载到本地/usr/b_copy
*/
package org.apache.hadoop.examples;
import java.net.URI;

import org.apache.hadoop.conf.Configuration;
import org.apache.hadoop.fs.FileSystem;
import org.apache.hadoop.fs.Path;

/**
 * HDFS Download
 */
public class App
{
    public static void main(String[] args) throws Exception{
        Configuration conf=new Configuration();
        //配置 NameNode 地址
        URI uri=new URI("hdfs://192.168.30.128:8020");
```

```
        //指定用户名,获取 FileSystem 对象
        FileSystem fs=FileSystem.get(uri,conf,"hadoop");

        //HDFS file
        Path src=new Path("/mydir/test.txt");
        //local file
        Path dst=new Path("d:\\test2.txt");

        //Linux 下
        //fs.copyToLocalFile(src,dst);

        //Windows 下
        fs.copyToLocalFile(false,src,dst,true);

        //不需要再操作 FileSystem 了，关闭
        fs.close();

        System.out.println( "Download Successfully!" );
    }
}
```

（2）采用流拷贝的方式下载文件。示例代码如下。

```
package org.apache.hadoop.examples;

import java.io.FileOutputStream;
import java.io.InputStream;
import java.io.OutputStream;
import java.net.URI;

import org.apache.hadoop.conf.Configuration;
import org.apache.hadoop.fs.FileSystem;
import org.apache.hadoop.fs.Path;
import org.apache.hadoop.io.IOUtils;

/**
 * HDFS Download
 */
public class App
{
    public static void main( String[] args ) throws Exception
    {
        Configuration conf=new Configuration();
        //配置 NameNode 地址
        URI uri=new URI("hdfs://192.168.30.128:8020");
        //指定用户名,获取 FileSystem 对象
        FileSystem client=FileSystem.get(uri,conf,"hadoop");

        //打开一个输入流 <------HDFS
        InputStream is = client.open(new Path("/mydir/test.txt"));

        //构造一个输出流  ----> d:\test2.txt
        OutputStream os = new FileOutputStream("d:\\test2.txt");
```

```
        // 使用工具类实现复制
        IOUtils.copyBytes(is, os, 1024);

        //关闭流
        is.close();
        os.close();

        //不需要再操作 FileSystem 了，关闭 client
        client.close();

        System.out.println( "Download Successfully!" );
    }
}
```

结果：

查看本地目录 D:下多了一个文件——test2.txt，下载成功。

5. 删除文件

调用 delete(Path f)方法可以从 HDFS 删除文件。f 为 HDFS 上指定的文件。示例代码如下。

```
/**
*删除 HDFS 上的/mydir/test2.txt 文件
*/
package org.apache.hadoop.examples;
import java.net.URI;
import org.apache.hadoop.conf.Configuration;
import org.apache.hadoop.fs.FileSystem;
import org.apache.hadoop.fs.Path;
/**
 * HDFS Delete
 */
public class App{
public static void main(String[] args) throws Exception {
       Configuration conf=new Configuration();
       //配置 NameNode 地址
       URI uri=new URI("hdfs://192.168.30.128:8020");
       //指定用户名,获取 FileSystem 对象
       FileSystem fs=FileSystem.get(uri,conf,"hadoop");

       //HDFS file
       Path path=new Path("/mydir/test2.txt");
       fs.delete(path);

       //不需要再操作 FileSystem 了，关闭
       fs.close();

       System.out.println( "Delete File Successfully!" );
   }
}
```

通过 HDFS 命令查看结果：

```
hdfs dfs -ls /mydir
```

可以看到/mydir/test2.txt 文件已经不存在，表明删除成功。

3.5 HDFS 的高级功能

3.5.1 安全模式

安全模式（Safemode）是 HDFS 所处的一种特殊状态。处于这种状态时，HDFS 只接受读数据请求，不能对文件进行写、删除等操作。在 NameNode 主节点启动时，HDFS 首先进入安全模式，DataNode 会向 NameNode 上传它们数据块的列表，让 NameNode 得到数据块的位置信息，并对每个文件对应的数据块副本进行统计。当最小副本条件满足时，即数据块都达到最小副本数，HDFS 自动离开安全模式。

假设设置的副本数（即参数 dfs.replication）是 5，那么在 DataNode 上就应该有 5 个副本存在，若只存在 3 个副本，那么比例就是 3/5=0.6。默认的最小副本率是 0.999。当前副本率 0.6 明显小于 0.999，因此系统会自动地复制副本到其他的 DataNode，使得副本率不小于 0.999。安全模式相关的命令如下。

查看当前状态：

```
hdfs dfsadmin -safemode get
```

进入安全模式：

```
hdfs dfsadmin -safemode enter
```

强制离开安全模式：

```
hdfs dfsadmin -safemode leave
```

一直等待直到安全模式结束：

```
hdfs dfsadmin -safemode wait
```

在 Web 上可以看出，Hadoop 启动的最后一步是退出安全模式，如图 3-12 所示。

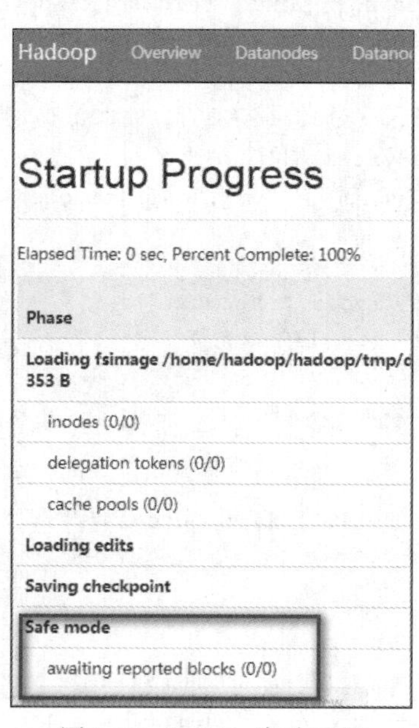

图 3-12　Hadoop 启动过程

3.5.2　回收站

HDFS 为每一个用户都创建了类似操作系统的回收站（Trash），位置在/user/用户名/.Trash/。当用户删除文件时，文件并不是马上被永久性删除，会被保留在回收站一段时间，这个保留的时间是可以设置的。当用户在保留时间内需要恢复文件时，可以到回收站进行数据的恢复。当超过保留时间用户没有进行恢复操作，文件才会被永久删除。用户也可以手动清空回收站中的内容。

1．打开回收站的相关选项

Hadoop 里的 Trash 选项默认是关闭的，如果要使其生效，需要提前将 Trash 选项打开。修改 conf 里的 core-site.xml 即可打开 Trash 选项，相关配置如下。

```
<!-- Enable Trash-->
<property>
    <name>fs.trash.interval</name>
    <value>1440</value>
</property>
<property>
    <name>fs.trash.checkpoint.interval</name>
    <value>1440</value>
</property>
```

fs.trash.interval 是指在这个保留时间之内，文件实际上是被移动到"/user/用户名/.Trash/"目录下，而不是马上把文件数据删除掉。等保留时间真正到了以后，HDFS 才会将文件数据真正删除。默认的保留时间单位是分钟。1440 表示保留时间为 1440 分钟。1440 =60×24，1440 分钟刚好是一天的时间。

fs.trash.checkpoint.interval 则是指垃圾回收的检查时间间隔，一般小于或者等于 fs.trash.interval 指定的时间。

2．实际测试回收站的使用

示例：使用如下代码查看文件。

```
hadoop@node1:~$ hdfs dfs -ls /tmp/sqoop1
Found 2 items
-rw-r--r--   3 hadoop supergroup        0 2018-08-11 14:44 /tmp/wanglei/sqoop1/_SUCCESS
-rw-r--r--   3 hadoop supergroup       15 2018-08-11 14:44 /tmp/sqoop1/part-m-00000
```

使用如下代码删除目录。

```
hadoop@node1:~$ hdfs dfs -rm -r /tmp/sqoop1
18/08/12 21:35:40 INFO fs.TrashPolicyDefault: Namenode trash configuration: Deletion
interval = 0 minutes, Emptier interval = 0 minutes.
Moved: 'hdfs://node1/tmp/sqoop1' to trash at: hdfs://node1/user/hadoop/.Trash/Current
```

通过上面的提示可以看出，部分数据被移动到了 HDFS 上的某个地方，并没有真正删掉这部分数据。

```
hadoop@node1:~$ hdfs dfs -ls /user/hadoop/.Trash/Current/tmp
Found 1 items
drwxr-xr-x      -   xxx   supergroup                    0   2018-08-11   14:44
/user/hadoop/.Trash/Current/tmp/sqoop1
```

如果想把数据还原回去，执行 mv 命令即可。代码如下。

```
hadoop@node1:~$ hdfs dfs -mv /user/hadoop/.Trash/Current/tmp/sqoop1 /tmp/sqoop1
```

这样数据又恢复了。

```
hadoop@node1:~$ hdfs dfs -ls /tmp/sqoop1
Found 2 items
```

```
    -rw-r--r--       3  hadoop   supergroup                    0   2018-08-11   14:44
/tmp/wanglei/sqoop1/_SUCCESS
    -rw-r--r--  3 hadoop supergroup        15 2018-08-11 14:44 /tmp/sqoop1/part-m-00000
```

3.5.3 快照

快照（Snapshot）是 HDFS 2.x 版本增加的基于某时间点的数据的备份（复制）。快照可以针对某个目录，或整个文件系统，即快照可以使某个损坏的目录或整个损坏的 HDFS 恢复到过去的一个数据正确的时间点。快照比较常见的应用场景是数据备份，以防止一些用户错误或灾难。

快照功能默认是禁用的。开启或禁用快照功能，需要针对目录操作，命令如下（<snapshotDir>表示某个目录）。

```
hdfs dfsadmin -allowSnapshot <snapshotDir>
hdfs dfsadmin -disallowSnapshot <snapshotDir>
```

创建快照、删除快照、重命名快照的命令如下。

```
hdfs dfs -createSnapshot <snapshotDir> [<snapshotName>]
hdfs dfs -deleteSnapshot <snapshotDir> <snapshotName>
hdfs dfs -renameSnapshot <snapshotDir> <oldName> <newName>
```

1. 创建快照

上传文件到/data 目录。

```
hadoop@node1:~$ hdfs dfs -put data1.txt /data
```

对/data 目录开启快照。

```
hadoop@node1:~$ hdfs dfsadmin -allowSnapshot /data
Allowing snaphot on /data succeeded
```

创建快照 1。

```
hadoop@node1:~$ hdfs dfs -createSnapshot /data data_0813
Created snapshot /data/.snapshot/data_0813
```

上传文件到/data 目录。

```
hadoop@node1:~$ hdfs dfs -put data2.txt /data
```

创建快照 2。

```
hadoop@node1:~$ hdfs dfs -createSnapshot /data data_0813_2
Created snapshot /data/.snapshot/data_0813_2
```

2. 对比快照

对比快照 1 和快照 2，可以看到文件的差异。

```
hadoop@node1:~$ hdfs snapshotDiff /data data_0813  data_0813_2
Difference between snapshot data_0813 and snapshot data_0813_2 under directory /data:
M     .
+     ./data2.txt
```

3. 查看快照

可以通过如下命令查看快照。

```
hadoop@node1:~$ hdfs lsSnapshottableDir
drwxr-xr-x 0 hadoop supergroup 0 2018-08-13 22:36 2 65536 /data
```

也可以通过 Web 查看，如图 3-13 所示。

4. 恢复快照

如果因为某些原因，数据目录被误删，可以从快照目录中恢复，恢复的方法是复制，命令如下：

```
hadoop@node1:~$ hdfs dfs -cp /data/.snapshot/data_0813/data1.txt /data
```

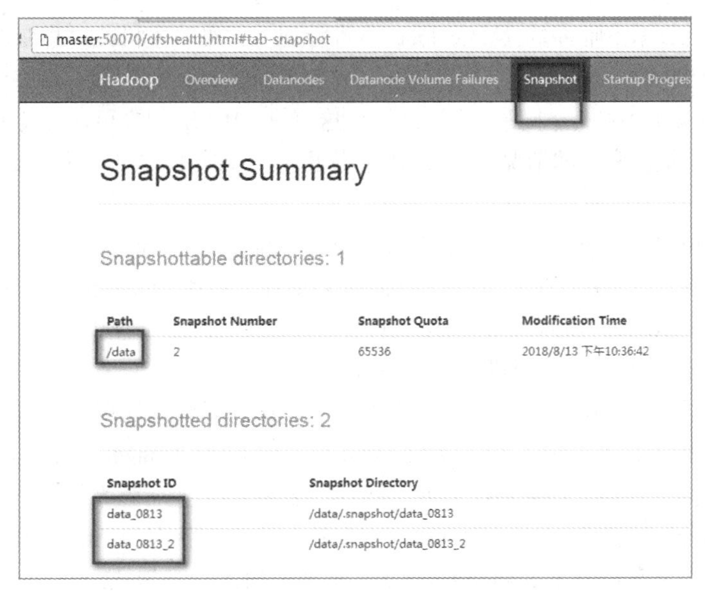

图 3-13　在 Web 上查看快照

3.5.4　配额

HDFS 提供了如下两种配额（Quota）命令（这两种命令是管理命令——hdfs dfsadmin）。

（1）setQuota

setQuota 命令格式如下。

```
hdfs dfsadmin -setQuota <quota> <dirname>...<dirname>
```

setQuota 命令设置 HDFS 中某个目录下文件数量与目录数量之和的最大值。

例如，命令

```
hadoop@node1:~$ hdfs dfsadmin -setQuota 5 /user/hadoop/quota
```

设置 HDFS 中/user/hadoop/quota 目录下文件数与目录数之和不超过 5。

注意：当前目录“.”已经占用了一个，所以此例子中的/user/hadoop/quota 下最多还能存 4 个文件。

（2）setSpaceQuota

setSpaceQuota 命令格式如下。

```
hdfs dfsadmin -setSpaceQuota <quota> <dirname>...<dirname>
```

setSpaceQuota 命令用于设置 HDFS 中某个目录可用存储空间的大小，单位是 Byte。此存储空间类似于百度网盘的个人存储空间。在使用该命令的时候最好将空间大小设置为块的整数倍。如果设置的空间大小小于数据块的大小（默认是 128MB），那么该存储空间将一个文件也存放不了。

例如，设置 HDFS 中/user/hadoop/spaceQuota 目录的存储空间为 128MB，命令如下。

```
hadoop@node1:~$ hdfs dfsadmin -setSpaceQuota 134217728 /user/hadoop/spaceQuota
```

清除配额的命令为：

```
hdfs dfsadmin -clrQuota <dirname>...<dirname>
hdfs dfsadmin -clrSpaceQuota <dirname>...<dirname>
```

3.5.5　高可用性

HDFS HA 是指 HDFS High Available，即 HDFS 高可用性。通常一个集群中只有一个

NameNode，所有元数据由唯一的 NameNode 负责管理。如果该主机或进程变得不可用，整个群集将无法使用，直到 NameNode 恢复服务为止。这将影响集群的可用性。HDFS 通过在同一群集中运行两个 NameNode 的方法来解决上述问题，这就是 HDFS 的高可用性功能。这样，在一个 NameNode 不能对外提供服务的情况下，可以快速将服务转移到另一个备用的 NameNode，如图 3-14 所示。

在典型的 HDFS HA 群集中，有两台独立的计算机配置为 NameNode。任何时候，只有一个 NameNode 处于活跃（Active）状态，另一个 NameNode 处于备用（Standby）状态。两个 NameNode 上的数据保存同步，Active NameNode 负责处理集群中所有的客户端操作，而 Standby NameNode 只是充当从属服务器，在必要时提供快速故障恢复。

为了能够实时同步 Active 和 Standby 两个 NameNode 的元数据信息（实际上是 edit log），需提供一个共享存储系统，可以是 NFS、QJM（Quorum Journal Manager）或者 ZooKeeper。Active NameNode 将元数据写入共享存储系统，而 Standby NameNode 监听该系统，一旦发现有新数据写入，则读取这些数据，并加载到自己内存中，以保证自己内存状态与 Active NameNode 保持基本一致。如此这般，在紧急情况下 Standby NameNode 便可快速切换为 Active NameNode。为了实现快速切换，Standby NameNode 获取集群的最新文件块信息是很有必要的。为了实现这一目标，DataNode 需要配置 NameNode 的信息（包括 NameNode 的 RPC 通信地址和 HTTP 通信地址等），并定期给这些 NameNode 汇报文件的数据块信息以及发送心跳信息，与 NameNode 保持联系。

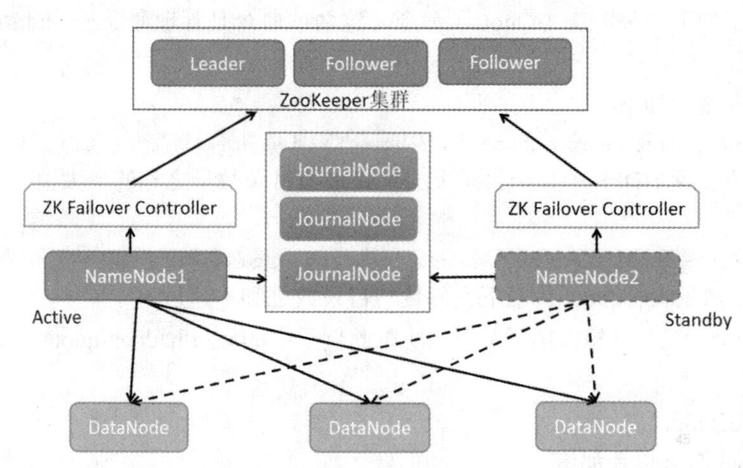

图 3-14　通过 ZooKeeper 实现 HA

3.5.6 联邦

HDFS 的 Federation，即 HDFS 联邦，指的是 HDFS 有多个 NameNode 或 NameSpace（NS），这些 NameNode 或 NameSpace 是联合的，它们相互独立且不需要互相协调，各自分工，管理自己的区域。每个 NameNode 或 NameSpace 有自己的数据块池（Block Pool），池与池之间是独立的。一个 NameNode 挂掉了，不会影响其他 NameNode。但所有的数据块池都共享一个 HDFS 的存储空间，如图 3-15 所示。一个 NameSpace 和它的 Block Pool 作为一个管理单元。当一个 Namenode 或 NameSpace 被删除，对应于 DataNodes 中的数据块池也会被删除。在集群的升级过程中，每个管理单元都是以一个整体进行升级的。这里引入 ClusterID 来标识集群中的所有节点。当一个 NameNode 格式化后，这个 ClusterID 会生成，格式化其他 NameNode 时如果指定这个 ClusterID，则可以使其加入到同一个集群中。

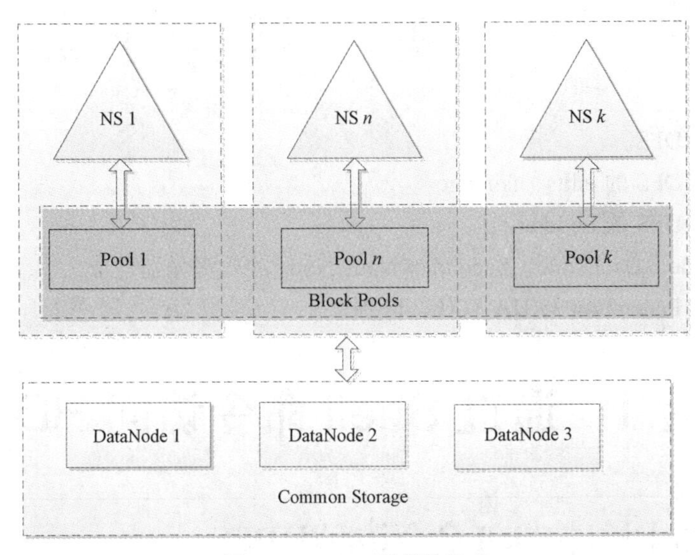

图 3-15　HDFS 联邦的组成

使用联邦的优点如下。

（1）NameSpace 具有可扩展性。原来只有 DataNode 可以水平扩展，现在 NameNode 也可以水平扩展，这样减轻了单个 NameNode 的内存和服务压力，如图 3-16 和图 3-17 所示。

（2）性能提升。多个 NameNode 可以提高读写时的数据吞吐量。

（3）隔离性。使用联邦可隔离不同类型的程序，一定程度上可控制资源的分配。

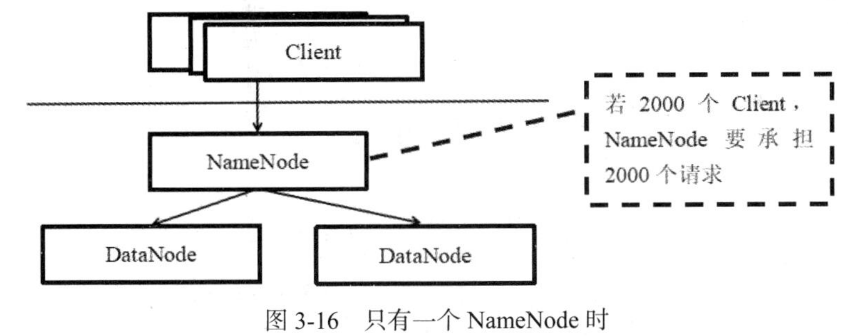

图 3-16　只有一个 NameNode 时

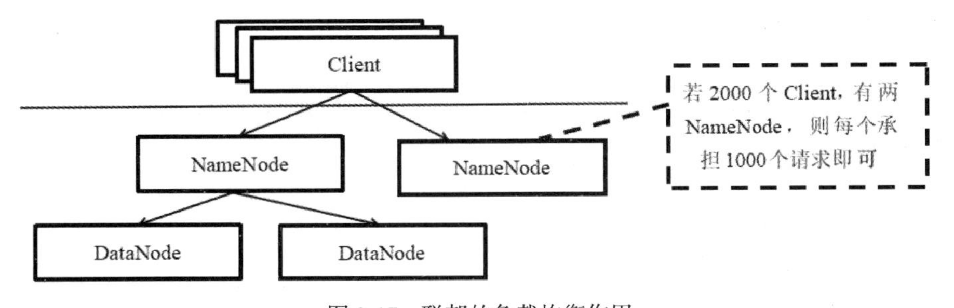

图 3-17　联邦的负载均衡作用

通过图 3-16 和图 3-17 的对比，看出联邦在负载均衡方面的作用。

习　题

3-1　什么是 HDFS。

3-2　什么是 HDFS 的 edits、fsimage。

3-3　什么是 HDFS 的 Federation。

3-4　NameNode、DataNode、SecondaryNameNode 的职责分别是什么。

3-5　HDFS 的 Federation 与 HA 有什么区别。

实验 1　通过 Shell 命令访问 HDFS

【实验名称】通过 Shell 命令访问 HDFS

【实验目的】

1. 理解 HDFS 在 Hadoop 体系结构中的作用；
2. 熟练使用常用的 Shell 命令访问 HDFS。

【实验原理】

Shell 命令分为以下几类：

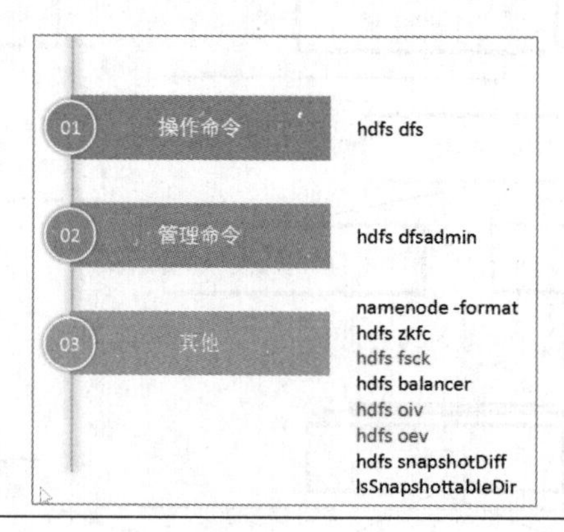

【实验环境】

操作系统：Ubuntu 16.04。

Hadoop 版本：2.7.3 或以上版本。

【实验步骤】

HDFS 有很多 Shell 命令，其中，hdfs dfs 命令可以说是 HDFS 中最常用的命令，利用该命令可以查看 HDFS 文件系统的目录结构、上传和下载数据、创建文件等。该命令的用法为

```
hdfs  dfs  [genericOptions]  [commandOptions]
```

1. 掌握常用的 HDFS 操作命令（hdfs dfs）

练习常用的 hdfs 操作命令，执行并查看结果（可以在终端输入 hdfs dfs -help，查询命令的用法）。

先通过 vi 在 Linux 本地创建 3 个文本文件：txt1.txt、txt2.txt、txt3.txt。在文件中随意输入一些内容。下面为常用的 HDFS 操作命令实验的内容。

（1）列出子目录或子文件

列出/user/${USER}下的文件和目录（前提：/user/${USER}已经存在，否则会报错）。

```
hdfs dfs  -ls
```

列出根目录

```
hdfs dfs  -ls /
```

（2）创建目录（-p 表示会创建父目录。实验时请将下面的学号 001 换成自己的学号）

```
hdfs dfs -mkdir  /001
hdfs dfs -mkdir /001/mydemo2
hdfs dfs -mkdir  -p  /001/mydemo/x/y/z
hdfs dfs -mkdir /001/mydemo3  /001/mydemo4  /001/mydemo5
```

（3）列出 HDFS 中/001/mydemo 文件夹下的文件（-R 表示列出所有子目录）

```
hdfs dfs -ls  /001/mydemo
hdfs dfs -ls -R  /001/mydemo
```

（4）上传文件

将本地目录的 txt1.txt、txt2.txt 文件上传到 HDFS 上，并分别重命名为 hdfs1.txt、hdfs2.txt。

```
hdfs dfs -put txt1.txt  /001/mydemo/hdfs1.txt
hdfs dfs -copyFromLocal txt2.txt  /001/mydemo/hdfs2.txt
```

（5）将本地文件移动到 HDFS

```
hdfs dfs -moveFromLocal txt3.txt  /001/mydemo/hdfs3.txt
```

（6）下载文件

将 HDFS 中的文件 hdfs1.txt、hdfs3.txt 复制到本地系统，并分别命名为 txt11.txt、txt3.txt。

```
hdfs dfs -get  /001/mydemo/hdfs1.txt  txt11.txt
hdfs dfs -copyToLocal  /001/mydemo/hdfs3.txt  txt3.txt
```

（7）查看文件

查看 HDFS 中/001/mydemo/hdfs2.txt 文件的内容。

```
hdfs dfs -cat  /001/mydemo/hdfs2.txt
hdfs dfs -text  /001/mydemo/hdfs2.txt
```

（8）删除文档

删除 HDFS 中名为 file1 的文件（参数 r 为递归删除）。

```
hdfs dfs -rm -r  /001/mydemo/hdfs3.txt
```

（9）文件或文件夹复制

```
hdfs dfs -cp  /001/mydemo/hdfs1.txt  /001/mydemo/hdfs3.txt
```

（10）文件或文件夹的移动

```
hdfs dfs -mv  /001/mydemo/hdfs3.txt  /001/mydemo/hdfs4.txt
```

（11）使用 touchz 命令创建一个空文件 file

```
hdfs dfs -touchz  /001/mydemo/hdfs5.txt
```

（12）追加数据到文件末尾的指令

```
hdfs dfs -appendToFile txt1.txt  /001/mydemo/hdfs5.txt
```

（13）文件合并再下载

```
hdfs dfs -getmerge /001/mydemo merge.txt
```

（14）count 统计（显示：目录个数、文件个数、文件总计大小、输入路径）

```
hdfs dfs -count /001/mydemo
```

（15）查看文件大小

```
hdfs dfs -du /001/mydemo
```

（16）设置扩展属性，获取扩展属性

```
hdfs dfs -setfattr -n user.from -v http://www.baidu.com /001/mydemo/hdfs1.txt
hdfs dfs -getfattr -d /001/mydemo/hdfs1.txt
```

2. 掌握常用的 HDFS 管理命令（hdfs dfsadmin）

练习常用的 HDFS 管理命令，执行并查看结果（可以在终端输入 hdfs dfsadmin -help，查询命令的用法）。

（1）安全模式相关练习

```
hdfs dfsadmin -safemode get
hdfs dfsadmin -safemode enter
hdfs dfsadmin -safemode leave
hdfs dfsadmin -safemode wait
```

（2）快照相关练习

开启或禁用快照功能的命令如下。

```
hdfs dfsadmin -allowSnapshot <snapshotDir>
hdfs dfsadmin -disallowSnapshot <snapshotDir>
```

例如：

```
hdfs dfsadmin -allowSnapshot /001/mydemo
hdfs dfsadmin -disallowSnapshot /001/mydemo2
```

创建快照、删除快照、重命名快照的命令如下。

```
hdfs dfs -createSnapshot <snapshotDir> [<snapshotName>]
hdfs dfs -deleteSnapshot <snapshotDir> <snapshotName>
hdfs dfs -renameSnapshot <snapshotDir> <oldName> <newName>
```

例如：

```
hdfs dfs -createSnapshot /001/mydemo s1
hdfs dfs -renameSnapshot /001/mydemo s1 s2
hdfs dfs -deleteSnapshot /001/mydemo s2
```

（3）配额相关

配额命令如下。

```
hdfs dfsadmin -setQuota <quota> <dirname>...<dirname>
```

例如：

```
hdfs dfsadmin -setQuota 3 /001/mydemo3
```

再试着上传如下 3 个文件。

```
hdfs dfs -put txt1.txt /001/mydemo3
hdfs dfs -put txt2.txt /001/mydemo3
hdfs dfs -put txt3.txt /001/mydemo3
```

（4）空间配额相关

空间配额命令如下。

```
hdfs dfsadmin -setSpaceQuota <quota> <dirname>...<dirname>
```

例如：

```
hdfs dfsadmin -setSpaceQuota 134217728 /mydemo4
```

再试着上传如下 3 个文件。

```
hdfs dfs -put txt1.txt  /001/mydemo3
hdfs dfs -put txt2.txt  /001/mydemo3
hdfs dfs -put txt3.txt  /001/mydemo3
```

（5）报告文件系统的基本信息和统计信息

```
hdfs dfsadmin  -report
```

（6）查看拓扑

```
hdfs dfsadmin  -printTopology
```

3. 命令的综合运用

在本地创建一个文件 file1，查看 file1 是否创建成功，往 file1 内写入一些内容。在 HDFS 上创建一个文件夹 folder1，把 file1 上传到 folder1 中。查看是否上传成功，成功后查看 file1 的内容。把 file1 下载到本地，查看本地 file1 的内容。把 folder1 删除，并查看是否删除成功。最后把本地的 file1 删除。

实验 2 熟悉基于 IDEA+Maven 的 Java 开发环境

【实验名称】熟悉基于 IDEA+Maven 的 Java 开发环境

【实验目的】

（1）“工欲善其事，必先利其器”。IDEA+Maven（或 Eclipse+ Maven）是大多数从事 Java 开发的企业和工程师优先选择的开发工具。学生通过本次实验可以懂得如何配置和使用 IDEA+Maven 开发环境。

（2）了解如何使用 IDEA 创建 Maven 工程、运行 Maven 工程。

（3）了解 Maven 的一些基本命令（如打包命令），为后续的程序开发做准备。

【实验原理】

略。

【实验环境】

操作系统：64 位 Windows。

JDK：JDK 1.8 安装包。

Maven：Maven 安装包。

IDEA：IDEA 安装包。

注意：

（1）此实验以 Windows 环境为例。如果采用 Linux 环境，使用的安装包和配置环境变量的方式不一样，但配置和使用 IDEA 的方式是相似的。

（2）如果采用 Linux 环境，且多用户同时使用，为了避免本地仓库的权限问题，可将 Maven 安装目录下的 conf/settings.xml 复制到~/.m2 下，并修改“~/.m2/settings.xml”中的 localRepository 为当前用户有权限的目录。

```
    <localRepository>local_repo</localRepository>
```

（3）环境必须连接互联网（可以通过连接百度网页查看是否能正常打开来确认）。如果不能连接互联网，此实验将无法进行。

【实验步骤】

1. 下载或复制相关安装包

- jdk-8u171-windows-x64.exe
- ideaIC-2018.1.6.exe
- apache-maven-3.5.4-bin.zip

2. 安装 JDK

（1）双击 jdk-8u171-windows-x64.exe 文件进行安装，安装过程中一路单击下一步即可。

（2）配置环境变量。

配置 JAVA_HOME，值为：安装路径，如下图所示。

配置 CLASSPATH，值为：%JAVA_HOME%/lib/dt.jar;%JAVA_HOME%/lib /tools.jar;。

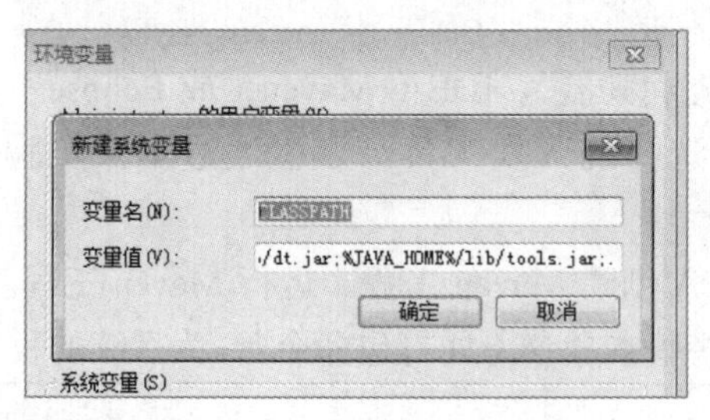

输入 java –version，测试结果如下。

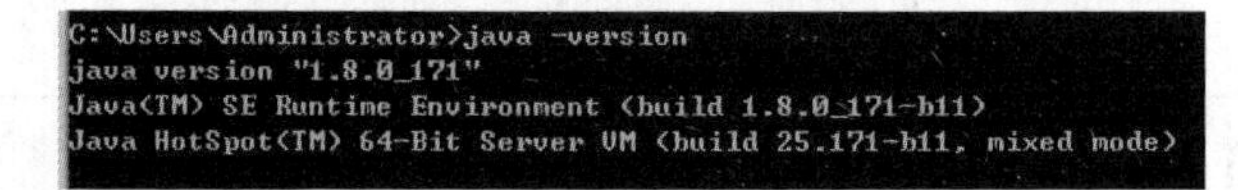

3. 安装与配置 Maven

Maven 只需要解压后配置环境变量即可使用。步骤如下：

（1）解压 Maven 安装包（即 apache-maven-3.5.4-bin.zip）到某一个目录，比如：E:\apache-maven-3.5.4-bin。

（2）配置环境变量。

配置：MAVEN_HOME，值为：E:\apache-maven-3.5.4-bin。

Path 增加：%MAVEN_HOME%\bin。

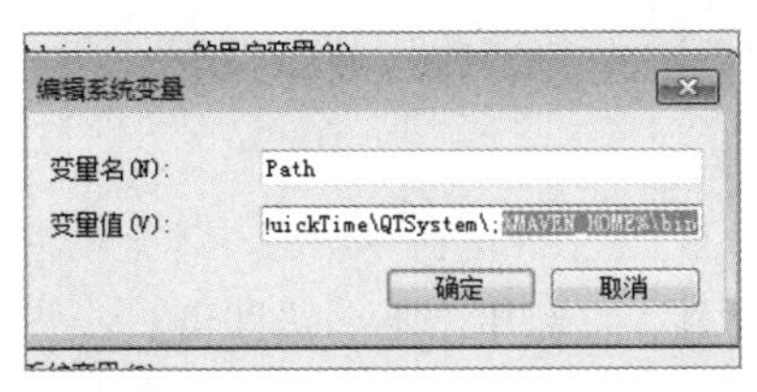

（3）输入 mvn -v，测试结果如下。

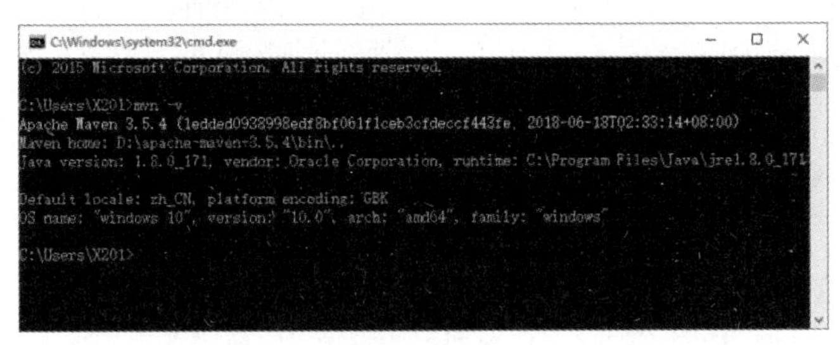

（4）配置 Maven。

打开 Maven 安装目录下的 conf 目录，如 D:\apache-maven-3.5.4\conf，找到 setting.xml，修改里面的内容（可以安装 Notepad++等文本工具来编辑，这样换行显示才正常）。

① 配置 localRepository，明确本地仓库的存储位置。

搜索“localRepository”，找到相关的配置如下图。增加“<localRepository>D:/repo </localRepository>”，目录可以自行定义。

```
<settings xmlns="http://maven.apache.org/SETTINGS/1.0.0"
          xmlns:xsi="http://www.w3.org/2001/XMLSchema-instance"
          xsi:schemaLocation="http://maven.apache.org/SETTINGS/1.0.0 http
  <!-- localRepository
   | The path to the local repository maven will use to store artifacts.
   |
   | Default: ${user.home}/.m2/repository
  <localRepository>/path/to/local/repo</localRepository>
  -->

  <localRepository>D:/repo</localRepository>
```

② 搜索“mirrors”，找到如下内容，增加框内的配置。

```
  <mirrors>
    <!-- mirror
     | Specifies a repository mirror site to use instead of a given r
     | this mirror serves has an ID that matches the mirrorOf element
     | for inheritance and direct lookup purposes, and must be unique
     |
    <mirror>
      <id>mirrorId</id>
      <mirrorOf>repositoryId</mirrorOf>
      <name>Human Readable Name for this Mirror.</name>
      <url>http://my.repository.com/repo/path</url>
    </mirror>
     -->

    <mirror>
      <id>nexus-aliyun</id>
      <mirrorOf>*</mirrorOf>
      <name>Nexus aliyun</name>
      <url>http://maven.aliyun.com/nexus/content/groups/public</url>
    </mirror>
  </mirrors>
```

即：

```
<mirror>
    <id>nexus-aliyun</id>
```

```
        <mirrorOf>*</mirrorOf>
        <name>Nexus aliyun</name>
        <url>http://maven.aliyun.com/nexus/content/groups/public</url>
    </mirror>
```

4. 安装 IDEA

（1）安装。

双击 idealC-2018.1.6.exe 文件，一路单击下一步即可。

（2）配置 Maven。

首次启动 IDEA，需要同意许可协议，选择 IDEA 的风格等。然后出现下面的界面，单击 Configure→ Setting。

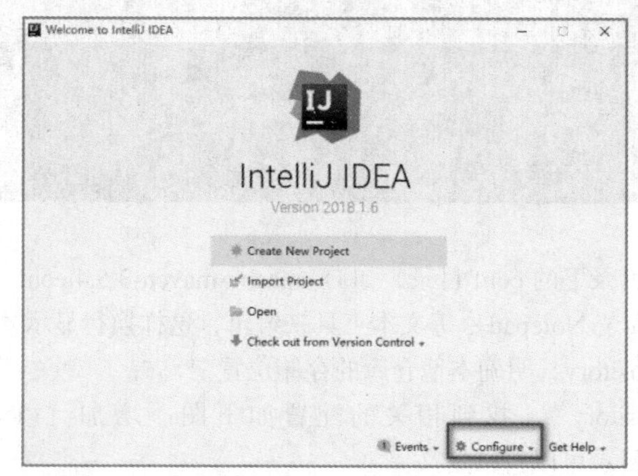

按下图的步骤，设置 Maven 及 setting.xml 的位置。

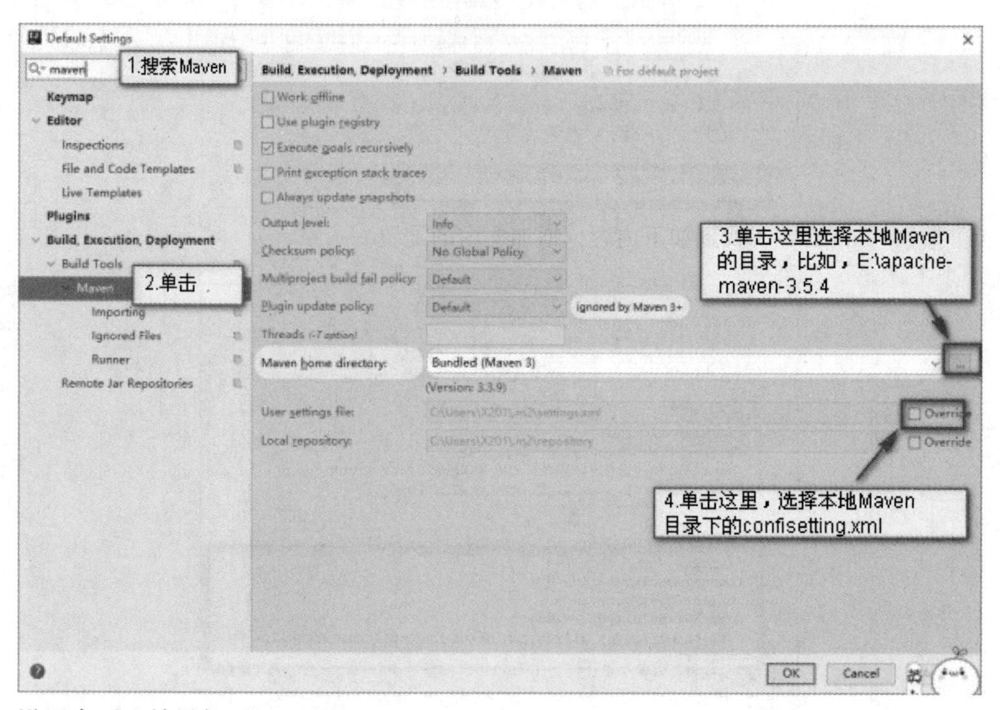

设置完后，效果如下。

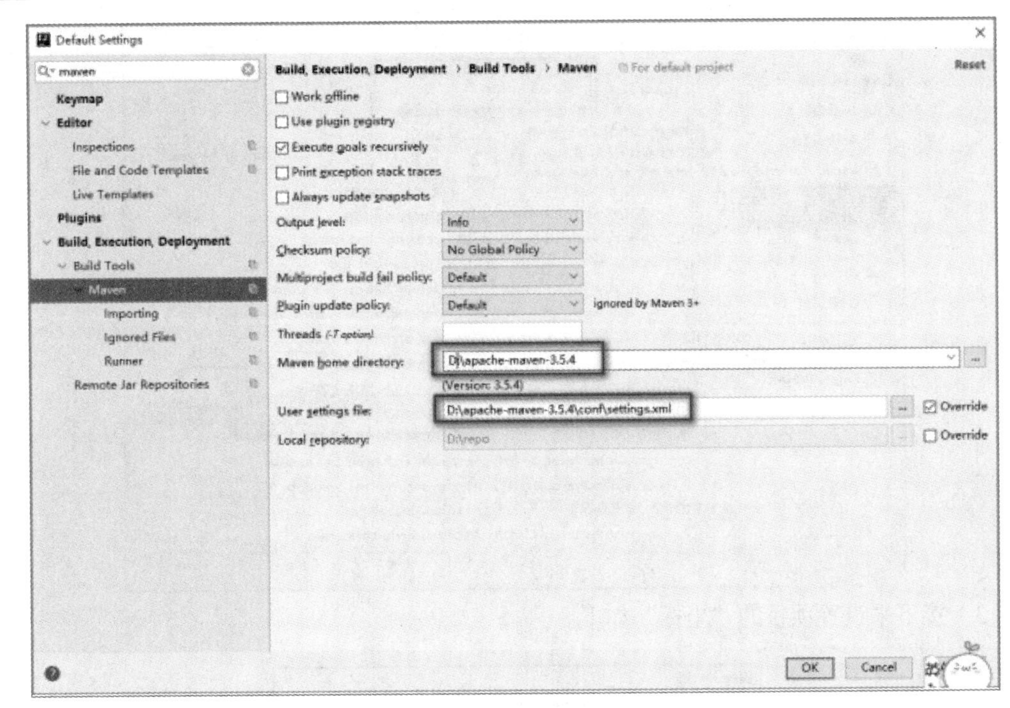

5. 创建工程

（1）在 IDEA 界面中，单击【Create New Project】，界面如下。

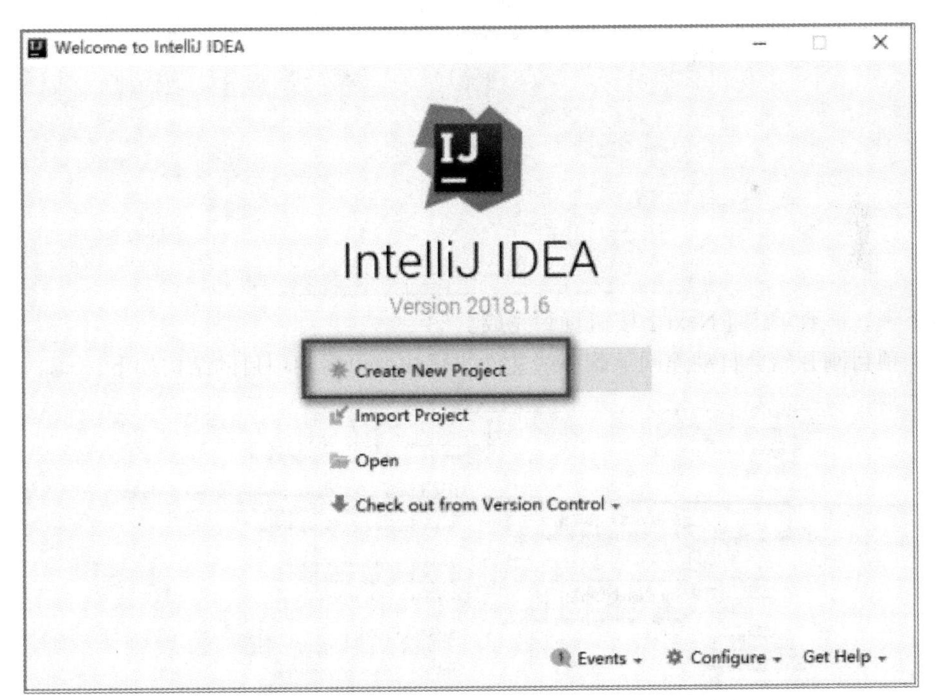

（2）在“New Project”界面中，单击左侧的“Maven”，若右上方提示<No SDK>，单击右侧的 New，选择本地的 JDK 安装路径。接着单击“Create from archetype”，选择以“quickstart”结尾的类型。这个类型可以快速创建一个具有 Maven 基本文件结构的工程。然后单击【Next】按钮。

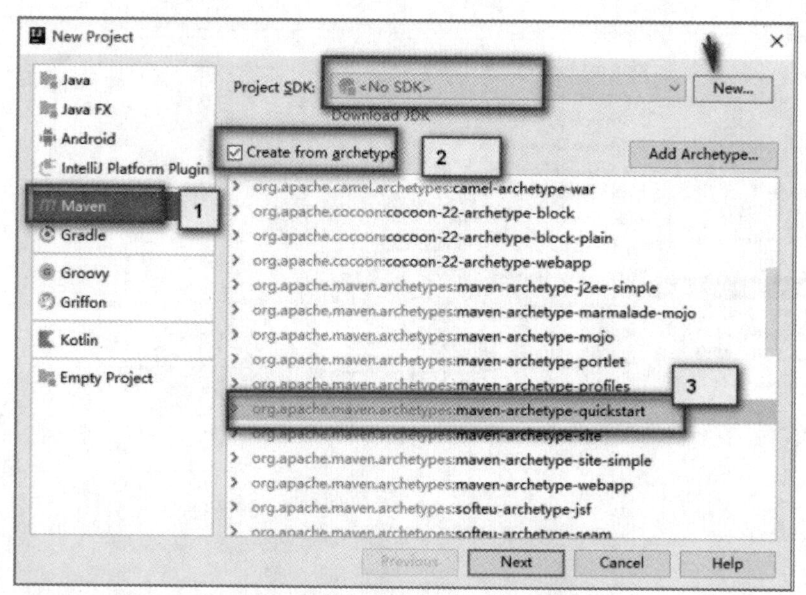

（3）接下来设置项目的“坐标”如下。

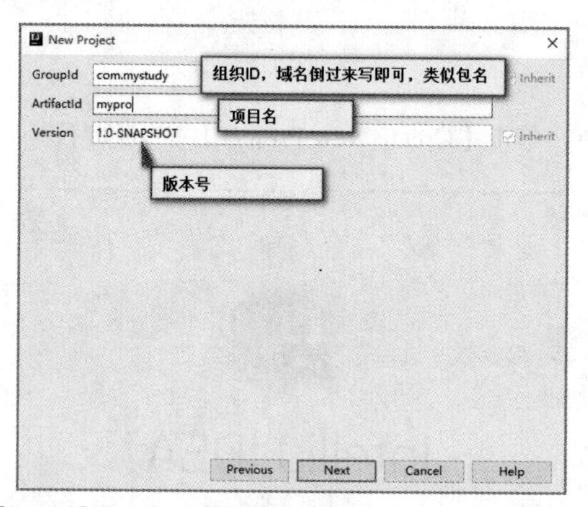

接下来，一直单击【Next】按钮直到完成。

（4）项目刚开始会自动连网下载一些文件。很快就可看到项目的结构如下。

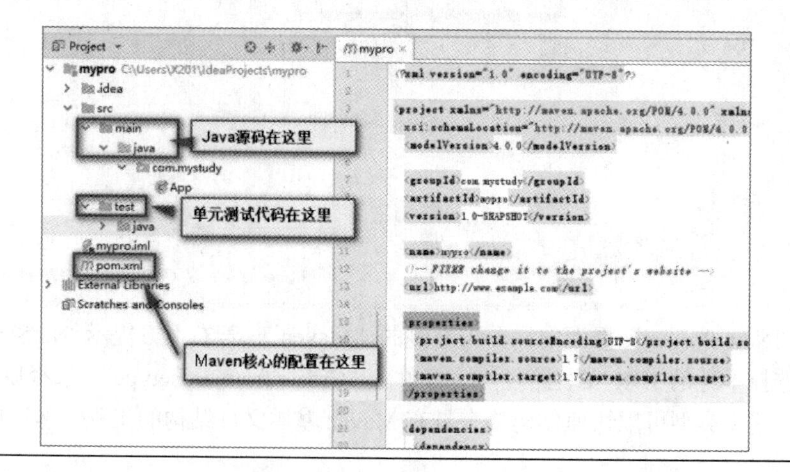

（5）修改 pom.xml，指定工程的主类。

选择界面左边的 pom.xml，并编辑，如下图所示。

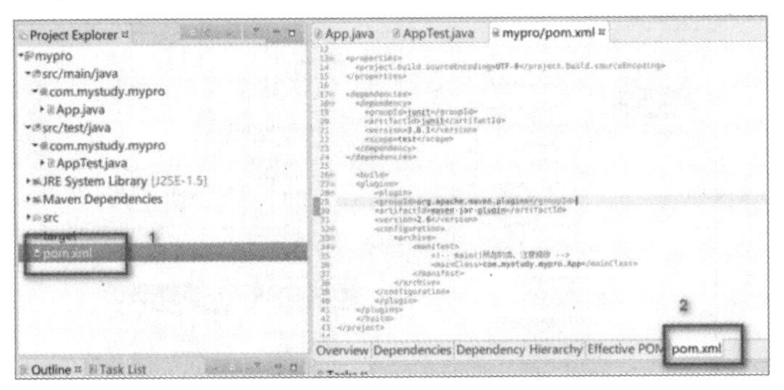

修改 pom.xml，在</project>前的<build>节点下增加下面内容。

注意：<mainClass>与</mainClass> 之间的内容表示主类，请修改为实际工程的主类。

```
<plugins>
    <plugin>
      <groupId>org.apache.maven.plugins</groupId>
      <artifactId>maven-shade-plugin</artifactId>
      <version>2.4.3</version>
      <executions>
        <execution>
          <phase>package</phase>
          <goals>
            <goal>shade</goal>
          </goals>
          <configuration>
            <transformers>
              <transformer        implementation="org.apache.maven.plugins.shade.
resource.ManifestResourceTransformer">
              <!-- main()所在的类，注意修改 -->
                <mainClass>com.mystudy.App</mainClass>
              </transformer>
            </transformers>
          </configuration>
        </execution>
      </executions>
    </plugin>
  </plugins>
```

效果如下图所示。

```
<build>

 <plugins>
  <plugin>
   <groupId>org.apache.maven.plugins</groupId>
   <artifactId>maven-shade-plugin</artifactId>
   <version>2.4.3</version>
   <executions>
    <execution>
     <phase>package</phase>
     <goals>
      <goal>shade</goal>
     </goals>
     <configuration>
      <transformers>
       <transformer implementation="org.apache.maven.plugins.shade.resource.ManifestResourceTransformer">
        <!-- main()所在的类，注意修改 -->
        <mainClass>com.mystudy.App</mainClass>
       </transformer>
      </transformers>
     </configuration>
    </execution>
   </executions>
  </plugin>
 </plugins>
```

（6）修改 pom.xml 后，记得刷新（刷新工程的目的是刷新依赖等）。

单击 pom.xml，再单击鼠标右键，选择【Maven】→【Reimport】。

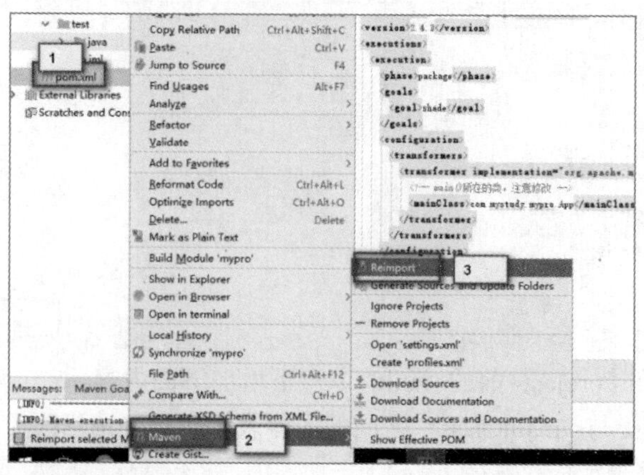

（7）在 IDEA 中运行工程。

选中主类，单击右键，选择【Run App.main()】，如下图所示。

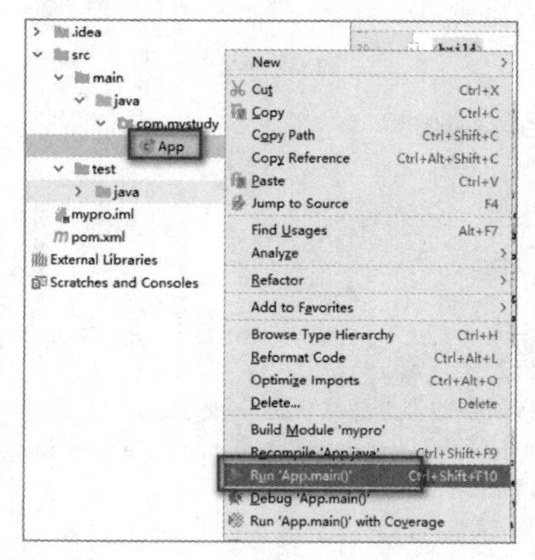

即可看到程序的输出结果。

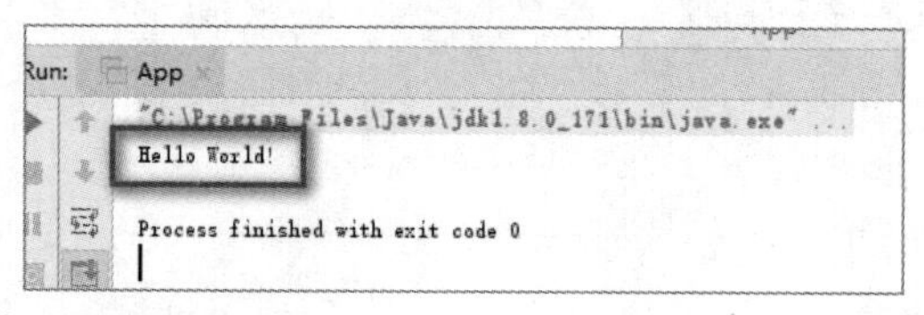

（8）在命令行中构建（打包）工程。

单击最左下角的小图标，然后单击 Terminal。

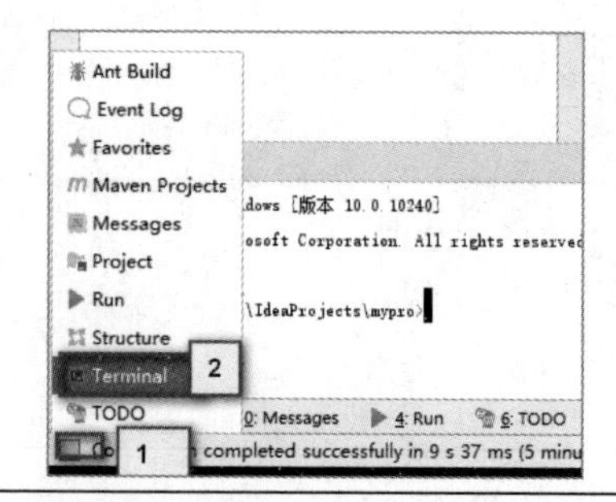

此时将显示命令输入界面（类似 cmd 一样的效果），默认已经在当前项目的目录，如：C:\Users\X201\IdeaProjects\mypro。

输入下面的命令进行打包：

```
mvn clean package
```

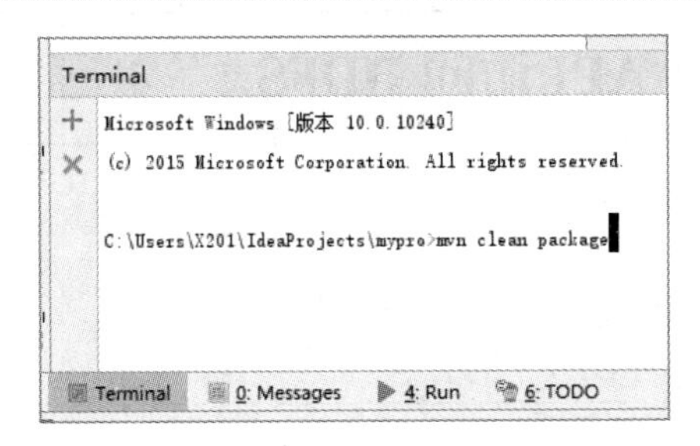

可以看到如下结果：

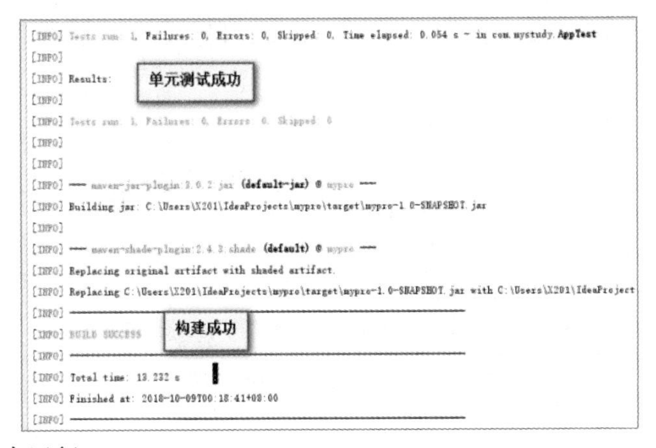

（9）在命令行中运行。

查看生成的 jar 包，命令如下：

```
dir target
```

结果显示如下：

```
2018/10/09  00:18    <DIR>          .
2018/10/09  00:18    <DIR>          ..
2018/10/09  00:18    <DIR>          classes
2018/10/09  00:18    <DIR>          generated-sources
2018/10/09  00:18    <DIR>          generated-test-sources
2018/10/09  00:18    <DIR>          maven-archiver
2018/10/09  00:18    <DIR>          maven-status
2018/10/09  00:18             2,89 mypro-1.0-SNAPSHOT.jar
2018/10/09  00:18            2,747 original-mypro-1.0-SNAPSHOT.jar
2018/10/09  00:18    <DIR>          surefire-reports
2018/10/09  00:18    <DIR>          test-classes
```

运行 jar 包：

```
java -jar target/mypro-1.0-SNAPSHOT.jar
```

得到预期的结果如下所示。

```
C:\Users\X201\IdeaProjects\mypro>java -jar target/mypro-1.0-SNAPSHOT.jar
Hello World!
```

实验 3　通过 API 访问 HDFS

【实验名称】通过 API 访问 HDFS

【实验目的】

1．理解 HDFS 在 Hadoop 体系结构中的作用。

2．熟悉通过 Java API 访问 HDFS 的方法。

【实验原理】

本实验主要用到 FileSystem 类，相关的接口及其源码可以在网上搜索到。

常用接口的用法如下。

（1）获取 FileSystem 实例，通过 get()方法。

修饰符及返回值	方法及描述
static FileSystem	get(Configuration conf) 根据配置获取 FileSystem 实例
static FileSystem	get(URI uri, Configuration conf) 根据 URI 的模式和权限获取配置的 FileSystem 实例
static FileSystem	get(URI uri, Configuration conf, String user) 根据 URI、配置和用户，获取 FileSystem 实例

（2）获取输入流 FSDataInputStream，通过 open()方法。

返回值	方法及描述
FSDataInputStream	open(Path f) 在指定的路径上打开 FSDataInputStream

（3）创建输出流 FSDataOutputStream，通过 create()方法。

修饰符及返回值	方法及描述
FSDataOutputStream	create(FileSystem fs, Path file, FsPermission permission) 使用指定的路径和权限创建一个文件，并返回 FSDataOutputStream
FSDataOutputStream	create(Path f) 在指定的路径创建一个文件，并返回 FSDataOutputStream
FSDataOutputStream	create(Path f, boolean overwrite) 在指定的路径创建一个文件，overwrite 表示是否覆盖原文件，并返回 FSDataOutputStream
FSDataOutputStream	create(Path f, boolean overwrite, int bufferSize) 在指定的路径创建一个文件，bufferSize 表示缓冲区大小，并返回 FSDataOutputStream

（4）创建目录，通过 mkdirs()方法。

修饰符及返回值	方法及描述
static boolean	mkdirs(FileSystem fs, Path dir, FsPermission permission) 使用提供的权限创建目录
boolean	mkdirs(Path f) 使用默认的权限来调用 mkdirs(Path, FsPermission) 接口

（5）删除文件，通过 delete()方法。

修饰符及返回值	方法及描述
boolean	delete(Path f) 删除文件，此接口即将废弃，建议换用 delete(Path, boolean)
abstract boolean	delete(Path f, boolean recursive) 删除文件，recursive 表示是否递归

（6）列出子目录或子文件，通过 listStates()方法。

修饰符及返回值	方法及描述
abstract FileStatus[]	listStatus(Path f) 如果路径是一个目录，列出它的子文件或子目录的状态信息

（7）设置文件扩展属性，通过 setXAttr()方法。

修饰符	方法及描述
void	setXAttr(Path path, String name, byte[] value) 设置文件或目录的扩展属性

（8）获取文件扩展属性，通过 getXAttr()方法。

返回值	方法及描述
byte[]	getXAttr(Path path, String name) 传入属性名称，获取文件或目录中扩展属性的值

【实验环境】

操作系统：Linux。

Hadoop 版本：2.7.3 或以上版本。

JDK 版本：1.8 或以上版本。

Java　IDE：IDEA/Eclipse。

【实验步骤】

采用 Maven 开发，需要在 pom.xml 中配置依赖和主类。参考配置如下。

```
    <?xml version="1.0" encoding="UTF-8"?>
    <project xmlns="http://maven.apache.org/POM/4.0.0" xmlns:xsi="http://www.w3.org/
2001/XMLSchema- instance"
      xsi:schemaLocation="http://maven.apache.org/POM/4.0.0
http://maven.apache.org/xsd/maven-4.0.0.xsd">
      <modelVersion>4.0.0</modelVersion>
      <groupId>com.test</groupId>
      <artifactId>hdfs_upload</artifactId>
      <version>1.0-SNAPSHOT</version>
```

```
    <name>hdfs_upload</name>
    <!-- FIXME change it to the project's website -->
    <url>http://www.example.com</url>
    <properties>
      <project.build.sourceEncoding>UTF-8</project.build.sourceEncoding>
      <maven.compiler.source>1.7</maven.compiler.source>
      <maven.compiler.target>1.7</maven.compiler.target>
    </properties>
    <dependencies>
      <dependency>
        <groupId>junit</groupId>
        <artifactId>junit</artifactId>
        <version>4.11</version>
        <scope>test</scope>
      </dependency>
        <dependency>
          <groupId>org.apache.hadoop</groupId>
          <artifactId>hadoop-client</artifactId>
          <version>2.7.3</version>
        </dependency>
    </dependencies>
    <build>
        <plugins>
            <plugin>
                <groupId>org.apache.maven.plugins</groupId>
                <artifactId>maven-shade-plugin</artifactId>
                <version>2.4.3</version>
                <executions>
                    <execution>
                        <phase>package</phase>
                        <goals>
                            <goal>shade</goal>
                        </goals>
                        <configuration>
                            <transformers>
                                <transformer
                                        implementation="org.apache.maven.
plugins.shade.resource. ManifestResourceTransformer"><!-- main()所在的类，注意修改 -->
                                    <mainClass>com.test.App</mainClass>
                                </transformer>
                            </transformers>
                        </configuration>
                    </execution>
                </executions>
            </plugin>
        </plugins>
     </build>
  </project>
```

（1）创建文件。

```
/**
*在 HDFS 上创建/mydir/test2.txt 文件
*/
package org.apache.hadoop.examples;
import org.apache.hadoop.conf.*;
import org.apache.hadoop.fs.*;
```

```
import java.net.URI;

/**
 * HDFS: Create File
 *
 */
public class App {
  public static void main(String[] args) throws Exception{
          Configuration conf=new Configuration();
          //配置 NameNode 地址
          URI uri=new URI("hdfs://192.168.72.128:8020");
          //指定用户名,获取 FileSystem 对象
          FileSystem fs=FileSystem.get(uri,conf,"hadoop");
          //define new file
          Path dfs=new Path("/mydir/test2.txt");
          FSDataOutputStream os=fs.create(dfs,true);
          newFile.writeBytes("hello,hdfs!");

          //关闭流
          os.close();

          //不需要再操作 FileSystem 了，关闭
          fs.close();
   }
}
```

（2）删除文件。

（3）上传文件。

（4）下载文件。

（5）查看文件属性。

（6）读取文件。

请自行开发实现上面步骤（2）~（6）的功能。

第4章 YARN

Hadoop YARN（Yet Another Resource Negotiator，另一种资源协调者）是 Hadoop 的资源管理器，它是一个通用的资源管理系统，为上层应用提供统一的资源管理和调度。

本章首先讨论 YARN 是如何演变而来的，随后介绍 YARN 调度器和资源模型。主要内容如下。

（1）什么是 YARN？YARN 较早期 Hadoop 计算引擎的变化，YARN 的架构。

（2）YARN 调度组件与策略：先进先出调度器、容器调度器、公平调度器。

（3）YARN 资源模型，应用程序如何获得资源。

4.1 YARN 产生的背景

在讨论 YARN 之前，我们先思考一个现实生活中的电子厂的问题。一个小型电子加工厂在刚开始时，规模比较小，只有 1 个老板，加上 3 个工人。其业务流程如图 4-1 所示。

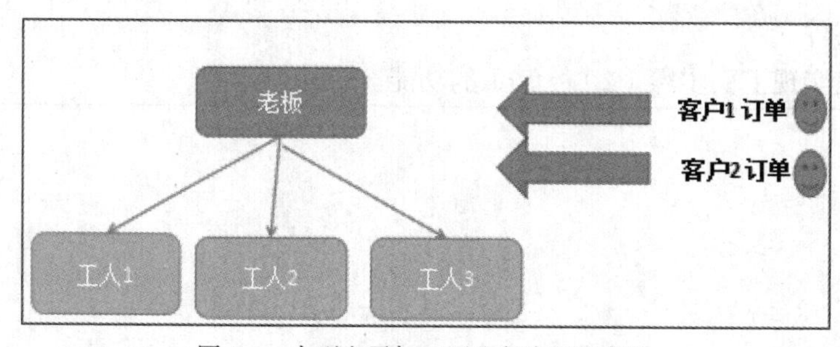

图 4-1　小型电子加工厂业务流程示意图

随着业务的增长，客户数量增多，订单增多，同时工人也在增多。我们考虑一下，电子厂会遇到哪些问题？

问题自然很多。其中，比较典型的问题有如下两个。

（1）对于老板，收到订单后，要分配任务；工人反馈进度给他，他负责整理；随着工人增多，管理工作就会增多。若工人请假，他需要动态调配工人等。所以，老板很忙啊！

（2）大量的订单，订单的金额不一样，需要的工人数量也不一样。订单交付的时间有长有短，哪些订单先完成交付？这里涉及一些经营智慧、经营策略。老板应该采用最有效的资源调配方式达到资源利用最大化。

事实上，MapReduce 也存在同样的问题。下面讨论 YARN 产生的背景。

MapReduce 目前有两个版本：Hadoop 版本 1 及更早期版本的 MapReduce 分布式计算框架，称为 MapReduce 1；而 Hadoop 2 及以后的版本，称为 MapReduce 2。

图 4-2 所示是 MapReduce 1 的架构图：它由 Client（客户端）、JobTracker 和 TaskTracker 组成，其中，JobTracker 和 TaskTracker 是 MapReduce 1 最主要的两个组成部分。JobTracker 的职责主要是负责资源管理和所有作业的控制，TaskTracker 的职责主要是负责接收来自 JobTracker 的命令并执行。

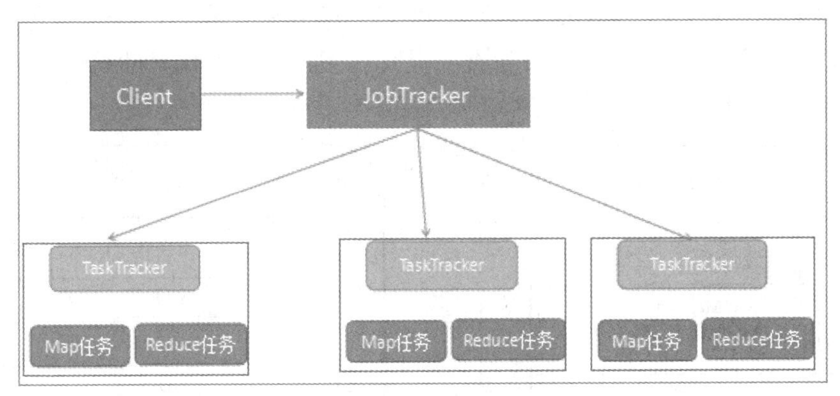

图 4-2　MapReduce 1 的架构

MapReduce 1 的工作机制如图 4-3 所示。

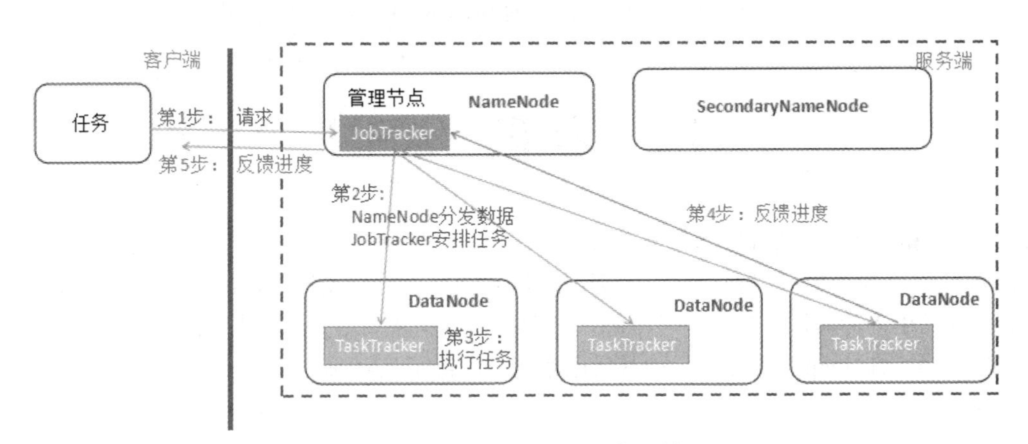

图 4-3　MapReduce 1 的工作机制

MapReduce 1 的具体工作过程可描述如下。

（1）一个客户端向一个 Hadoop 集群发出一个请求。

（2）JobTracker 与 NameNode 联合将工作分发到离它们所处理的数据尽可能近的位置。NameNode 提供元数据服务来执行数据分发和复制。JobTracker 将任务安排到一个或多个 TaskTracker 的可用资源作业槽（Slot）中。

（3）TaskTracker 与 DataNode 一起对来自 DataNode 的数据执行 Map 和 Reduce 任务。

（4）当 Map 和 Reduce 任务完成时，TaskTracker 会告知 JobTracker。

（5）JobTracker 确定所有任务何时完成，并最终告知客户端作业已完成。

通过上述流程，可以看出 JobTracker 十分繁忙：一是它需要负责作业调度（把任务安排给 TaskTracker），二是负责任务的进度监控（跟踪任务、重启失败的任务、记录任务流水）。

正因为 JobTracker 既要负责作业调度，又要负责任务进度监控，所以若 JobTracker 访问压力过大，集群就会出现性能瓶颈，这就会影响系统扩展性，所以 MapReduce 1 不适合所有的大型计算。官方数据显示，当节点数达到 4000，任务数达到 40000，MapReduce 会遇到可扩展性方面的瓶颈问题。

除此以外，MapReduce 1 还有其他明显的缺陷，比如，难以支持除 MapReduce 之外的框架，如 Spark、Storm 等；又比如，JobTracker 有单点故障（因为 Hadoop 1.0 本身就有单点故障）。

以上问题在 Hadoop 2.x 得到改善。如图 4-4 所示，Hadoop 2.0 比 Hadoop 1.0 明显多了一个 YARN。我们可以这样理解：MapReduce 2 即是 YARN + MapReduce。

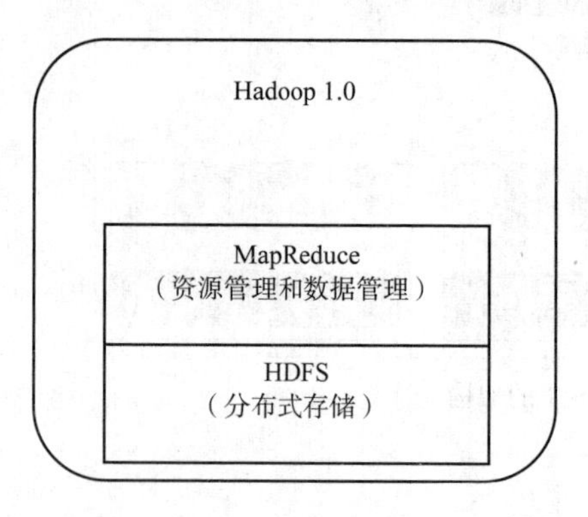

图 4-4　Hadoop 1.0 与 Hadoop 2.0 的比较

4.2　初识 YARN

设计 YARN 的最初目的是改善 MapReduce 的实现。后来 YARN 演变为一种资源调度框架，具有通用性，可为上层应用提供统一的资源管理和调度，可以支持其他的分布式计算模式（如 Spark）。它的引入为集群在利用率、资源统一管理和数据共享等方面带来了巨大好处。

在第 2 章“Hadoop 环境设置”中其实已经初步介绍了 YARN。运行 start-all.sh 启动 Hadoop，可以看到以下进程：

```
hadoop@node1:~$ jps
2658 NameNode
3138 ResourceManager
2931 SecondaryNameNode
2771 DataNode
3287 Jps
3258 NodeManager
```

其中，ResourceManager 和 NodeManager 就是 YARN 的主要进程。

打开 8088 对应的页面，显示如图 4-5 所示，这也是 YARN 的可视化界面。在这个界面可以看到 MapReduce 的 Job 的运行情况。

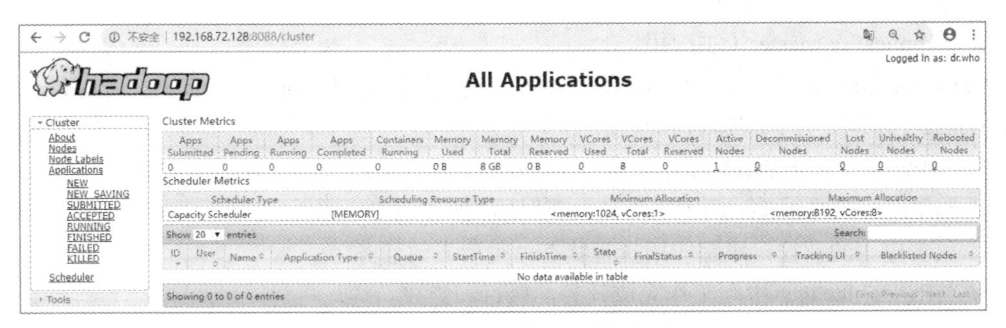

图 4-5　YARN 的 Web 界面

4.3　YARN 的架构

4.3.1　YARN 架构概述

图 4-6 所示是 YARN 的架构图，它由 Container、ResourceManager、NodeManager、ApplicationMaster 几个主要部分组成。

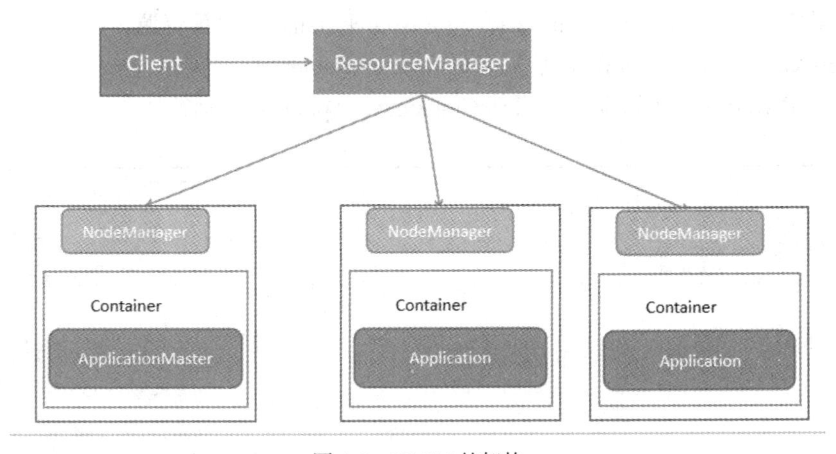

图 4-6　YARN 的架构

（1）Container（容器）

YARN 中的资源包括内存、CPU、磁盘输入/输出等。Container 是 YARN 中的资源抽象，它封装了某个节点上的多维度资源。YARN 会为每个任务分配 Container。

（2）ResourceManager（资源管理器）

ResourceManager 负责整个系统的资源分配和管理，是一个全局的资源管理器，主要由两个组件构成：调度器（Scheduler）和应用程序管理器（ApplicationManager）。调度器根据资源情况为应用程序分配封装在 Container 中的资源。应用程序管理器负责管理整个系统中的所有应用程序。

（3）NodeManager（节点管理器）

NodeManager 是每个节点上的资源和任务管理器。它定时向 ResourceManager 汇报本节点上的资源使用情况和各个 Container 的运行状态，接收并处理来自 ApplicationManager 的 Container 启动/停止等请求。

（4）ApplicationMaster（主应用）

ApplicationMaster 是一个详细的框架库，它结合从 ResourceManager 获得的资源与 NodeManager 协同工作，来运行和监控任务。

用户提交的每一个应用程序均包含一个 ApplicationMaster。其主要功能包括：

① 与 ResourceManager 调度器协商以获取抽象资源（Container）；

② 负责应用的监控，跟踪应用执行状态，重启失败任务等；

③ 与 NodeManager 协同工作完成任务的执行和监控。

这里说明一下，第 5 章提到的 MRAppMaster 是 ApplicationMaster 在 MapReduce 计算模型下的一种具体实现。

4.3.2 YARN 中应用运行的机制

YARN 中应用运行的机制如图 4-7 所示，具体的流程描述如下：

（1）Client 向 ResourceManager 提交 YARN Application；

（2）ResourceManager 初始化（Start）Container；

（3）在 NodeManager 的协助下启动（launch）Container。若是首次启动，Container 里面包含 ApplicationMaster；

（4）ApplicationMaster 计算资源够不够？如果够，则自己处理；

（5）如果资源不够，ApplicationMaster 向 ResourceManager 申请资源；

（6）ApplicationMaster 拿到资源后，开始启动 Container；

（7）在 NodeManager 的协助下，启动 Container，Application 运行。

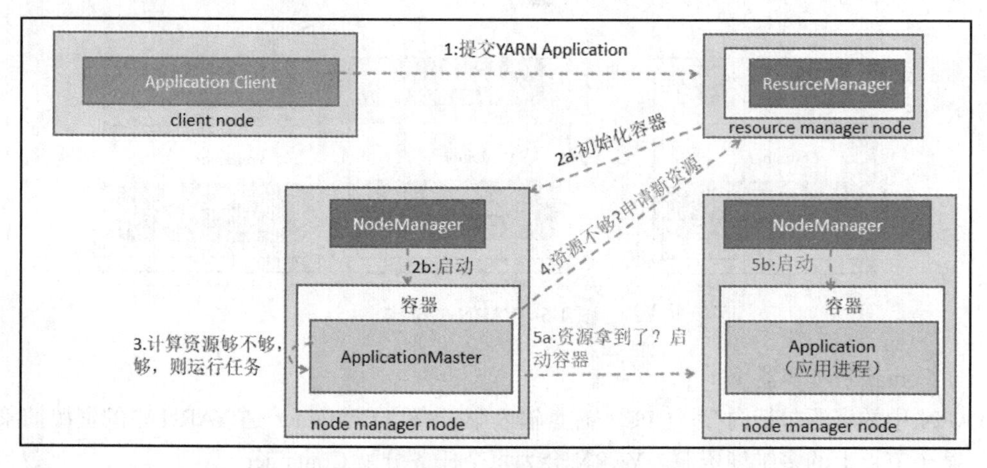

图 4-7　YARN 中应用运行的机制

4.3.3 YARN 中任务进度的监控

YARN 中任务进度的监控与 MapReduce 1 中任务进度的监控相比有了很大的变化，由各任务直接向自己的 ApplicationMaster 报告进度和状态。ApplicationMaster 将收集的进度和状态进行统计，汇聚成作业视图。客户端可以从 ApplicationMaster 获取状态，从而获取整个集群的进度情况，如图 4-8 所示。

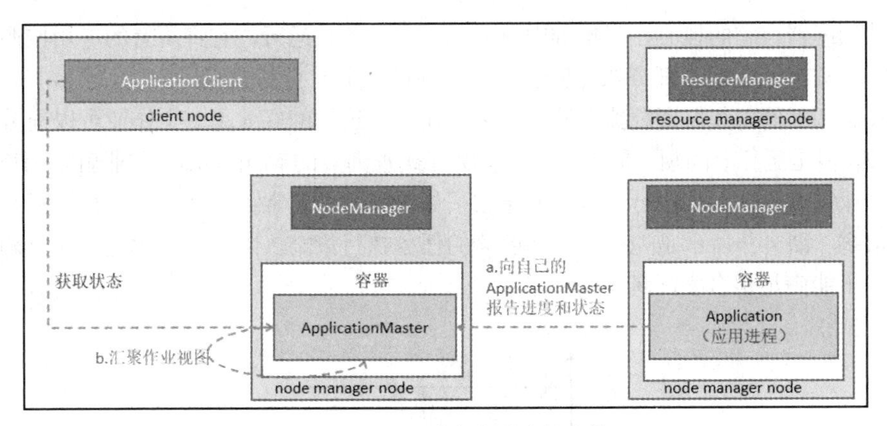

图 4-8 YARN 中任务进度的监控

4.3.4 MapReduce 1 与 YARN 的组成对比

如表 4-1 所示，可以看出，在 YARN 中，与 JobTracker 不同的是，ResourceManager 与 ApplicationMaster 分离，ApplicationMaster 承担了任务进度监控的工作。这一主要架构变化带来了 MapReduce 2 性能的显著提升。根据官方的说法，MapReduce 2 可以支持 10000 个节点，100000 个任务。

表 4-1 MapReduce 1 与 YARN 的对比

分　工	MapReduce 1	YARN
（1）作业调度 （2）任务进度监控（跟踪任务、重启失败的任务、记录任务流水）	JobTracker	ResourceManager→作业调度 ApplicationMaster→任务进度监控
任务执行（或节点资源管理）	TaskTracker	NodeManager
资源调配单元（CPU、内存等）	Slot（槽）	Container（容器）

4.4 YARN 的调度器

在理想情况下，应用程序对 YARN 发起的资源请求应该立刻得到满足，但现实情况是，资源是有限的，特别是在一个很繁忙的集群，一个应用对资源的请求经常需要等待一段时间才能获得。在 YARN 中，资源调度器（Scheduler）的职责就是根据定义的策略给应用分配资源。Scheduler 是 Hadoop YARN 中最核心的组件之一，它是 ResourceManager 中的一个插拔式组件。

YARN 提供了如下 3 种调度器和可配置的策略供我们选择。

（1）先进先出调度器（FIFO Scheduler）。

（2）容器调度器（Capacity Scheduler）。

（3）公平调度器（Fair Scheduler）。

4.4.1 先进先出调度器

先进先出调度器（First In First Out，FIFO）采用 Hadoop 最早应用的一种调度策略，它是一种单队列的调度器。它的核心在于集群中只能有一个任务在运行，它将所有的应用按照提交时的顺序来执行，只有当前一个任务执行完成之后后面的任务才会被执行。

先进先出调度器以集群资源独占的方式运行作业，这样的好处是一个作业可以充分利用所有的集群资源。但是运行时间短、重要性高或者交互式查询类的 MapReduce 作业就要等待，等排在序列前的作业完成后才能被执行。这也就导致了如果有一个非常大的任务在运行，那么后面的作业将会被阻塞。图 4-9 所示是先进先出调度器的任务执行策略。因此，虽然先进先出调度实现简单，但是并不能满足很多实际场景的要求。

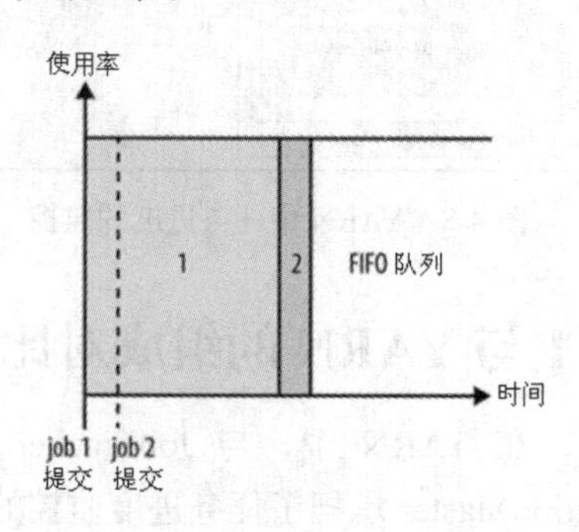

图 4-9　先进先出调度器对两个任务的安排

4.4.2　容器调度器

为了克服先进先出调度器的不足，又出现了适合多用户共享集群资源的容器调度器（Capacity Scheduler）。容器调度器队列排序按照资源使用量最小的优先的原则。在多用户的情况下，它可以达到最大化集群的吞吐量和利用率的目的。容器调度器允许多个组织共享整个集群，每个组织可以获得集群的一部分计算能力。通过为每个组织分配专门的队列，然后再为每个队列分配一定的集群资源，这样整个集群就可以通过设置多个队列的方式给多个组织提供服务。除此之外，队列内部又可以垂直划分，这样一个组织内部的多个成员就可以共享这个队列资源。在一个队列内部，资源调度采用的是先进先出（FIFO）策略。简而言之，容器调度器可以理解成一个个的资源队列，资源队列由用户自行分配。图 4-10 所示为容器调度器的分配策略。

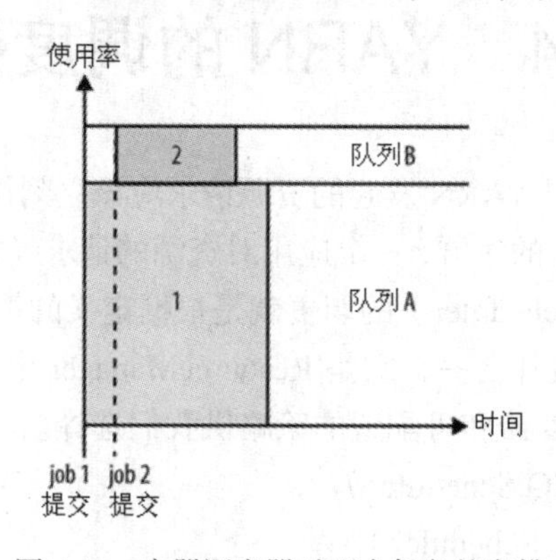

图 4-10　容器调度器对两个任务的安排

单独一个任务使用的资源一般不会超出队列分配得到的资源容量，然而当这个队列中运行多个任务，如果这时队列的资源不够，而集群还有空闲资源，容器调度器仍可能分配额外的资源给这个队列。

容器调度器具有以下的几个特性。

（1）容量保证。容器调度器会为每个队列设置一个资源的占比，这样可以保证每个队列都不会占用整个集群的资源。

（2）安全。每个队列有严格的访问控制。用户只能向自己的队列提交任务，而且不能修改或者访问其他队列的任务。

（3）弹性分配。空闲的资源可以被分配给任何队列。当多个队列出现争用的时候，则会按照比例进行平衡。

（4）多租户租用。通过队列的容量限制，多个用户就可以共享同一个集群，同时保证每个队列分配到自己的容量，提高利用率。

（5）操作性强。YARN 支持动态调整容量、权限等，可以在运行时直接修改，能显示当前的队列状况。管理员可以在运行时，添加一个队列、暂停某个队列，但是不能删除一个队列。

4.4.3　公平调度器

公平调度器（Fair Scheduler）是一个队列资源分配方式，在整个时间线上，所有的任务平均获取资源。默认情况下，公平调度器只是对内存资源做公平的调度和分配。当集群中只有一个任务在运行时，那么此任务会占用整个集群的资源。当其他的任务提交后，那些释放的资源将会被分配给新的任务，所以每个任务最终都能获取几乎一样多的资源。公平调度器队列排序根据公平排序算法排序，如图 4-11 所示。

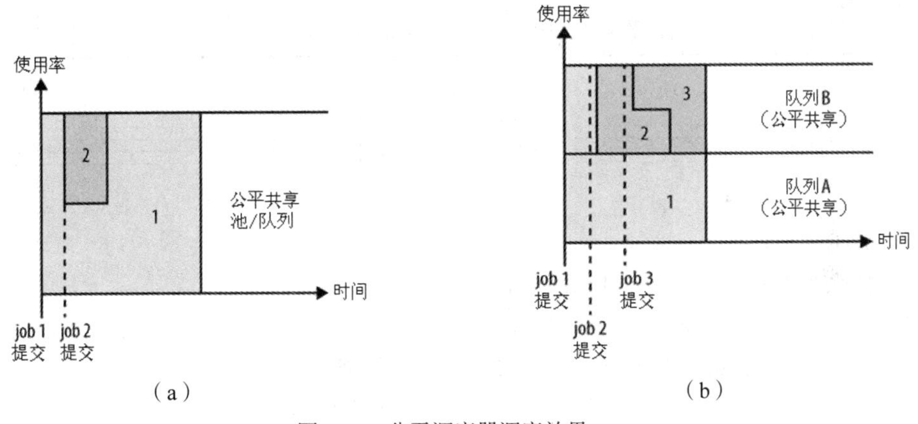

图 4-11　公平调度器调度效果

公平调度器有以下特点。

（1）调度策略灵活。允许管理员为每个队列单独设置调度策略，可以分别是 FIFO、Fair 和 DRF，具体区别如下。

① FIFO：先按优先级高低调度，其次按提交时间先后顺序调度，如果还分不出则按名称大小调度。

② Fair：按内存资源使用比率调度。

③ DRF（Dominant Resource Fairness）：按主资源公平算法调度。其中的最大最小公平算法（Max-Min Fairness）能够支持多维资源的调度。

（2）支持资源抢占。当队列有剩余资源时，调度器会将这些资源共享给其他队列使用，而当该队列提交了新的应用程序时，调度器收回该队列共享出的资源，这些资源便可被分配到应该享有这些份额资源的队列中。

（3）负载均衡。公平调度器提供了一个基于任务数目的负载均衡机制，该机制可能将系统中的任务均匀分配到各个节点上。

（4）对小应用程序响应的速度更快。由于采用最大最小公平算法，小任务可以更快速地获取资源并完成。

公平调度器和容器调度器在应用场景、特性支持、内部实现等方面非常接近，而且因为公平调度器支持多种调度策略，可以认为公平调度器具备了容器调度器的所有功能。

4.4.4 三种调度器的比较

三种调度器的比较如表 4-2 所示。

表 4-2　三种调度器的比较

调 度 器	工 作 方 法
先进先出调度器	（1）单队列 （2）先进先出的原则
容器调度器	（1）多队列 （2）选择资源使用量最小、优先级高的先执行 （3）在多用户的情况下，可以最大化集群的吞吐量和利用率
公平调度器	（1）多队列 （2）公平调度，所有的任务具有相同的资源

习　题

4-1　YARN 是什么。

4-2　什么是 YARN 中的 ApplicationMaster。

4-3　从组成上描述 MapReduce 1 与 MapReduce 2 的区别。

4-4　ResourceManager 中哪个组件用来分配集群的资源。

4-5　YARN 启动应用任务，哪个组件负责跟踪应用执行状态。

4-6　Container 表示哪些资源。

4-7　容器调度器中队列间资源分配优先级是什么。

4-8　试述容器调度器和公平调度器资源分配实现的过程。

第5章 MapReduce

MapReduce 是一种简化的、并行计算编程模型，它使那些没有多少并行计算经验的开发人员也可以很容易地开发并行应用程序。本章将会采取由浅入深，理论和实战相结合的方式介绍 MapReduce 的开发技术，帮助开发者更好地掌握这一编程模型。

本章的主要内容如下。

（1）MapReduce 是什么，具有什么特点。

（2）MapReduce 编程模型。

（3）MapReduce 编程进阶。

（4）MapReduce 的工作机制。

（5）MapReduce 编程案例。

5.1 MapReduce 概述

MapReduce 编程模型，最早出现在 2004 年 Google 公司 Jeffrey Dean 和 Sanjay Ghemawat 的论文“*MapReduce:Simplified Data Processing on Large Clusters*”（中文译为：面向大型集群的简化数据处理）中。

5.1.1 MapReduce 是什么

MapReduce 是 Google 公司开源的一项重要技术，它是一个编程模型，用以进行大数据量的计算。MapReduce 是一种简化的并行计算编程模型，它使那些没有多少并行计算经验的开发人员也可以开发并行应用程序。

MapReduce 采用“分而治之”思想，把对大规模数据集的操作，分发给一个主节点管理下的各个子节点共同完成，然后整合各个子节点的中间结果，得到最终的计算结果。简而言之，MapReduce 就是“分散任务，汇总结果”。

5.1.2 MapReduce 的特点

MapReduce 的特点如下。

（1）易于编程。用它的一些简单接口，就可以完成一个分布式程序，这个分布式程序可以分布到大量廉价的 PC 上运行。也就是说写一个分布式程序，跟写一个简单的串行程序是一样的。

就是因为这个特点，使得 MapReduce 编程变得非常流行。

（2）良好的扩展性。当计算资源不能得到满足的时候，可以通过简单地增加计算机来扩展它的计算能力。

（3）高容错性。设计 MapReduce 的初衷就是使程序能够部署在廉价的 PC 上，这就要求它具有很高的容错性。比如，其中一台主机出问题了，它可以把上面的计算任务转移到另外一个节点上运行，不至于使这个任务运行失败，而且这个过程不需要人工干预，完全由 MapReduce 在内部完成。

（4）能对 PB 级以上海量数据进行离线处理。MapReduce 适合离线处理而不适合实时处理。比如毫秒级别地返回一个结果，MapReduce 很难做到。

5.1.3 MapReduce 不擅长的场景

易于编程的 MapReduce 虽然具有很多的优势，但是它也有不擅长的地方。主要表现在以下几个方面。

（1）实时计算：MapReduce 无法像 MySQL 一样，在毫秒或秒级内返回结果。

（2）流式计算：流式计算的输入数据是动态的，而 MapReduce 的输入数据集是静态的，不能动态变化。比如：实时计算 Web Server 产生的日志，这是 MapReduce 不擅长的。

（3）DAG（有向图）计算：多个应用程序存在依赖关系，后一个应用程序的输入为前一个的输出。在这种情况下，MapReduce 并不是不能做，而是使用 MapReduce 做完后，每个 MapReduce 作业的输出结果都会写入磁盘，会制造大量的磁盘 I/O，降低性能。

5.2 MapReduce 编程模型

5.2.1 MapReduce 编程模型概述

从 MapReduce 自身的命名特点可以看出，MapReduce 至少由两部分组成：Map 和 Reduce。Map 理解为“映射”，Reduce 理解为“化简”。用户只需要编写 map()和 reduce()两个函数（方法），即可完成简单的分布式程序的设计。

可以按照下面这样理解 Map 和 Reduce。

（1）输入（Input）一个大文件，通过拆分（Split）之后，将其分为多个分片。

（2）每个文件分片由单独的主机处理，这就是 Map 方法。

（3）将各个主机计算的结果进行汇总并得到最终结果，这就是 Reduce 方法。

当然，MapReduce 编程模型除了 Input（输入）、Split（拆分）、Map（映射）、Reduce（化简）、Output（输出）外，还有 Shuffle（洗牌）以及后面提到的 Combiner（组合）、Partition（分区），如图 5-1 所示。

图 5-1 体现了 MapReduce 编程模型如下的几个要点。

（1）任务 Job = Map + Reduce。

（2）Map 的输出是 Reduce 的输入。

（3）所有的输入和输出都是<Key,Value>的形式。

<k1,v1>是 Map 的输入，<k2,v2>是 Map 的输出。

<k3,v3>是 Reduce 的输入，<k4,v4>是 Reduce 的输出。

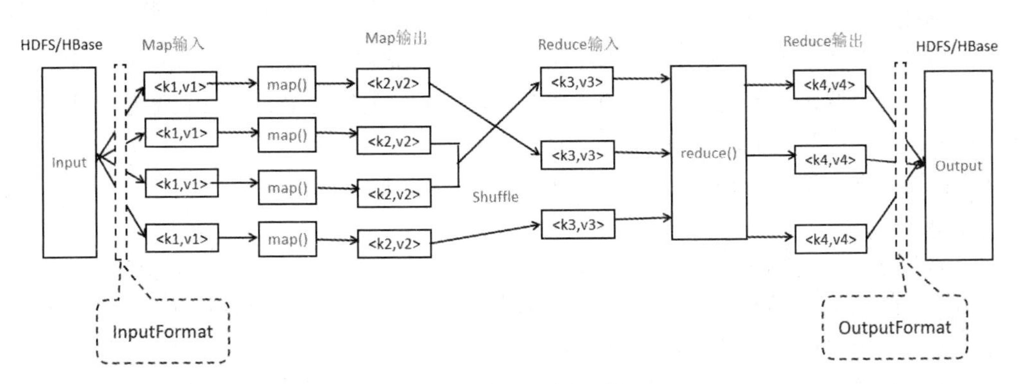

图 5-1　MapReduce 编程模型

（4）k2=k3，v3 是一个集合，v3 的元素就是 v2，表示为 v3=list(v2)。

（5）所有的输入和输出的数据类型必须是 Hadoop 的数据类型，如表 5-1 所示。

表 5-1　Hadoop 的数据类型

Java 的类型	Hadoop 的内置类型	说　明
boolean	BooleanWritable	
Integer/int	IntWritable	
Long/long	LongWritable	
Float/float	FloatWritable	
Double/double	DoubleWritable	
String	Text	
	NullWritable	当<key, value>中的 key 或 value 为空时使用

MapReduce 要求<key,value>的 key 和 value 都要实现 Writable 接口，从而支持 Hadoop 的序列化和反序列化。上面的 Hadoop 的内置类型都实现了 Writable 接口，用户也必须对自定义的类实现 Writable 接口。

（6）MapReduce 处理的数据都是 HDFS 的数据（或 HBase）。

5.2.2 MapReduce 编程实例

通过 5.2.1 小节的学习，我们已经对 MapReduce 的编程模型有所了解，本小节将以 3 个案例来详细解释 MapReduce 编程模型。

1. 案例一　WordCount 程序

WordCount 案例是大数据并行计算的经典案例，它实现的主要功能是统计文本中每个单词出现的次数。

（1）分析 WordCount 的数据处理的过程

运行 Hadoop 自带的 MapReduce 程序，命令为：

```
hadoop jar hadoop-mapreduce-examples-2.6.5.jar wordcount /input/data.txt /output/wordcount
```

其中，/input/data.txt 是保存在 HDFS 中的文件，手动创建这个文件，并输入如下内容：

```
a good beginning is half the battle
where there is a will there is a way
```

① Map 阶段

输入是<k1,v1>，其中 k1 默认是指偏移量，类型是 LongWritable，v1 是指一行的文本内容，类型是 Text。因为要统计单词的数量，所以 k2 是指单词，类型是 Text。v2 用数字 1 表示，即一个单词记一次数，类型是 IntWritable。

并行读取文本，获取<k1,v1>，进行 Map 操作，输出<k2,v2>。

读取第一行，

```
a good beginning is half the battle
```

在用户自己实现的 map()函数中，取到的 v1 即这一行的文本，以空格为分隔符对字符串进行拆分，获取到每个单词，并以<k2,v2>的格式输出，得到：

<a,1> <good ,1> <beginning,1> <is,1> <half,1> <the,1> <battle,1>

读取第二行，

```
where there is a will there is a way
```

得到：

<where,1> <there,1> <is,1> <a,1> <will,1> <there,1> <is,1> <a,1> <way,1>

② Reduce 阶段

按 MapReduce 的理论得知，在 Reduce 阶段，输入<k3,v3>，k3 与 k2 一致，表示单词，类型是 Text。v3 则是 v2 的集合，即 list(v2)，类型是 IntWritable。同时，k3 默认已经按字典顺序排序。因此，<k3,v3>是：

<a,(1,1,1)>，<battle,(1)>，<beginning,(1)>，<good,(1)>，<half,(1)>，<is,(1,1,1)>，<the,(1)>，<there,(1,1)>，<way,(1)>，<where,(1)>，<will,(1)>

在用户自己实现的 reduce()函数中，读入<k3,v3>并统计 v3 集合中每个单词的总数，并将<k4,v4>输出，得到：

<a,3>，<battle,1>，<beginning,1>，<good,1>，<half,1>，<is,3>，<the,1>，<there,2>，<way,1>，<where,1>，<will,1>

从而得到我们想要的结果。

（2）开发自己的 WordCount 程序

自己动手来实现 WordCount 程序，分如下几步。

① 准备好开发环境

这里采用 Eclipse/IDEA 开发工具和 Maven 开发。

添加依赖：包括 hadoop-common、hadoop-hdfs、hadoop-mapreduce-client-core、hadoop-client 4 个依赖，即在 pom.xml 中的<dependencies>节点下添加如下内容。同时要注意<version></version>中的版本号应与所搭建环境的 Hadoop 版本号一致。

```
<dependency>
    <groupId>org.apache.hadoop</groupId>
    <artifactId>hadoop-common</artifactId>
    <version>{hadoop.version}</version>
</dependency>
<dependency>
    <groupId>org.apache.hadoop</groupId>
    <artifactId>hadoop-hdfs</artifactId>
    <version>{hadoop.version}</version>
```

```
    </dependency>
    <dependency>
        <groupId>org.apache.hadoop</groupId>
        <artifactId>hadoop-mapreduce-client-core</artifactId>
        <version>{hadoop.version}</version>
    </dependency>
    <dependency>
        <groupId>org.apache.hadoop</groupId>
        <artifactId>hadoop-client</artifactId>
        <version>{hadoop.version}</version>
    </dependency>
```

② 开发完整的 WordCount 程序

继承 Mapper 类实现自己的 Mapper 类，并重写 map()方法。

```
package wc;
import java.io.IOException;
import org.apache.hadoop.io.IntWritable;
import org.apache.hadoop.io.LongWritable;
import org.apache.hadoop.io.Text;
import org.apache.hadoop.mapreduce.Mapper;
//   泛型    k1        v1    k2       v2
public class WordCountMapper extends Mapper<LongWritable, Text, Text, IntWritable>{
    @Override
    protected void map(LongWritable key1, Text value1, Context context)
        throws IOException, InterruptedException {
        /*
         * context 表示 Mapper 的上下文
         * 上文：HDFS
         * 下文：Mapper
         */
        //数据： I love Beijing
        String data = value1.toString();
        //分词
        String[] words = data.split(" ");
        //输出 k2    v2
        for(String w:words){
            context.write(new Text(w), new IntWritable(1));
        }
    }
}
```

继承 Reducer 类，实现自己的 Reducer 类，并重写 reduce()方法。

```
package wc;
import java.io.IOException;
import org.apache.hadoop.io.IntWritable;
import org.apache.hadoop.io.Text;
import org.apache.hadoop.mapreduce.Reducer;
//        k3      v3        k4       v4
public class WordCountReducer extends Reducer<Text, IntWritable, Text, IntWritable> {
    @Override
    protected void reduce(Text k3, Iterable<IntWritable> v3,Context context) throws
IOException, InterruptedException {
        /*
         * context 是 reduce 的上下文
```

```
         * 上文
         * 下文
         */
        //对 v3 求和
        int total = 0;
        for(IntWritable v:v3){
           total += v.get();
        }
        //输出:   k4 单词   v4  频率
        context.write(k3, new IntWritable(total));
    }
}
```

程序主入口类：

```
package wc;
import java.io.IOException;
import org.apache.hadoop.conf.Configuration;
import org.apache.hadoop.fs.Path;
import org.apache.hadoop.io.IntWritable;
import org.apache.hadoop.io.Text;
import org.apache.hadoop.mapreduce.Job;
import org.apache.hadoop.mapreduce.lib.input.FileInputFormat;
import org.apache.hadoop.mapreduce.lib.output.FileOutputFormat;
public class WordCountMain {
    public static void main(String[] args) throws Exception {
        //创建一个 job 和任务入口
        Job job = Job.getInstance(new Configuration());
        job.setJarByClass(WordCountMain.class);  //main 方法所在的 class
        //指定 job 的 mapper 和输出的类型<k2 v2>
        job.setMapperClass(WordCountMapper.class);
        job.setMapOutputKeyClass(Text.class);   //k2 的类型
        job.setMapOutputValueClass(IntWritable.class);  //v2 的类型
        //指定 job 的 reducer 和输出的类型<k4  v4>
        job.setReducerClass(WordCountReducer.class);
        job.setOutputKeyClass(Text.class);  //k4 的类型
        job.setOutputValueClass(IntWritable.class);  //v4 的类型
        //指定 job 的输入和输出
        FileInputFormat.setInputPaths(job, new Path(args[0]));
        FileOutputFormat.setOutputPath(job, new Path(args[1]));
        //执行 job
        job.waitForCompletion(true);
    }
}
```

③ 构建

通过执行 mvn clean package 对工程进行构建。

④ 运行

将 jar 包上传，并运行命令

```
hadoop jar wordcount-1.0-SNAPSHOT.jar wc. WordCountMain /input/data.txt /output/wc
```

2. 案例二 统计各个部门员工薪水总和

WordCount 是最为经典的 MapReduce 程序。下面再换一个场景的数据，即员工工资表，通过

MapReduce 来统计每个部门的工资总额，如表 5-2 所示。

MySQL 中存在 EMP 表，表示员工的信息，如图 5-2 所示。

表 5-2　　　　　　　　　　　　　员工表

字 段 名	类　型	说　明
EMPNO	INT	员工 ID
ENAME	VARCHAR(10)	员工名称
JOB	VARCHAR(9)	员工职位
MGR	INT	直接领导的员工 ID
HIREDATE	DATE	雇佣时间
SAL	INT	工资
COMM	INT	奖金
DEPTNO		部门号

EMPNO	ENAME	JOB	MGR	HIREDATE	SAL	COMM	DEPTNO
7369	SMITH	CLERK	7902	1980-12-17	800	NULL	20
7499	ALLEN	SALESMAN	7698	1981-02-20	1600	300	30
7521	WARD	SALESMAN	7698	1981-02-22	1250	500	30
7566	JONES	MANAGER	7839	1981-04-02	2975	NULL	20
7654	MARTIN	SALESMAN	7698	1981-09-28	1250	1400	30
7698	BLAKE	MANAGER	7839	1981-05-01	2850	NULL	30
7782	CLARK	MANAGER	7839	1981-06-09	2450	NULL	10
7788	SCOTT	ANALYST	7566	1987-04-19	3000	NULL	20
7839	KING	PRESIDENT	NULL	1981-11-17	5000	NULL	10
7844	TURNER	SALESMAN	7698	1981-09-08	1500	0	30
7876	ADAMS	CLERK	7788	1987-05-23	1100	NULL	20
7900	JAMES	CLERK	7698	1981-12-03	950	NULL	30
7902	FORD	ANALYST	7566	1981-12-03	3000	NULL	20
7934	MILLER	CLERK	7782	1982-01-23	1300	NULL	10
NULL	NULL	NULL	NULL	NULL	NULL	NULL	NULL

图 5-2　员工表

将数据以.csv 格式的文件导出作为输入数据，内容为：

```
7369,SMITH,CLERK,7902,1980/12/17,800,,20
7499,ALLEN,SALESMAN,7698,1981/2/20,1600,300,30
7521,WARD,SALESMAN,7698,1981/2/22,1250,500,30
7566,JONES,MANAGER,7839,1981/4/2,2975,,20
7654,MARTIN,SALESMAN,7698,1981/9/28,1250,1400,30
7698,BLAKE,MANAGER,7839,1981/5/1,2850,,30
7782,CLARK,MANAGER,7839,1981/6/9,2450,,10
7788,SCOTT,ANALYST,7566,1987/4/19,3000,,20
7839,KING,PRESIDENT,,1981/11/17,5000,,10
7844,TURNER,SALESMAN,7698,1981/9/8,1500,0,30
7876,ADAMS,CLERK,7788,1987/5/23,1100,,20
7900,JAMES,CLERK,7698,1981/12/3,950,,30
7902,FORD,ANALYST,7566,1981/12/3,3000,,20
7934,MILLER,CLERK,7782,1982/1/23,1300,,10
```

DEPT 表示部门表，此表在本小节用不到，但在后面的小节中会用到，如图 5-3 所示。

DEPTNO	DNAME	LOC
10	ACCOUNTING	NEW YORK
20	RESEARCH	DALLAS
30	SALES	CHICAGO
40	OPERATIONS	BOSTON

图 5-3　部门表

各字段如表 5-3 所示。

表 5-3　　部门表

字 段 名	类 型	说 明
DEPTNO	INT	部门 ID 主键
DNAME	VARCHAR(14)	部门名称
LOC	VARCHAR(13)	部门位置

数据如下：

```
10,ACCOUNTING,NEW YORK
20,RESEARCH,DALLAS
30,SALES,CHICAGO
40,OPERATIONS,BOSTON
```

（1）分析：求每个部门的工资总额数据的处理过程

① Map 阶段

输入数据<k1,v1>，k1 是偏移量，类型固定为 LongWritable，v1 是每一行的文本，类型为 Text。为了计算每个部门的工资总额，SAL（薪金）、DEPTNO（部门号）是主要的字段，如图 5-4 所示。

EMPNO	ENAME	JOB	MGR	HIREDATE	SAL	COMM	DEPTNO
7369	SMITH	CLERK	7902	1980-12-17	800	NULL	20
7499	ALLEN	SALESMAN	7698	1981-02-20	1600	300	30

图 5-4　员工表相关字段

可以把 DEPTNO（部门号）作为 k2，类型是 IntWritable；SAL（薪金）作为 v2，类型是 IntWritable。

map()函数把输入

```
7369,SMITH,CLERK,7902,1980/12/17,800,,20
```

按“,”（作为分隔符）拆分，并取到 SAL、DEPTNO 的值。以 DEPTNO 为 k2，SAL 为 v2，输出<k2,v2>。

② Reduce 阶段

输入<k3,v3>，k3 和 k2 一样，是 DEPTNO，类型是 IntWritable，v3 则是 v2 的集合，集合中每个元素的类型是 IntWritable。

对于 reduce()函数，它已经能取得输入的值<k3,v3>。因为 v3 即 list(v2)，对 v3 这个集合进行遍历，把每个元素相加，即得到该部门的总薪金，作为 v4。k4 则还是 DEPTNO，输出<k4,v4>。

（2）开发实现自己的 MapReduce

上面对<k1,v1>、map()、<k2,v2>、<k3,v3>、reduce()、<k4,v4>做了分析，后续的程序开发就比较简单了。

Mapper 类：

```
package saltotal;
import java.io.IOException;
import org.apache.hadoop.io.IntWritable;
import org.apache.hadoop.io.LongWritable;
import org.apache.hadoop.io.Text;
import org.apache.hadoop.mapreduce.Mapper;
//    k1          v1              k2      v2
public class SalaryTotalMapper extends Mapper<LongWritable, Text, IntWritable, IntWritable> {
```

```
    @Override
    protected void map(LongWritable key1, Text value1,Context context)
            throws IOException, InterruptedException {
        //数据: 7654,MARTIN,SALESMAN,7698,1981/9/28,1250,1400,30
        String data = value1.toString();
        //分词
        String[] words = data.split(",");
        //输出: k2 部门号    v2  薪水
        context.write(new IntWritable(Integer.parseInt(words[7])),
                new IntWritable(Integer.parseInt(words[5]))); //薪水
    }
}
```

Reducer 类：

```
package saltotal;
import java.io.IOException;
import org.apache.hadoop.io.IntWritable;
import org.apache.hadoop.mapreduce.Reducer;
//              k3      v3     k4      v4
public class SalaryTotalReducer extends Reducer<IntWritable,IntWritable,IntWritable,
IntWritable> {
    @Override
    protected void reduce(IntWritable k3, Iterable<IntWritable> v3,Context context)
            throws IOException, InterruptedException {
        //对 v3 求和，得到该部门的工资总额
        int total = 0;
        for(IntWritable v:v3){
            total += v.get();
        }
        //输出:           部门号   总额
        context.write(k3, new IntWritable(total));
    }
}
```

程序主入口：

```
package saltotal;
import java.io.IOException;
import org.apache.hadoop.conf.Configuration;
import org.apache.hadoop.fs.Path;
import org.apache.hadoop.io.IntWritable;
import org.apache.hadoop.mapreduce.Job;
import org.apache.hadoop.mapreduce.lib.input.FileInputFormat;
import org.apache.hadoop.mapreduce.lib.output.FileOutputFormat;
public class SalaryTotalMain {
    public static void main(String[] args) throws Exception {
        //创建一个 job
        Job job = Job.getInstance(new Configuration());
        job.setJarByClass(SalaryTotalMain.class);
        //指定 job 的 mapper 和输出的类型   k2  v2
        job.setMapperClass(SalaryTotalMapper.class);
        job.setMapOutputKeyClass(IntWritable.class);
        job.setMapOutputValueClass(IntWritable.class);
        //指定 job 的 reducer 和输出的类型  k4   v4
        job.setReducerClass(SalaryTotalReducer.class);
```

```
        job.setOutputKeyClass(IntWritable.class);
        job.setOutputValueClass(IntWritable.class);
        //指定 job 的输入和输出的路径
        FileInputFormat.setInputPaths(job, new Path(args[0]));
        FileOutputFormat.setOutputPath(job, new Path(args[1]));
        //执行任务
        job.waitForCompletion(true);
    }
}
```

3. 案例三 序列化

序列化是一种将内存中的Java对象转化为其他可存储文件或可跨计算机传输数据流的一种技术。

由于在运行程序的过程中，保存在内存中的 Java 对象会因为断电而丢失，或在分布式系统中，Java 对象需要从一台计算机传递给其他计算机进行计算，所以 Java 对象需要通过某种技术转换为文件或实际可传输的数据流。这就是 Java 的序列化。常见的 Java 序列化方式是实现 java.io.Serializable 接口。代码如下。

```
public class Student implements java.io.Serializable{
}
```

而 Hadoop 的序列化则是实现 org.apache.hadoop.io.Writable 接口，该接口包含 readFields()、write()两个方法，代码如下。

```
public interface Writable {
  /**
   * Serialize the fields of this object to <code>out</code>.
   *
   * @param out <code>DataOuput</code> to serialize this object into.
   * @throws IOException
   */
  void write(DataOutput out) throws IOException;
  /**
   * Deserialize the fields of this object from <code>in</code>.
   *
   * <p>For efficiency, implementations should attempt to re-use storage in the
   * existing object where possible.</p>
   *
   * @param in <code>DataInput</code> to deseriablize this object from.
   * @throws IOException
   */
  void readFields(DataInput in) throws IOException;
}
```

MapReduce 中涉及的 k1、v1、k2、v2、k3、v3、k4、v4 都需要序列化，意味着需要实现 Writable 接口，并实现 readFields()、write()方法。

本案例对案例二进行优化。将 v2 定义为员工信息，类型为 Employee。

对应的代码实现如下。

Employee 类：

```
package serializable.mapreduce;
import java.io.DataInput;
import java.io.DataOutput;
import java.io.IOException;
import org.apache.hadoop.io.Writable;
//数据：7654,MARTIN,SALESMAN,7698,1981/9/28,1250,1400,30
```

```
public class Employee implements Writable{
    private int empno;
    private String ename;
    private String job;
    private int mgr;
    private String hiredate;
    private int sal;
    private int comm;
    private int deptno;
    @Override
    public void readFields(DataInput input) throws IOException {
        // 反序列化
        this.empno = input.readInt();
        this.ename = input.readUTF();
        this.job = input.readUTF();
        this.mgr = input.readInt();
        this.hiredate = input.readUTF();
        this.sal = input.readInt();
        this.comm = input.readInt();
        this.deptno = input.readInt();
    }
    @Override
    public void write(DataOutput output) throws IOException {
        // 序列化
        output.writeInt(this.empno);
        output.writeUTF(this.ename);
        output.writeUTF(this.job);
        output.writeInt(this.mgr);
        output.writeUTF(this.hiredate);
        output.writeInt(this.sal);
        output.writeInt(this.comm);
        output.writeInt(this.deptno);
    }
    public int getEmpno() {
        return empno;
    }
    public void setEmpno(int empno) {
        this.empno = empno;
    }
    public String getEname() {
        return ename;
    }
    public void setEname(String ename) {
        this.ename = ename;
    }
    public String getJob() {
        return job;
    }
    public void setJob(String job) {
        this.job = job;
    }
    public int getMgr() {
        return mgr;
    }
    public void setMgr(int mgr) {
```

```
            this.mgr = mgr;
        }
        public String getHiredate() {
            return hiredate;
        }
        public void setHiredate(String hiredate) {
            this.hiredate = hiredate;
        }
        public int getSal() {
            return sal;
        }
        public void setSal(int sal) {
            this.sal = sal;
        }
        public int getComm() {
            return comm;
        }
        public void setComm(int comm) {
            this.comm = comm;
        }
        public int getDeptno() {
            return deptno;
        }
        public void setDeptno(int deptno) {
            this.deptno = deptno;
        }
    }
```

Mapper 类：

```
    package serializable.mapreduce;
    import java.io.IOException;
    import org.apache.hadoop.io.IntWritable;
    import org.apache.hadoop.io.LongWritable;
    import org.apache.hadoop.io.Text;
    import org.apache.hadoop.mapreduce.Mapper;
    //           k1            v1       k2     v2
    public  class  SalaryTotalMapper  extends  Mapper<LongWritable,  Text,  IntWritable,
Employee> {
        @Override
        protected void map(LongWritable key1, Text value1,Context context)
                throws IOException, InterruptedException {
            //数据：7654,MARTIN,SALESMAN,7698,1981/9/28,1250,1400,30
            String data = value1.toString();
            //分词
            String[] words = data.split(",");
            //创建员工对象
            Employee e = new Employee();
            //设置员工的属性
            //员工号
            e.setEmpno(Integer.parseInt(words[0]));
            //姓名
            e.setEname(words[1]);
            //职位
            e.setJob(words[2]);
```

```
            //老板号（注意：可能没有老板号）
            try{
                e.setMgr(Integer.parseInt(words[3]));
            }catch(Exception ex){
                //没有老板号
                e.setMgr(-1);
            }
            //入职日期
            e.setHiredate(words[4]);
            //月薪
            e.setSal(Integer.parseInt(words[5]));
            //奖金（注意：奖金也可能没有）
            try{
                e.setComm(Integer.parseInt(words[6]));
            }catch(Exception ex){
                //没有奖金
                e.setComm(0);
            }
            //部门号
            e.setDeptno(Integer.parseInt(words[7]));
            //输出：k2 部门号     v2  员工对象
            context.write(new IntWritable(e.getDeptno()),  //员工的部门号
                          e);  //员工对象
        }
    }
```

Reducer 类：

```
    package serializable.mapreduce;
    import java.io.IOException;
    import org.apache.hadoop.io.IntWritable;
    import org.apache.hadoop.mapreduce.Reducer;
    //          k3          v3       k4        v4
    public class SalaryTotalReducer extends Reducer<IntWritable, Employee, IntWritable,
IntWritable> {
        @Override
        protected void reduce(IntWritable k3, Iterable<Employee> v3,Context context)
throws IOException, InterruptedException {
            //取出 v3 中的每个员工数据，进行工资求和
            int total = 0;
            for(Employee e:v3){
                total = total + e.getSal();
            }
            //输出
            context.write(k3, new IntWritable(total));
        }
    }
```

主程序入口：

```
    package serializable.mapreduce;
    import java.io.IOException;
    import org.apache.hadoop.conf.Configuration;
    import org.apache.hadoop.fs.Path;
    import org.apache.hadoop.io.IntWritable;
    import org.apache.hadoop.mapreduce.Job;
```

```
import org.apache.hadoop.mapreduce.lib.input.FileInputFormat;
import org.apache.hadoop.mapreduce.lib.output.FileOutputFormat;
public class SalaryTotalMain {
    public static void main(String[] args) throws Exception {
        // 创建一个job
        Job job = Job.getInstance(new Configuration());
        job.setJarByClass(SalaryTotalMain.class);
        //指定job的mapper和输出的类型  k2  v2
        job.setMapperClass(SalaryTotalMapper.class);
        job.setMapOutputKeyClass(IntWritable.class);
        job.setMapOutputValueClass(Employee.class);
        //指定job的reducer和输出的类型  k4   v4
        job.setReducerClass(SalaryTotalReducer.class);
        job.setOutputKeyClass(IntWritable.class);
        job.setOutputValueClass(IntWritable.class);
        //指定job的输入和输出的路径
        FileInputFormat.setInputPaths(job, new Path(args[0]));
        FileOutputFormat.setOutputPath(job, new Path(args[1]));
        //执行任务
        job.waitForCompletion(true);
    }
}
```

5.3 MapReduce 编程进阶

本节将讨论 MapReduce 的输入/输出格式和两个重要的组件——Partition、Combiner。

5.3.1 MapReduce 的输入格式

如果 MapReduce 的输入是一个 10GB 的文本文件，我们可能会考虑 map()函数的输入<k1,v1>是怎样得到的呢？这就涉及 MapReduce 的输入格式 InputFormat。

1. InputFormat

在 5.2 节的 WordCount 程序的 main()方法中，可以通过下面的语句指定输入格式，也可以不指定。如果不指定，默认就是 TextInputFormat。

```
job.setInputFormatClass(TextInputFormat.class);
```

InputFormat 提供以下两个功能。

数据切分：按照某个策略将输入数据切分成若干个 SplitInput，以便确定 Mapper 个数以及对应的 SplitInput 个数，这样一来，SplitInput 的个数与 Mapper 个数总是相同的。

为 Mapper 提供输入数据：读取给定的 SplitInput 的数据，解析成一个个的 key/value 对，供 Mapper 使用。

这两个功能及流程如图 5-5 所示。

InputFormat 有如下两个重要的方法，两个方法分别对应上面的两个功能。

```
List<InputSplit> getSplits(JobContext context
    ) throws IOException, InterruptedException;
RecordReader<K,V> createRecordReader(InputSplit split,
    TaskAttemptContext context) throws IOException,
    InterruptedException;
```

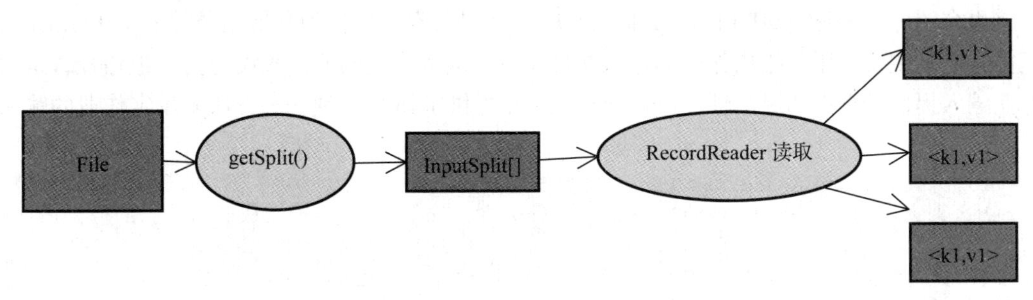

图 5-5　InputFormat 流程图示

getSplits 方法负责将一个大数据逻辑分成许多片。比如，数据库有 100 条数据，按照 ID 升序存储，假设 20 条分为一片，则分片数是 5。但每个分片只是一个逻辑上的定义，仅是提供了一个如何将数据分片的方法，并没有物理上的独立存储。

createRecordReader 方法返回一个 RecordReader 对象，实现了类似的迭代器功能，将某个 InputSplit 解析成一个个 key/value 对。但对 RecordReader 应该注意如下两点。

定位记录边界：为了能识别一条完整的记录，应该添加一些同步标示，如 TextInputFormat 的标示是换行符，SequenceFileInputFormat 的标示是每隔若干条记录会添加固定长度的同步字符串。为了解决 InputSplit 中第一条或者最后一条可能有跨 InputSplit 的情况，RecordReader 规定每个 InputSplit 的第一条不完整记录划给前一个 InputSplit。

解析 key/value：将每个记录分解成 key 和 value 两部分，TextInputFormat 每一行的内容是 value，该行在整个文件中的偏移量为 key；SequenceFileInputFormat 的记录共有 4 个字段：前两个字段分别是整个记录的长度和 key 的长度，均为 4 字节，后两个字段分别是 key 和 value 的内容。

2. InputFormat 接口实现类

InputFormat 接口实现类有很多，其层次结构如图 5-6 所示。

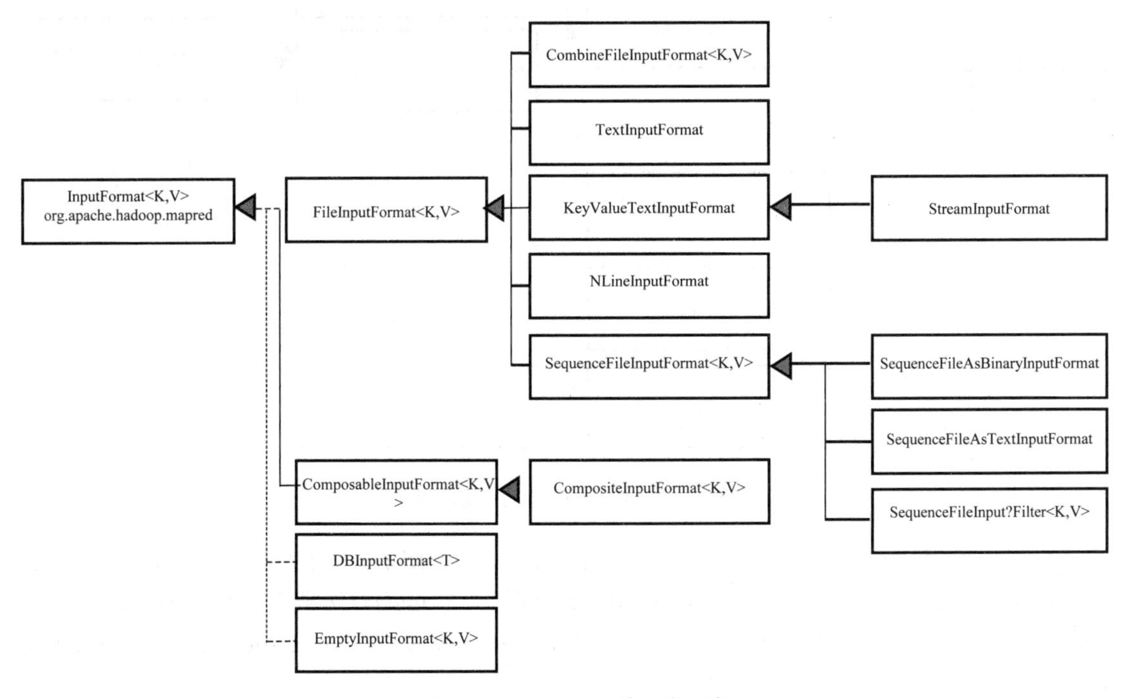

图 5-6　InputFormat 接口实现类

这里介绍一下 FileInputFormat。FileInputFormat 是所有文件作为其数据源的 InputFormat 实现的基类，它的主要作用是指出作业的输入文件位置。因为作业的输入被设定为一组路径，这对指定作业输入提供了很强的灵活性。FileInputFormat 提供了如下 4 种静态方法来设定作业的输入路径。

```
public static void addInputPath(Job job, Path path);
public static void addInputPaths(Job job, String commaSeparatedPaths);
public static void setInputPaths(Job job, String commaSeparatedPaths);
public static void setInputPaths(Job job, Path... inputPaths);
```

5.2 节的 WordCount 示例就用了 `setInputPaths` 方法。

5.3.2 MapReduce 的输出格式

针对前面介绍的输入格式，Hadoop 都有相应的输出格式。默认情况下只要有一个 Reduce，就有一个对应的输出文件，默认文件名为 part-r-00000。输出文件的个数与 Reduce 的个数一致。如果有两个 Reduce，输出结果就有两个文件，第一个为 part-r-00000，第二个为 part-r-00001，依次类推。

1. OutputFormat 接口

OutputFormat 主要用于描述输出数据的格式，它能够将用户提供的 key/value 对写入特定格式的文件。通过 OutputFormat 接口，实现具体的输出格式。Hadoop 自带了很多 OutputFormat 实现，它们与 InputFormat 实现相对应，足够满足我们业务的需要。

2. OutputFormat 接口实现类

OutputFormat 接口实现类有很多，其层次结构如图 5-7 所示。

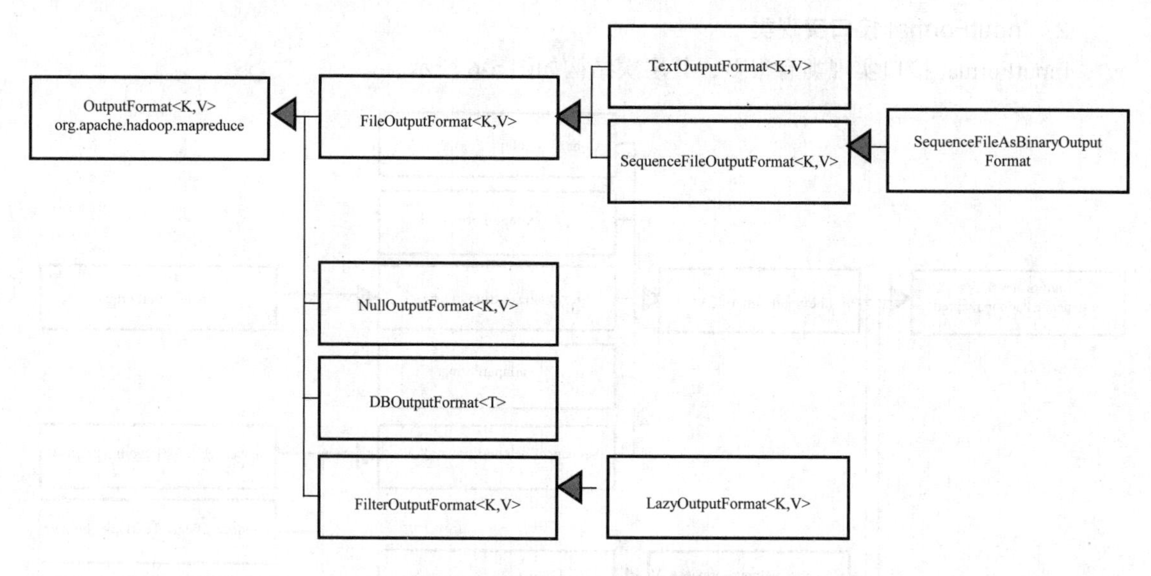

图 5-7　OutputFormat 接口实现类

这里介绍一下 TextOutputFormat。它的作用是把每条记录写入文本行。它的键和值可以是实现 Writable 的任意类型，因为 TextOutputFormt 调用 toString()方法把它们转换为字符串。每个 key/value 对由制表符进行分隔，当然也可以设定 mapreduce.output.textoutputformat.separator 属性。

可以使用 NullWritable 来省略输出的 key 或 value（或两者都省略，相当于 NullOutputFormat 输出格式，后者什么也不输出）。

5.3.3　分区

1. 分区概述

在进行 MapReduce 计算时，有时候需要把最终的输出数据分到不同的文件中，比如按照省份划分的情况，需要把同一省份的数据放到同一个文件中。我们知道，最终的输出数据来自 Reducer，如果要得到多个文件，意味着有与文件同样数量的 Reducer 任务在运行。Reducer 的数据来自于 Map 任务，也就是说 Mapper 要划分数据，将不同的数据分配给不同的 Reducer 运行。Mapper 划分数据的过程称为分区（Partition），负责实现划分数据的类称为 Partitioner。

MapReduce 默认的 Partitioner 是 HashPartitioner。默认情况下，Partitioner 先计算 key 的散列值（通常为 md5 值）。然后通过 Reducer 个数执行求余运算——key 的 hashCode 除以 reducer 的个数取余数。这种方式不仅能够随机地将整个 key 空间平均分发给每个 Reducer，同时也能确保不同 Map 产生的相同 key 能被分发到同一个 Reducer，如图 5-8 所示。

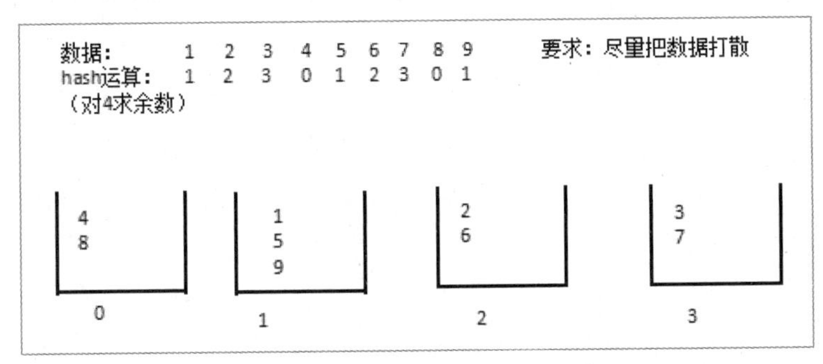

图 5-8　HashPartition 数据分布示例

2. 分区案例

下面演示按照员工的部门号进行分区，对上面 5.2.2 小节的案例三进行优化。

Mapper 类：

```
package part;
import java.io.IOException;
import org.apache.hadoop.io.IntWritable;
import org.apache.hadoop.io.LongWritable;
import org.apache.hadoop.io.Text;
import org.apache.hadoop.mapreduce.Mapper;
//     k2 部门号                v2 员工
public class PartEmployeeMapper extends Mapper<LongWritable, Text, IntWritable,
Employee> {
    @Override
    protected void map(LongWritable key1, Text value1, Context context)
            throws IOException, InterruptedException {
        //数据: 7654,MARTIN,SALESMAN,7698,1981/9/28,1250,1400,30
        String data = value1.toString();
        //分词
        String[] words = data.split(",");
        //创建员工对象
```

```
            Employee e = new Employee();
            //设置员工的属性
            //员工号
            e.setEmpno(Integer.parseInt(words[0]));
            //姓名
            e.setEname(words[1]);
            //职位
            e.setJob(words[2]);
            //老板号（注意：可能没有老板号）
            try{
                e.setMgr(Integer.parseInt(words[3]));
            }catch(Exception ex){
                //没有老板号
                e.setMgr(-1);
            }
            //入职日期
            e.setHiredate(words[4]);
            //月薪
            e.setSal(Integer.parseInt(words[5]));
            //奖金（注意：奖金也可能没有）
            try{
                e.setComm(Integer.parseInt(words[6]));
            }catch(Exception ex){
                //没有奖金
                e.setComm(0);
            }
            //部门号
            e.setDeptno(Integer.parseInt(words[7]));
            //输出：k2 部门号    v2  员工对象
            context.write(new IntWritable(e.getDeptno()),  //员工的部门号
                          e);  //员工对象
        }
    }
```

Reducer 类：

```
    package part;
    import java.io.IOException;
    import org.apache.hadoop.io.IntWritable;
    import org.apache.hadoop.mapreduce.Reducer;
    public class PartEmployeeReducer extends Reducer<IntWritable, Employee, IntWritable,
Employee> {
        @Override
        protected void reduce(IntWritable k3, Iterable<Employee> v3,Context context)
                throws IOException, InterruptedException {
            /*
             * k3 部门号
             * v3 部门的员工
             */
            for(Employee e:v3){
                context.write(k3, e);
            }
        }
```

```
}
```

Partitioner 类：

```
package part;
import org.apache.hadoop.io.IntWritable;
import org.apache.hadoop.mapreduce.Partitioner;
/*
 * 建立自己的分区规则：根据员工的部门号进行分区
 *                    根据 Map 的输出  k2    v2
*/
public class MyEmployeeParitioner extends Partitioner<IntWritable, Employee>{
    /*
     * numPartition 参数：建立多少个分区
     */
    @Override
    public int getPartition(IntWritable k2, Employee v2, int numPartition)    {
        // 如何建立分区
        if(v2.getDeptno() == 10){
            //放入 1 号分区中
            return 1%numPartition;
        }else if(v2.getDeptno() == 20){
            //放入 2 号分区中
            return 2%numPartition;
        }else{
            //放入 0 号分区中
            return 3%numPartition;
        }
    }
}
```

程序入口类：

```
package part;
import java.io.IOException;
import org.apache.hadoop.conf.Configuration;
import org.apache.hadoop.fs.Path;
import org.apache.hadoop.io.IntWritable;
import org.apache.hadoop.mapreduce.Job;
import org.apache.hadoop.mapreduce.lib.input.FileInputFormat;
import org.apache.hadoop.mapreduce.lib.output.FileOutputFormat;
public class PartEmployeeMain {
    public static void main(String[] args) throws Exception {
        //  创建一个 job
        Job job = Job.getInstance(new Configuration());
        job.setJarByClass(PartEmployeeMain.class);
        //指定 job 的 mapper 和输出的类型   k2  v2
        job.setMapperClass(PartEmployeeMapper.class);
        job.setMapOutputKeyClass(IntWritable.class);  //部门号
        job.setMapOutputValueClass(Employee.class);   //员工
        //指定任务的分区规则
        job.setPartitionerClass(MyEmployeeParitioner.class);
        //指定建立几个分区
        job.setNumReduceTasks(3);
        //指定 job 的 reducer 和输出的类型  k4   v4
```

```
        job.setReducerClass(PartEmployeeReducer.class);
        job.setOutputKeyClass(IntWritable.class);  //部门号
        job.setOutputValueClass(Employee.class);   //员工
        //指定 job 的输入和输出的路径
        FileInputFormat.setInputPaths(job, new Path(args[0]));
        FileOutputFormat.setOutputPath(job, new Path(args[1]));
        //执行任务
        job.waitForCompletion(true);
    }
}
```

5.3.4 合并

1. 合并概述

通过本章前面几节的内容可知，Mapper 先输出<k2,v2>键值对，然后在网络节点间对其进行Shuffle（洗牌），并传入 Reducer 处理，获得最终的输出。但如果存在这样一个实际的场景：如果有 10 个数据文件，Mapper 会生成 10 亿个<k2,v2>的键值对在网络间进行传输，但如果我们只是对数据求最大值，显然，Mapper 只需要输出它所知道的最大值即可。这样做不仅可以减轻网络压力，同样也可以大幅度提高程序效率。

我们可以把合并（Combiner）操作看作是一个在每个单独节点上先做一次 Reduce 的操作，其输入及输出的参数和 Reduce 是一样的。

2. 合同案例

以 WordCount 为例，对比有和没有 Combiner 的差异，如图 5-9 所示。

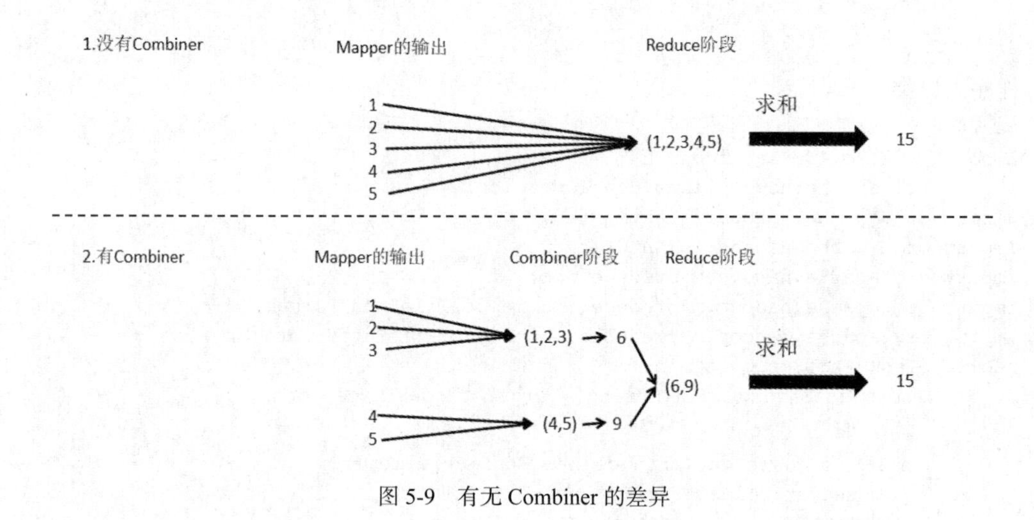

图 5-9　有无 Combiner 的差异

若要引入 Combiner，则只需要在 WordCount 程序的 main()方法中，增加下面语句即可。

```
//引入一个 Combiner，是一种特殊的 Reducer
job.setCombinerClass(WordCountReducer.class);
```

但有一点需要注意的是，Combiner 要慎用，有些场景不适合使用。比如求平均值的场景，如图 5-10 所示。

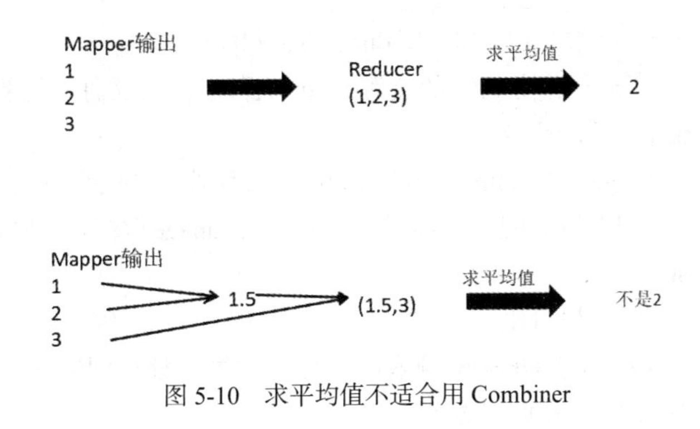

图 5-10　求平均值不适合用 Combiner

5.4　MapReduce 的工作机制

第 4 章已经介绍了 MapReduce 2。这种新机制建立在一个名为 YARN 的系统上。MapReduce 在 YARN 中的调度以及 MapReduce 中的 Shuffle 是 MapReduce 中的重要内容。下面详细介绍。

5.4.1　MapReduce 作业的运行机制

本小节将揭示 Hadoop 运行作业时所采取的措施，整个过程描述如图 5-11 所示。在最高层，有以下 5 个独立的实体。

- 客户端，提交 MapReduce 作业。
- YARN 资源管理器（ResourceManager），负责协调集群上计算机资源的分配。
- YARN 节点管理器（NodeManager），负责启动和监视集群中主机上的计算容器（Container）。
- MapReduce 的 Application Master（简写为 MRAppMaster），负责协调运行 MapReduce 作业的任务。它和 MapReduce 任务在容器中运行，这些容器由资源管理器分节点管理器进行管理。
- 分布式文件系统（一般为 HDFS），用来与其他实体间共享作业文件。

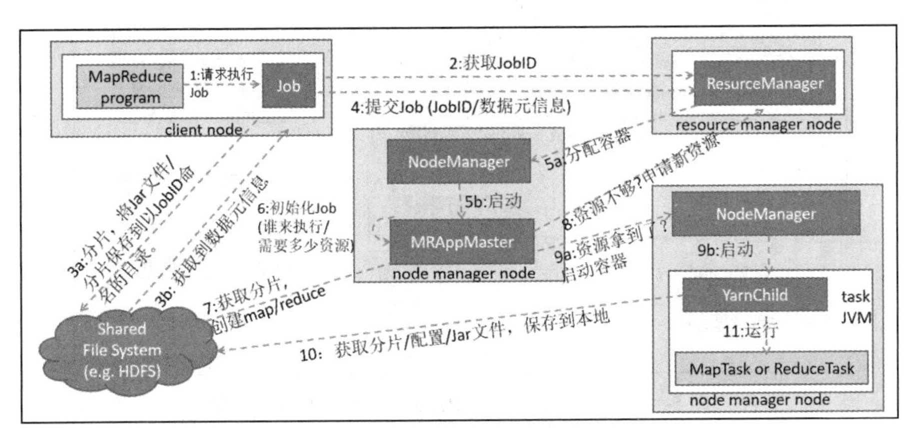

图 5-11　Hadoop 运行 MapReduce 作业的工作原理

MapReduce 在 YARN 中的运行过程大致分为如下 11 步，如图 5-11 所示。

（1）Client 请求执行 Job。即调用 Job 的 waitForCompletion()，包括提交 Job，并轮询获取、打印进度。

（2）向 ResourceManager 请求获取 MapReduce 的 JobID。

（3）计算输入分片。将运行作业所需的资源（jar 文件、配置文件、计算所得分片）保存在 HDFS 下一个以 JobID 命名的目录下。

（4）调用 ResourceManager 的 submitApplication()提交作业，同时传入（3）的资源。

（5）ResourceManager 调度器分配一个容器，ResourceManager 在 NodeManager 的管理下，在容器中启动 MRAppMaster。

（6）MRAppMaster 对作业初始化。

（7）MRAppMaster 获取从 HDFS 中输入的分片，对每个分片创建一个 Map Task 和多个 Reduce Task 对象。各个 Task ID 在此时分配。

（8）MRAppMaster 决定如何运行作业的各个任务。如果作业很小，就选择在同一个 JVM 上运行，否则，向 ResourceManager 请求新的容器。

（9）当 ResourceManager 分配了容器，MRAppMaster 通过节点管理器启动容器。

（10）从 HDFS 获取作业配置、jar 文件、分片文件，并资源本地化。

（11）运行 Map 任务和 Reduce 任务。

5.4.2 进度和状态的更新

当 Map 任务或 Reduce 任务运行时，子进程和自己的 Application Master 进行通信。每隔 3 秒钟，任务通过向自己的 Application Master 报告进度和状态（包括计数器），Application Master 会形成一个作业的汇聚视图（Aggregate View）。

资源管理器的界面显示了所有运行中的应用程序，并且分别有链接指向这些应用各自的 Application Master 的界面，这些界面展示了 MapReduce 作业的更多细节，包括其进度。

在作业期间，客户端每秒钟轮询一次 Application Master 以接收最新状态（轮询间隔通过 mapreduce.client.progressmonitor.pollinterval 设置）。客户端也可以使用 Job 的 getStatus()方法得到一个 JobStatus 的实例，后者包含作业的所有状态信息。

上述过程的图解如图 5-12 所示。

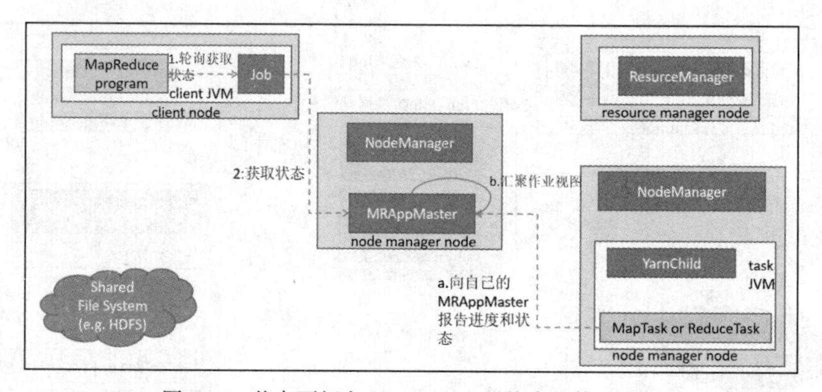

图 5-12 状态更新在 MapReduce 系统中的传递流程

状态更新在 MapReduce 系统中的传递流程可总结为如下几步。

（1）Map 任务或 Reduce 任务运行时，向自己的 MRAppMaster 报告进度和状态。

（2）MRAppMaster 形成一个作业的汇聚视图。

（3）客户端每秒钟轮询一次 MRAppMaster 获取最新状态。

5.4.3 Shuffle

MapReduce 确保每个 Reducer 的输入都是按键排序的。系统执行排序、将 Mapper 输出作为输入传给 Reducer 的过程称为 Shuffle。从许多方面来看，Shuffle 是 MapReduce 的“心脏”，是 MapReduce 的最核心的部分，也被称为“奇迹发生的地方”。

图 5-13 描述了从 Map 到 Reduce 的过程。概括起来有如下这些关键的步骤。

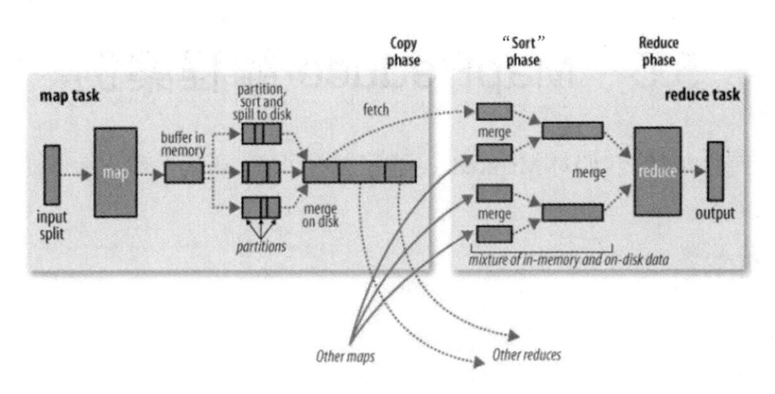

图 5-13 MapReduce 的 Shuffle 和排序

1. Map 端

（1）写入缓冲区。map 函数开始产生输出时，并不是简单地将它写入磁盘，而是先写入一个缓冲区。在默认情况下，缓冲区的大小为 100MB。这个值可以通过改变 mapreduce.task.io.sort.mb 来调整。

（2）溢写。一旦缓冲内容达到阈值（mapreduce.map.sort.spill.percent，默认为 0.80，或 80%），一个后台线程便开始把内容溢写（spill）入磁盘。在溢写入磁盘的过程中，Map 输出继续写入缓冲区，但如果在此期间缓冲区被填满，Map 会被阻塞直到写磁盘的过程完成。溢写过程按轮询方式将缓冲区的内容写到 mapreduce.cluster.local.dir 属性在作业特定子目录下指定的目录中。

（3）分区。在写磁盘之前，线程首先根据数据最终要传给的 Reducer 把数据划分成相应的分区（Partition）。在每个分区中，后台线程按键进行内存排序。如果有一个 Combiner，它就在排序后的输出上运行。运行 Combiner 使得 Map 输出结果更紧凑，因此可减少写入磁盘的数据和传递给 Reducer 的数据。

（4）合并、排序。每次内存缓冲区达到溢出阈值，就会新建一个溢出文件（Spill File)，因此在 Map 任务写完其最后一个输出记录之后，会有几个溢出文件。在任务完成之前，溢出文件被合并成一个已分区且已排序的输出文件。配置属性 mapreduce.task.io.sort.factor 控制一次最多能合并多少流，默认值是 10。

2. Reduce 端

（1）复制文件。Reducer 通过 HTTP 得到输出文件的分区。如果 Map 输出相当小，会被复制到 Reduce 任务 JVM 的内存。否则，Map 输出被复制到磁盘。一旦内存缓冲区达到阈值大小（由 mapreduce.reduce.shuffle.merge.percent 决定）或达到 Map 输出阈值（由 mapreduce.reduce.merge.inmem.threshold 控制），则合并后溢写入磁盘。如果指定 Combiner，则在合并期间运行它以降低写入磁盘的数据量。

（2）小文件合并。随着磁盘上副本的增多，后台线程会将它们合并为更大的、排好序的文件。

这为后面的合并节省一些时间。注意，为了合并，压缩的 Map 输出（通过 Map 任务）必须在内存中被解压缩。

（3）Reduce 合并。复制完所有 Map 输出后，Reduce 任务进入合并阶段，这个阶段将合并 Map 输出，维持其顺序排序。这是循环进行的。

（4）直接把数据输入 reduce()函数，对已排序输出的每个键调用 reduce()函数。阶段的输出直接写入输出文件系统（一般为 HDFS）。

5.5 MapReduce 编程案例

通过本章前面的内容，我们对 MapReduce 有了较多了解。下面的编程案例提供了一些解决问题的思路和方法。

5.5.1 排序

1. 需求

查看员工的薪资，按部门、薪资升序排序。

2. 分析

如果 key 属于某个自定义类，且期望 key 按某种方式进行排序，此时这个自定义类就要实现 Java 中的 Comparable 接口；另外，这个自定义类还需要实现 Hadoop 的 Writable 序列化接口（更简单点，直接实现 WritableComparable 接口即可）。

可以把员工的属性封装为 Employee 类，并实现 WritableComparable 接口，按部门、薪资实现排序。

这次不需要使用 Reducer。程序主方法需要用 job.setSortComparatorClass()指定比较器所在的类。

3. 代码实现

Mapper 类：

```
package sort.object;
import java.io.IOException;
import org.apache.hadoop.io.LongWritable;
import org.apache.hadoop.io.NullWritable;
import org.apache.hadoop.io.Text;
import org.apache.hadoop.mapreduce.Mapper;
//7654,MARTIN,SALESMAN,7698,1981/9/28,1250,1400,30
public class EmployeeSortMapper extends Mapper<LongWritable, Text, Employee, NullWritable> {
    @Override
    protected void map(LongWritable key1, Text value1, Context context)
            throws IOException, InterruptedException {
        //数据：7654,MARTIN,SALESMAN,7698,1981/9/28,1250,1400,30
        String data = value1.toString();
        //分词
        String[] words = data.split(",");
        //创建员工对象
        Employee e = new Employee();
        //设置员工的属性
```

```
            //员工号
            e.setEmpno(Integer.parseInt(words[0]));
            //姓名
            e.setEname(words[1]);
            //职位
            e.setJob(words[2]);
            //老板号（注意：可能没有老板号）
            try{
                e.setMgr(Integer.parseInt(words[3]));
            }catch(Exception ex){
                //没有老板号
                e.setMgr(-1);
            }
            //入职日期
            e.setHiredate(words[4]);
            //月薪
            e.setSal(Integer.parseInt(words[5]));
            //奖金（注意：奖金也可能没有）
            try{
                e.setComm(Integer.parseInt(words[6]));
            }catch(Exception ex){
                //没有奖金
                e.setComm(0);
            }
            //部门号
            e.setDeptno(Integer.parseInt(words[7]));
            //输出
            context.write(e, NullWritable.get());
        }
}
```

Employee 类：

```
package sort.object;
import java.io.DataInput;
import java.io.DataOutput;
import java.io.IOException;
import org.apache.hadoop.io.Writable;
import org.apache.hadoop.io.WritableComparable;
//1. 若要把 Employee 作为 key2，则需要实现序列化
//2. 员工对象为 Employee 类，可被排序
//数据：7654,MARTIN,SALESMAN,7698,1981/9/28,1250,1400,30
public class Employee implements WritableComparable<Employee>{
    private int empno;
    private String ename;
    private String job;
    private int mgr;
    private String hiredate;
    private int sal;
    private int comm;
    private int deptno;
    @Override
    public String toString() {
```

```
        return "Employee [empno=" + empno + ", ename=" + ename + ", sal=" + sal + ", deptno=" + deptno + "]";
    }
    @Override
    public int compareTo(Employee o) {
        // 多个列的排序：select * from emp order by deptno,sal;
        //首先按照 deptno 排序
        if(this.deptno > o.getDeptno()){
            return 1;
        }else if(this.deptno < o.getDeptno()){
            return -1;
        }
        //如果 deptno 相等，按照 sal 排序
        if(this.sal >= o.getSal()){
            return 1;
        }else{
            return -1;
        }
    }
    @Override
    public void readFields(DataInput input) throws IOException {
        // 反序列化
        this.empno = input.readInt();
        this.ename = input.readUTF();
        this.job = input.readUTF();
        this.mgr = input.readInt();
        this.hiredate = input.readUTF();
        this.sal = input.readInt();
        this.comm = input.readInt();
        this.deptno = input.readInt();
    }
    @Override
    public void write(DataOutput output) throws IOException {
        // 序列化
        output.writeInt(this.empno);
        output.writeUTF(this.ename);
        output.writeUTF(this.job);
        output.writeInt(this.mgr);
        output.writeUTF(this.hiredate);
        output.writeInt(this.sal);
        output.writeInt(this.comm);
        output.writeInt(this.deptno);
    }
    public int getEmpno() {
        return empno;
    }
    public void setEmpno(int empno) {
        this.empno = empno;
    }
    public String getEname() {
        return ename;
    }
    public void setEname(String ename) {
        this.ename = ename;
    }
```

```
    public String getJob() {
        return job;
    }
    public void setJob(String job) {
        this.job = job;
    }
    public int getMgr() {
        return mgr;
    }
    public void setMgr(int mgr) {
        this.mgr = mgr;
    }
    public String getHiredate() {
        return hiredate;
    }
    public void setHiredate(String hiredate) {
        this.hiredate = hiredate;
    }
    public int getSal() {
        return sal;
    }
    public void setSal(int sal) {
        this.sal = sal;
    }
    public int getComm() {
        return comm;
    }
    public void setComm(int comm) {
        this.comm = comm;
    }
    public int getDeptno() {
        return deptno;
    }
    public void setDeptno(int deptno) {
        this.deptno = deptno;
    }
}
```

程序主入口：

```
package sort.object;
import java.io.IOException;
import org.apache.hadoop.conf.Configuration;
import org.apache.hadoop.fs.Path;
import org.apache.hadoop.io.IntWritable;
import org.apache.hadoop.io.NullWritable;
import org.apache.hadoop.mapreduce.Job;
import org.apache.hadoop.mapreduce.lib.input.FileInputFormat;
import org.apache.hadoop.mapreduce.lib.output.FileOutputFormat;
public class EmployeeSortMain {
    public static void main(String[] args) throws Exception {
        //创建一个 job
        Job job = Job.getInstance(new Configuration());
        job.setJarByClass(EmployeeSortMain.class);
        //指定 job 的 mapper 和输出的类型   k2  v2
        job.setMapperClass(EmployeeSortMapper.class);
        job.setMapOutputKeyClass(Employee.class);
```

```
        job.setMapOutputValueClass(NullWritable.class);
        //指定 job 的输入和输出的路径
        FileInputFormat.setInputPaths(job, new Path(args[0]));
        FileOutputFormat.setOutputPath(job, new Path(args[1]));
        //执行任务
        job.waitForCompletion(true);
    }
}
```

4. 提交作业到集群运行

hadoop jar objSort-1.0-SNAPSHOT.jar /input/emp.csv /output/sort

5.5.2 去重

1. 需求

获取员工表所有的 job 信息，要求仅列出不同的值。类似下面 SQL 语句的功能：

```
select distinct job from EMP
```

2. 分析

如果 k2 是 job，那么 Reducer 的输入 k3，就是去掉重复后的 job，而 v2 的类型用 NullWritable 即可。Reducer 直接输出 k3 即可。

3. 代码实现

Mapper 类：

```
package distinct;
import java.io.IOException;
import org.apache.hadoop.io.LongWritable;
import org.apache.hadoop.io.NullWritable;
import org.apache.hadoop.io.Text;
import org.apache.hadoop.mapreduce.Mapper;
// k1          v1   k2     v2
public class DistinctMapper extends Mapper<LongWritable, Text, Text, NullWritable> {
    @Override
    protected void map(LongWritable key1, Text value1, Context context)
            throws IOException, InterruptedException {
        // 数据: 7654,MARTIN,SALESMAN,7698,1981/9/28,1250,1400,30
        String data = value1.toString();
        //分词
        String[] words = data.split(",");
        //输出                      k2 职位
        context.write(new Text(words[2]), NullWritable.get());
    }
}
```

Reducer 类：

```
package distinct;
import java.io.IOException;
import org.apache.hadoop.io.NullWritable;
import org.apache.hadoop.io.Text;
import org.apache.hadoop.mapreduce.Reducer;
public class DistinctReducer extends Reducer<Text, NullWritable, Text, NullWritable> {
    @Override
    protected void reduce(Text k3, Iterable<NullWritable> v3,Context context) throws
IOException, InterruptedException {
```

```
            //直接输出
            context.write(k3, NullWritable.get());
        }
    }
```

程序主入口：

```
    package distinct;
    import java.io.IOException;
    import org.apache.hadoop.conf.Configuration;
    import org.apache.hadoop.fs.Path;
    import org.apache.hadoop.io.IntWritable;
    import org.apache.hadoop.io.NullWritable;
    import org.apache.hadoop.io.Text;
    import org.apache.hadoop.mapreduce.Job;
    import org.apache.hadoop.mapreduce.lib.input.FileInputFormat;
    import org.apache.hadoop.mapreduce.lib.output.FileOutputFormat;
    public class DistinctMain {
        public static void main(String[] args) throws Exception {
            //创建一个 job 和任务入口
            Job job = Job.getInstance(new Configuration());
            job.setJarByClass(DistinctMain.class);  //main 方法所在的 class
            //指定 job 的 mapper 和输出的类型<k2 v2>
            job.setMapperClass(DistinctMapper.class);
            job.setMapOutputKeyClass(Text.class);    //k2 的类型
            job.setMapOutputValueClass(NullWritable.class);  //v2 的类型
            //指定 job 的 reducer 和输出的类型<k4  v4>
            job.setReducerClass(DistinctReducer.class);
            job.setOutputKeyClass(Text.class);  //k4 的类型
            job.setOutputValueClass(NullWritable.class);  //v4 的类型
            //指定 job 的输入和输出
            FileInputFormat.setInputPaths(job, new Path(args[0]));
            FileOutputFormat.setOutputPath(job, new Path(args[1]));
            //执行 job
            job.waitForCompletion(true);
        }
    }
```

4. 提交作业到集群运行

hadoop jar distinct-1.0-SNAPSHOT.jar /input/emp.csv　/output/distinct

5.5.3 多表查询

1. 需求

采用 MapReduce 实现类似下面 SQL 语句的功能：

select d.dname,e.ename from emp e,dept d where e.deptno=d.deptno

2. 分析

（1）Map 端读取所有的文件，并为输出的内容加上标识，代表文件数据来源于员工表或部门表。

（2）在 Reduce 端，按照标识对数据进行处理。

3. 代码实现

Mapper 类：

```
package equaljoin;
import java.io.IOException;
import org.apache.hadoop.io.IntWritable;
import org.apache.hadoop.io.LongWritable;
import org.apache.hadoop.io.Text;
import org.apache.hadoop.mapreduce.Mapper;
public class EqualJoinMapper extends Mapper<LongWritable, Text, IntWritable, Text> {
    @Override
    protected void map(LongWritable key1, Text value1, Context context)
            throws IOException, InterruptedException {
        //得到数据
        String data = value1.toString();
        //分词
        String[] words = data.split(",");
        if(words.length == 8){
          //处理的是员工表      部门号 员工姓名
          context.write(new IntWritable(Integer.parseInt(words[7])), new
Text(words[1]));
        }else{
            //处理的是部门表    部门号  部门名称
          context.write(new IntWritable(Integer.parseInt(words[0])), new
Text("*"+words[1]));
        }
    }
}
```

Reducer 类：

```
package equaljoin;
import java.io.IOException;
import org.apache.hadoop.io.IntWritable;
import org.apache.hadoop.io.Text;
import org.apache.hadoop.mapreduce.Reducer;
//   k4 部门名称    v4 所有员工的名字
public class EqualJoinReducer extends Reducer<IntWritable, Text, Text, Text> {
    @Override
    protected void reduce(IntWritable k3, Iterable<Text> v3, Context context)  throws
IOException, InterruptedException {
        //从 value3 中解析出 部门名称和员工姓名
        String dname = "";  //部门名称
        String empListName = "";        //所有员工的姓名

        for(Text str:v3){
            String name = str.toString();
            //判断是否存储*号
            int index = name.indexOf("*");
            if(index >=0){
                //是部门名称，去掉第一个*号
                dname = name.substring(1);
            }else{
                //是员工的姓名
                empListName = name+";"+empListName;
```

```
            }
        }
        //输出
        context.write(new Text(dname), new Text(empListName));
    }
}
```

程序主入口：

```
package equaljoin;
import java.io.IOException;
import org.apache.hadoop.conf.Configuration;
import org.apache.hadoop.fs.Path;
import org.apache.hadoop.io.DoubleWritable;
import org.apache.hadoop.io.IntWritable;
import org.apache.hadoop.io.Text;
import org.apache.hadoop.mapreduce.Job;
import org.apache.hadoop.mapreduce.lib.input.FileInputFormat;
import org.apache.hadoop.mapreduce.lib.output.FileOutputFormat;
public class EqualJoinMain {
    public static void main(String[] args) throws Exception {
        // 创建一个 job 和任务入口
        Job job = Job.getInstance(new Configuration());
        job.setJarByClass(EqualJoinMain.class);  //main 方法所在的 class
        //指定 job 的 mapper 和输出的类型<k2  v2>
        job.setMapperClass(EqualJoinMapper.class);
        job.setMapOutputKeyClass(IntWritable.class);    //k2 的类型
        job.setMapOutputValueClass(Text.class);  //v2 的类型
        //指定 job 的 reducer 和输出的类型<k4  v4>
        job.setReducerClass(EqualJoinReducer.class);
        job.setOutputKeyClass(Text.class);    //k4 的类型
        job.setOutputValueClass(Text.class);  //v4 的类型
        //指定 job 的输入和输出
        FileInputFormat.setInputPaths(job, new Path(args[0]));
        FileOutputFormat.setOutputPath(job, new Path(args[1]));
        //执行 job
        job.waitForCompletion(true);
    }
}
```

4. 提交作业到集群运行

hadoop jar equaljoin-1.0-SNAPSHOT.jar /inputjoin/　/output/join

习　　题

5-1　MapReducer 的 mapper、reducer 个数与什么有关？

5-2　简述 MapReduce 编程模型。

5-3　简述 MapReduce 2 的工作机制。

5-4　简述 Shuffle 过程。

实验 1　分析和编写 WordCount 程序

【实验名称】分析和编写 WordCount 程序

【实验目的】

理解和掌握 MapReduce 编程模型，并且会使用 Combiner。

【实验原理】

略。

【实验环境】

开发环境：

（1）Eclipse/IDEA。

（2）参考第 3 章的实验 2“熟悉基于 IDEA+Maven 的 Java 开发环境”配置实验环境并创建工程。

运行环境：

（1）Ubuntu 16.04。

（2）已经部署好的 Hadoop 环境。

【需求描述】

对如下内容的输入文件统计单词频率。

```
a good beginning is half the battle
where there is a will there is a way
```

附加要求：要使用 Combiner。

【实验步骤】

具体步骤如下。

（1）采用 Eclipse/IDEA 创建一个 Maven 工程。

（2）修改 pom.xml，增加<dependencies></dependencies>、<build></build>节点，代码如下：

```
<dependencies>
        <dependency>
            <groupId>org.apache.hadoop</groupId>
            <artifactId>hadoop-common</artifactId>
            <version>2.7.3</version>
        </dependency>
        <dependency>
            <groupId>org.apache.hadoop</groupId>
            <artifactId>hadoop-hdfs</artifactId>
            <version>2.7.3</version>
        </dependency>
```

```
        <dependency>
            <groupId>org.apache.hadoop</groupId>
            <artifactId>hadoop-client</artifactId>
            <version>2.7.3</version>
        </dependency>
    </dependencies>

    <!--使用 maven-jar-plugin 指定主类（如果使用 maven-shade-plugin，除了指定主类，还会复制依赖的 jar） -->
    <build>
        <plugins>
            <plugin>
            <groupId>org.apache.maven.plugins</groupId>
            <artifactId>maven-jar-plugin</artifactId>
            <version>2.6</version>
            <configuration>
                <archive>
                    <manifest>
                        <!-- main()所在的类，注意修改 -->
                        <mainClass>com.mystudy.App</mainClass>
                    </manifest>
                </archive>
            </configuration>
            </plugin>
        </plugins>
    </build>
```

（3）自己动手开发 Java 程序。

（4）参考第 3 章的实验 2 “熟悉基于 IDEA+Maven 的 Java 开发环境” 构建工程，即

```
cd 工程目录
mvn clean package
```

（5）创建一个文本文件，如文件名为 data.txt，内容为

```
a good beginning is half the battle
where there is a will there is a way
```

将这个文件上传到 HDFS，建议放在一个自己专属的目录，如以学号 001 命名的目录。

```
hdfs dfs -mkdir -p /001/input
hdfs dfs -mkdir -p /001/output
hdfs dfs -put data.txt  /001/input
```

（6）在 Hadoop 环境运行 jar 包。

```
hadoop jar target/wordcount-1.0-SNAPSHOT.jar  /001/input/data.txt  /001/output/wc
```

实验 2　MapReduce 序列化、分区实验

【实验名称】MapReduce 序列化、分区实验

【实验目的】

理解和熟练掌握 MapReduce 的序列化与分区方法。

【实验原理】

略。

【实验环境】

开发环境：

（1）Eclipse/IDEA。

（2）参考第 3 章的实验 2 "熟悉基于 IDEA+Maven 的 Java 开发环境" 配置实验环境并创建工程。

运行环境：

（1）Ubuntu 16.04。

（2）已经部署好的 Hadoop 环境。

【需求描述】

员工的数据如下：

emp.csv

各字段描述为

名	类型	长度
EMPNO	int	4
ENAME	varchar	10
JOB	varchar	9
MGR	int	4
HIREDATE	date	0
SAL	int	11
COMM	int	11
DEPTNO	int	2

将此文件保存在 HDFS，作为输入文件。

假如薪资<1500，为低薪。

假如薪资≥1500，薪资<3000，为中薪。

假如薪资≥3000，为高薪。

编写程序，对员工数据按低薪、中薪、高薪进行分区存储，分别输出到 3 个文件。

特殊要求：结合课堂学习的知识，职工信息采用一个独立的类存放，并且实现 Hadoop 序列化。

【实验步骤】

具体实现步骤如下。

（1）采用 Eclipse/IDEA 创建一个 Maven 工程。

（2）修改 pom.xml，增加<dependencies></dependencies>、<build></build>节点，代码如下。

```
<dependencies>
```

```
        <dependency>
            <groupId>org.apache.hadoop</groupId>
            <artifactId>hadoop-common</artifactId>
            <version>2.7.3</version>
        </dependency>
        <dependency>
            <groupId>org.apache.hadoop</groupId>
            <artifactId>hadoop-hdfs</artifactId>
            <version>2.7.3</version>
        </dependency>
        <dependency>
            <groupId>org.apache.hadoop</groupId>
            <artifactId>hadoop-client</artifactId>
            <version>2.7.3</version>
        </dependency>
    </dependencies>

    <!--使用 maven-jar-plugin 指定主类（如果使用 maven-shade-plugin，除了指定主类，还会复制依赖
的 jar） -->
    <build>
        <plugins>
            <plugin>
            <groupId>org.apache.maven.plugins</groupId>
            <artifactId>maven-jar-plugin</artifactId>
            <version>2.6</version>
            <configuration>
                <archive>
                    <manifest>
                        <!-- main()所在的类，注意修改 -->
                        <mainClass>com.mystudy.App</mainClass>
                    </manifest>
                </archive>
            </configuration>
            </plugin>
        </plugins>
    </build>
```

（3）自己动手开发 Java 程序。

（4）参考第 3 章的实验 2“熟悉基于 IDEA+Maven 的 Java 开发环境”构建工程，即

```
cd 工程目录
mvn clean package
```

（5）将这个文件上传到 HDFS，建议放在专属的目录下，如以学号 001 命名的目录。

```
hdfs dfs -mkdir -p /001/input
hdfs dfs -mkdir -p /001/output
hdfs dfs -put data.txt  /001/input
```

（6）在 Hadoop 环境运行 jar 包。

```
hadoop jar target/wordcount-1.0-SNAPSHOT.jar  /001/input/data.txt  /001/output/
emp
```

实验 3　使用 MapReduce 求出各年销售笔数、各年销售总额

【实验名称】使用 MapReduce 求出各年销售笔数、各年销售总额

【实验目的】

理解和掌握 MapReduce 编程模型。

【实验原理】

略。

【实验环境】

同本章实验 1。

【实验步骤】

订单表数据 sales 如下：

sales.csv

各字段说明如下。

字段名	类型	是否能为空	备注
PROD_ID	int	否	产品 ID
CUST_ID	int	否	客户 ID
TIME	Date	否	日期
CHANNEL_ID	int	否	渠道 ID
PROMO_ID	int	否	促销 ID
QUANTITY_SOLD	int	否	销售的数量(件)
AMOUNT_SOLD	float(10,2)	否	销售的总额（元）

具体实现步骤如下。

（1）将上面的数据文件上传到 HDFS，存放的目录按学号区分。

```
hdfs dfs -put sales.csv /001/input/
```

（2）采用 Eclipse/IDEA 创建一个 Maven 工程（方法前面已经介绍）。

（3）修改 pom.xml，增加<dependencies></dependencies>、<build></build>节点，代码如下。

```
    <dependencies>
        <dependency>
            <groupId>org.apache.hadoop</groupId>
            <artifactId>hadoop-common</artifactId>
            <version>2.7.3</version>
        </dependency>
        <dependency>
            <groupId>org.apache.hadoop</groupId>
            <artifactId>hadoop-hdfs</artifactId>
            <version>2.7.3</version>
        </dependency>
        <dependency>
            <groupId>org.apache.hadoop</groupId>
            <artifactId>hadoop-client</artifactId>
            <version>2.7.3</version>
        </dependency>
    </dependencies>

    <!--使用maven-jar-plugin指定主类（如果使用maven-shade-plugin，除了指定主类，还会复制依赖的jar） -->
    <build>
        <plugins>
            <plugin>
            <groupId>org.apache.maven.plugins</groupId>
            <artifactId>maven-jar-plugin</artifactId>
            <version>2.6</version>
            <configuration>
                <archive>
                    <manifest>
                        <!-- main()所在的类，注意修改 -->
                        <mainClass>com.mystudy.App</mainClass>
                    </manifest>
                </archive>
            </configuration>
            </plugin>
        </plugins>
    </build>
```

（4）自己动手开发 Java 程序。

（5）参考第 3 章的实验 2 “熟悉基于 IDEA+Maven 的 Java 开发环境”构建工程，即

```
    cd 工程目录
    mvn clean package
```

（6）在 Hadoop 环境运行 jar 包（jar 包名称请按实际修改）。

```
    hadoop jar target/annualTotal-0.0.1-SNAPSHOT.jar /001/input/sales.csv /001/output/sales
```

实验 4　使用 MapReduce 统计用户在搜狗上的搜索数据

【实验名称】 使用 MapReduce 统计用户在搜狗上的搜索数据

【实验目的】

理解与掌握 MapReduce 编程模型。

【实验原理】

略。

【实验环境】

同本章实验 1。

【需求描述】

使用 MapReduce 统计用户在搜狗上的搜索数据，获取 URL 排名第二、用户点击顺序第一的日志。

【注意事项】

确保将输出的文件复制到 Windows 下，使用文本工具查看时能正常显示中文，不出现乱码。请想办法在代码中解决。如能解决，实验报告将酌情加分。

【实验步骤】

具体实现步骤如下。

（1）下载数据源。

打开搜狗实验室下面的页面（网址请参考本书提供的电子资源文件）。

下载完整版（或根据情况下载精简版）。

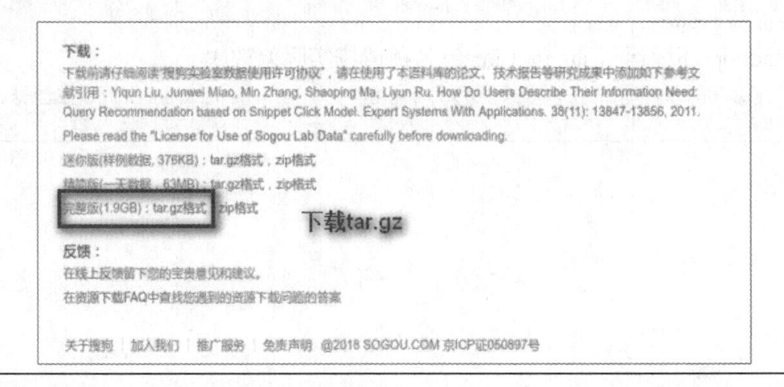

输入个人邮箱等信息登记。

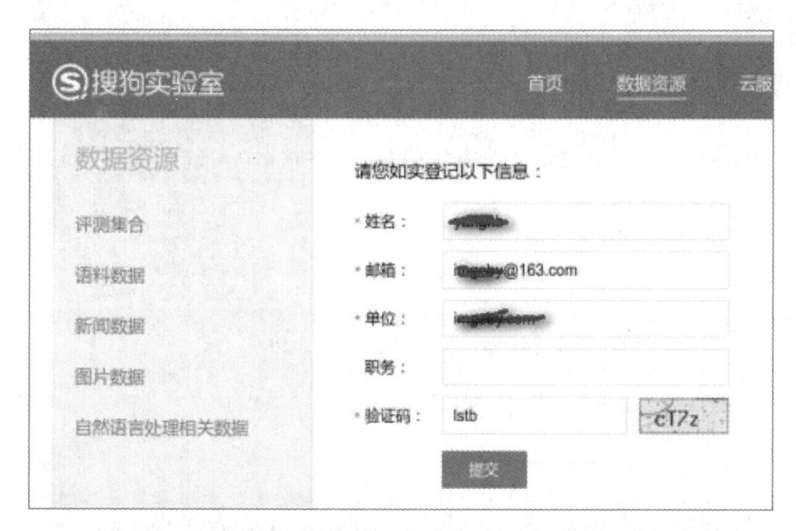

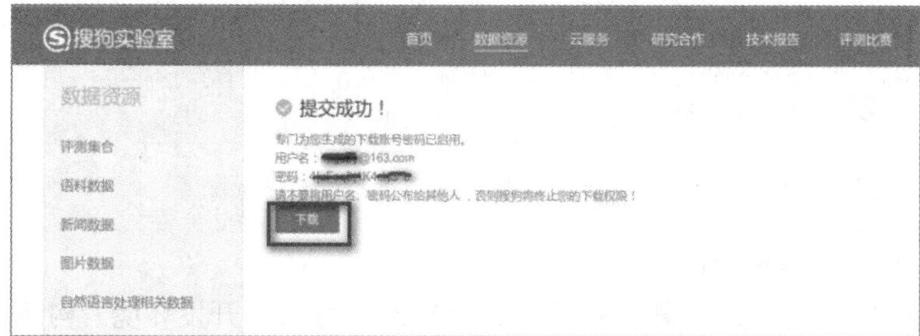

单击下载，在弹出的对话框中，输入账号与密码，将下载文件 SogouQ.tar.gz。

数据格式说明如下。

```
20111230000005    57375476989eea12893c0c3811607bcf    奇艺高清  1    1
```

第一个 1：URL 地址在搜索结果中的排名。

第二个 1：用户在搜索的 URL 地址中点击的顺序。

（2）解压数据源，并上传到 HDFS 中，保存的目录以个人学号区分，如 001 为学号。

```
tar zxvf  SogouQ.tar.gz
hdfs dfs -put SogouQ /001/
```

（3）采用 Eclipse/IDEA 创建一个 Maven 工程。

（4）修改 pom.xml。

增加<dependencies></dependencies>、<build></build>节点，代码如下。

```
<dependencies>
      <dependency>
         <groupId>org.apache.hadoop</groupId>
         <artifactId>hadoop-common</artifactId>
         <version>2.7.3</version>
      </dependency>
      <dependency>
         <groupId>org.apache.hadoop</groupId>
         <artifactId>hadoop-hdfs</artifactId>
         <version>2.7.3</version>
      </dependency>
      <dependency>
```

```
            <groupId>org.apache.hadoop</groupId>
            <artifactId>hadoop-client</artifactId>
            <version>2.7.3</version>
        </dependency>
    </dependencies>

    <!--使用maven-jar-plugin指定主类(如果使用maven-shade-plugin，除了指定主类，还会复制依赖的jar) -->
    <build>
        <plugins>
            <plugin>
            <groupId>org.apache.maven.plugins</groupId>
            <artifactId>maven-jar-plugin</artifactId>
            <version>2.6</version>
            <configuration>
                <archive>
                    <manifest>
                        <!-- main()所在的类，注意修改 -->
                        <mainClass>com.mystudy.App</mainClass>
                    </manifest>
                </archive>
            </configuration>
            </plugin>
        </plugins>
    </build>
```

（5）自己动手开发 Java 程序。

（6）参考第 3 章的实验 2 “熟悉基于 IDEA+Maven 的 Java 开发环境” 构建工程，即

```
cd 工程目录
mvn clean package
```

（7）在 Hadoop 环境运行 jar 包（jar 包名称请按实际修改）。

```
hadoop jar target/sogou-0.0.1-SNAPSHOT.jar  /001/SogouQ /001/output/sogou
```

第 6 章 HBase、Hive、Pig

本章先介绍 HBase 的数据模型、物理模型、系统架构，接着介绍 Hive 的架构和工作原理、数据类型与存储格式、数据模型、数据查询，最后介绍 Pig 及其应用示例等。

本章重点内容如下。

（1）HBase 的数据模型、物理模型、系统架构。

（2）Hive 的架构、数据模型。

（3）Pig 及其应用。

6.1 HBase

在讲述 HBase 相关知识前，先对行式存储、列式存储做一个简单介绍。

6.1.1 行式存储与列式存储

1. 行式存储与列式存储的区别

表 6-1 所示是一个零售店的销售记录。

表 6-1 零售店销量记录

时　间	商 品 名	商 品 描 述	销　量	店 铺 名	店　长
2018-01-01	连衣裙	描述 1	1000	爱居兔	Franny
2018-01-01	运动鞋	描述 2	888	360	Rick
2018-01-02	连帽风衣	描述 3	777	爱居兔	Fly
2018-01-02	球衣	描述 4	666	安踏	Soul

这个销售记录表，如果采用传统关系型数据库进行存储，它是一种行式的存储结构，存储方式如图 6-1 所示，可以看出一张表的数据是连续放在一起存储的。

2018-01-01	连衣裙	描述 1	1000	爱居兔	Franny	2018-01-01	运动鞋	描述 2	888	360	Rick	......

图 6-1 行式存储示例

如果采用列式存储，每一列的数据集中存储，不同列的数据则被分开保存，如图 6-2 所示。

图 6-2　列式存储示例

2. 行式存储与列式存储的优缺点

不同的存储方式，各有优缺点，如表 6-2 所示。

表 6-2　　行式存储与列式存储的优缺点

	行式存储	列式存储
优点	数据被保存在一起。 INSERT/UPDATE 容易	查询时只有涉及的列会被读取。 任何列都能作为索引。 相同列的数据存放在一起，数据压缩容易。 列数可以很多
缺点	选择（Selection）时，即使只涉及某几列，所有数据也都会被读取。 列数不能太多，一般不能超过 30 列	选择完成时，被选择的列要重新组装。 INSERT/UPDATE 比较麻烦

3. OLTP 与 OLAP

数据处理大致可以分成 OLTP 与 OLAP 两大类。

OLTP（On-Line Transaction Processing，联机事务处理过程）也称为面向交易的处理过程，其基本特征是，前台接收的用户数据可以立即传送到计算中心进行处理，并在很短的时间内给出处理结果。这是对用户操作快速响应的方式之一。OLTP 是传统的关系型数据库的主要应用，主要处理的是基本的、日常的事务，如银行交易。

OLAP（On-Line Analytic Processing，联机分析处理过程）是数据仓库系统的主要应用，支持复杂的分析操作，侧重决策支持，并且提供直观易懂的查询结果，如商品推荐。

4. 行式存储与列式存储的应用场景

行式存储主要适用于 OLTP，其应用场景可以参考如下要点。

（1）关系之间的解决方案，表与表之间关联大，如第一张表的主键是第二张表的外键，可以采用行式存储。

（2）强事务特性，如消费、资金的业务，可以采用行式存储。

（3）若数据量小于千万级，可采用行式存储。

列式存储主要适用于 OLAP，其应用场景可以参考如下要点。

（1）对于单列，获取频率较高，就使用列式存储。

（2）如果针对多列查询，使用并行处理查询效率也很高，可采用列式存储。

（3）对于大数据的环境，为利于数据压缩和线性扩展，可以采用列式存储。

（4）事务使用率不高，数据量非常大，可以选择列式存储。

（5）对于某些行的更新频率不高，可以选择列式存储。

6.1.2　HBase 简介

HBase 是 Hadoop 生态系统中的重要一员，通常构建在 HDFS 分布式文件系统上，是一个提供高可靠性、高性能、可伸缩、实时读写、分布式的列式数据库。图 6-3 为 HBase 的 Logo。

HBase 是 Google 公司 BigTable 思想的开源实现，具有存储非结构化数据的能力。HBase 与传统关系型数据库的一个重要区别是，HBase 采用列式存储，传统关系型数据库采用行式存储。HBase 具有良好的分布式扩展能力，可以通过不断增加服务器来增加存储能力。HBase 的目标是处理非常庞大的表，利用其横向扩展能力，可以处理超过 10 亿行数据和百万列元素组成的数据表。

图 6-3　HBase 的 Logo

1. HBase 的特性

（1）伸缩性强。HBase 能处理的表，可以很“高”（数十亿个数据行），可以很“宽”（数百万个列）。

（2）自动分区。当表增长时，表会自动分裂成 Region，并分布到可用节点上。

（3）支持线性扩展和对新节点的自动处理。

（4）支持普通商用硬件。

（5）容错能力强。HBase 构建在 Hadoop 的文件系统之上，充分利用了 Hadoop 文件系统（HDFS）提供的容错能力。

（6）检索性能强。

2. HBase 的应用场景举例

（1）对象存储。不少的新闻、网页、图片存储在 HBase 数据库之中，一些病毒公司的病毒库也是存储在 HBase 数据库之中。

（2）存储时序数据。HBase 数据库之上有 OpenTSDB 模块（参考 OpenTSDB 官网），可以满足时序类场景的需求。

（3）推荐画像。用户的画像是一个比较大的稀疏矩阵，蚂蚁金服的风控就是构建在 HBase 数据库之上。

（4）存储时空数据。时空数据主要是轨迹之类数据。滴滴打车的轨迹数据主要存在 HBase 数据库之中。另外在数据量大的车联网企业，数据也是存在 HBase 数据库之中。

6.1.3　HBase 的数据模型

1. HBase 的数据模型术语

HBase 本质上是一个稀疏的、多维的、持久化存储的映射表，它采用行键、列族、列限定符、时间戳来进行数据索引。每个数据都是一个未经解释的字符串，没有数据类型，HBase 数据模型包含以下几个主要概念。

（1）表（Table）

HBase 采用表来组织数据，表由行和列组成，列又可以划分为若干个列族（Column Family）。

（2）行（Row）

每个 HBase 表都由若干个行组成，每个行由行键（RowKey）来唯一标识。行键可以是任意字符串的字节数组，按字典序排序，因此行键设计非常重要。访问表中的行有 3 种方式：通过单个行键访问，通过一个行键的区间来访问，全表扫描。

（3）列族（Column Family）

列族必须在表的定义阶段给出。每个列族可以有一个或多个列成员，列成员不需要在表定义时给出，新的列族成员可以随后按需、动态加入。数据按列族分开存储，HBase 的列式存储就是根据列族分开存储，每个列族对应一个存储区域。

（4）列限定符（Qualifier）

列族里面的数据通过列限定符来定位。列限定符不用事先定义，也不需要在不同行之间保持一致。列限定符通常也简称为列（Column）。

（5）单元格（Cell）

单元格由行键、列族、列限定符、时间戳唯一决定。单元格中的数据是没有类型的，全部以字节码形式存储。

（6）时间戳（Timestamp）

每个单元格都保持着同一份数据的多个不同版本，这些版本都采用时间戳来进行区分和索引。时间戳通常也称为版本（Version）。

2. HBase 的数据概念视图

一个典型的 HBase 数据模型实例如表 6-3 所示。表 6-3 是用来存储学生信息的 HBase 表，学号作为行键来唯一标识每个学生。列族 info 用来表示学生的基本信息，info 列族里面包含了 3 列（name、address、number），分别用来保存学生的姓名、家庭住址和手机号码。所有学生初次登记的时间为 ts1，学号为“2018003”的学生有两个手机号码，再次记录时间为 ts2，时间戳较大的版本的手机号码为新的手机号码“13800000001”。列族 score 用来表示学生成绩，score 列族里包含 2 列（math、sports），分别代表数学和体育。记录成绩时间分别为 ts3 和 ts4。学号为“2018002”的学生没有体育成绩，sports 列的数据为空。

表 6-3　　学生信息和成绩表逻辑视图

RowKey	info			score	
	name	address	number	math	sports
2018001	Zhang ming	501	13900000001	75	66
2018002	Li hong	502	18900000001	80	
2018003	Wang hua	503	13800000001、13800000002	77	90

HBase 可以看起来是“稀疏”的。表格视图不是查看 HBase 中数据的唯一方式。可以把 HBase 看成一个多维度的 Map 模型去理解它的数据模型，以学号“2018003”学生的信息为例（表示成 JSON 格式），如图 6-4 所示。

```
...
    "2018003": {
        "info": {
            "name":       {    "ts1": "Wang hua"      },
            "address":    {    "ts1": "503"           },
            "number":     {    "ts2": "13800000002",      "ts1": "13800000001"  }
        },
        "score": {
            "sports":     {    "ts3": "90"            },
            "math":       {    "ts4": "77"            }
        }
    }
```

图 6-4　HBase 数据模型（JSON 格式）

HBase 使用坐标来定位表中的数据，根据行键、列族、列限定符和时间戳来唯一确定数据。例如，图 6-4 中的数据，由行键“2018003”、列族“info”、列限定符“number”和时间戳 ts1 可以唯一确定存储的数据值为“13800000001”。确定其他的单元格方式同样如此。所以从这方面理解，也可以把 HBase 看作是一个 Key-Value 的数据库，此时 Key 是“Table + RowKey + ColumnFamily + Column + Timestamp”。

HBase 允许按行键、列族、列限定符和时间戳依次定位到不同层次的数据。例如，根据行键，可以得到所有列族、列限定符和时间戳的所有信息；根据行键和列族，可以得到所有列限定符和时间戳的信息；根据行键、列族、列限定符，可以得到其所有时间戳下的单元格数据。

6.1.4 HBase 的物理模型

1. HBase 的物理视图

表 6-3 是 HBase 的一个概念存储视图。HBase 的每个表是由许多行组成的，但是在物理存储的时候，它采用了基于列的存储方式。HBase 会将属于同一个列族的数据保存在一起，同时，和每个列族一起存放的还包括行键和时间戳。对于表 6-3 所示的数据模型，在物理存储的时候会被存储成为两个片段，如表 6-4 和表 6-5 所示。

表 6-4　列族 info

RowKey	Timestamp	Column Family:Qualifier	Value
2018001	t1	info:address	501
	t1	info:name	Zhang ming
	t1	info:number	13900000001
2018002	t1	info:address	502
	t1	info:name	Li hong
	t1	info:number	18900000001
2018003	t2	info:number	13800000002
	t1	info:address	503
	t1	info:name	Wang hua
	t1	info:number	13800000001

表 6-5　列族 score

RowKey	Timestamp	Column Family:Qualifier	Value
2018001	t3	score:math	75
	t4	score:sports	66
2018002	t3	score:math	80
2018003	t3	score:math	77
	t4	score:sports	90

概念视图中的空单元不会进行存储。当请求这些空白的单元格时，只会得到空的结果。数据单元存储的时候，数据会按照时间戳来排序，所以在查询的时候若不提供时间戳，会返回距离现在最近的那一个版本的数据。因此从“列”紧密存储在一起的角度看，HBase 是稀疏的。

2. Region

Region 是 HBase 中分布式存储和负载均衡的最小单元。HBase 中的表是根据 RowKey 的值水平分割成所谓的 Region 的，如图 6-5 所示。一个 Region 包含表中所有 RowKey 位于 Region 的起始键值和结束键值之间的行。一个 HBase 表由一个或多个 Region 组成，随着表中存储数据的增多，Region 中存储的数据也随之增多，当数据量达到阈值时，一个 Region 会分裂出多个新的 Region，如图 6-6 所示。HBase 支持多种切分触发策略，用户可以根据业务在表级别选择不同的切分触发策略。

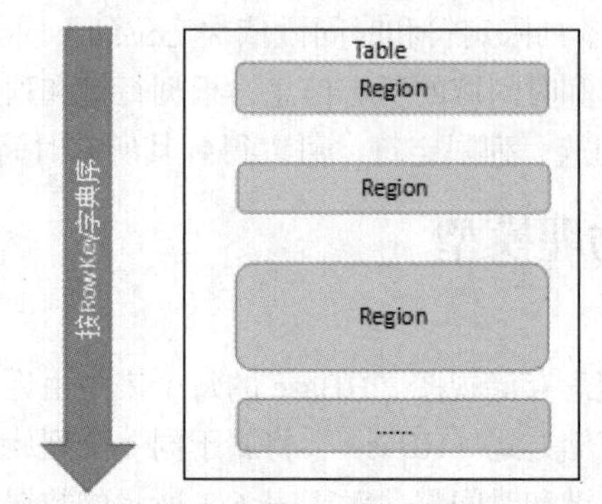

图 6-5　数据表与 Region 的关系

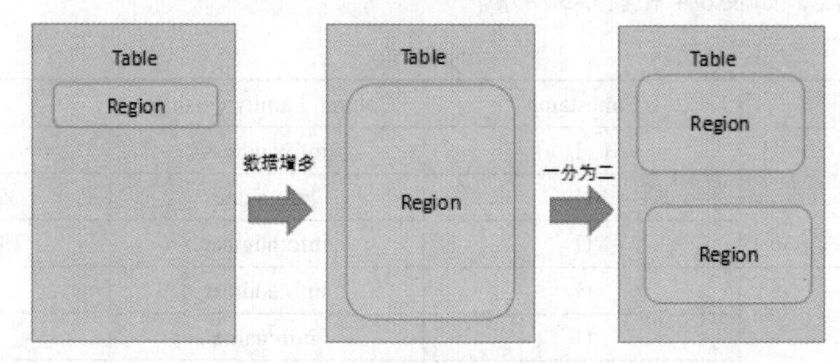

图 6-6　表的 Region 分裂

6.1.5　HBase 的系统架构

1. HBase 的系统架构

HBase 的系统架构如图 6-7 所示。它构建在 HDFS 之上，由 HMaster、RegionServer 两个主要部分组成，另外 ZooKeeper 为 HBase 提供分布式协调服务，实现 HBase 的高可用。

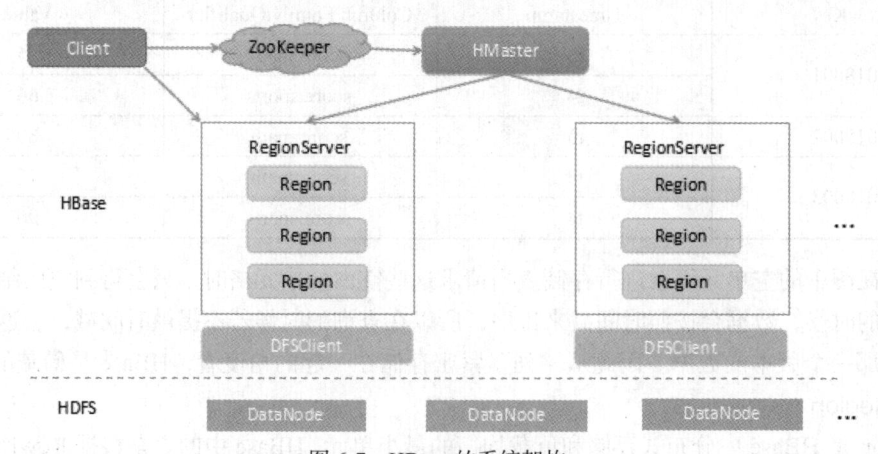

图 6-7　HBase 的系统架构

简单描述 HBase 系统架构各部分的作用如下。

（1）HMaster

HMaster 主要负责表和 Region 的管理工作，其中包括：管理用户对表结构的操作；实现不同 Region Server 之间的负载均衡；在 Region 分裂或者合并后，负责重新调整 Region 的分布；监控 Region Server 的工作状态，对发现故障失效的 RegionServer 上的 Region 进行迁移。

（2）RegionServer

RegionServer 是 HBase 中最核心的模块，负责维护分配给自己的 Region，并响应用户的读写请求。对于一个 RegionServer 而言，其管理着多个 Region。Region 是分布式管理的最小单元，但不是存储的最小单元，其数据包含内存部分和文件存储部分。HBase 一般采用 HDFS 作为底层存储文件系统，因此，由 RegionServer 负责向 HDFS 请求读写数据。

（3）ZooKeeper

ZooKeeper 是一个高可用的分布式数据管理和协调框架，采用 ZooKeeper 可以提供一个通用的分布式系统高可用解决方案。在 HBase 中，ZooKeeper 作用有以下几个方面：保证任何时候集群中有且至少只有一个 HMaster 处于运行状态；实时监控 RegionServer 的上线和下线信息；实时通知 HMaster；存储 HBase 的 Schema、表的元数据、所有 Region 的寻址入口。

2. RegionServer 的工作原理

HRegionServer 是 RegionServer 的封装实现，它由一个 WAL（HLog）、一个 BlockCache、多个 HRegion 组成。

（1）WAL

WAL 即 Write Ahead Log，在早期版本中称为 HLog，它是 HDFS 上的一个文件，如其名字所表示的，所有写操作都先保证将数据写入这个 Log 文件后，才会真正更新 MemStore，最后写入 HFile 中。

（2）BlockCache

BlockCache 是一个读缓存。HBase 将数据预读取到内存中，以提升读的性能。

（3）HRegion

HRegion 是一个表中的一个 Region 在一个 HRegionServer 中的表达。一个表可以有一个或多个 Region，它们可以在一个相同的 HRegionServer 上，也可以分布在不同的 HRegionServer 上。一个 HRegionServer 可以有多个 HRegion，他们分别属于不同的表。

HRegion 的内部结构如图 6-8 所示。它由多个 Store 构成，每个 Store 对应了一个表在这个 HRegion 中的一个 Column Family（列族），即每个 Column Family 就是一个集中的存储单元，因而最好将具有相近 IO 特性的 Column 存储在一个 Column Family，以实现高效读取（可以提高缓存的命中率）。Store 是 HBase 中存储的核心，它实现了读写 HDFS 的功能，一个 Store 由一个 MemStore 和 0 个或多个 StoreFile 组成。

MemStore 是一个写缓存（In Memory Sorted Buffer）。所有要写的数据在完成写 WAL 日志后，会写入 MemStore 中，由 MemStore 根据一定的算法将数据 Flush 到底层 HDFS 文件中（HFile）。通常每个 HRegion 中的每个 Column Family 有一个自己的 MemStore。

HFile（StoreFile）用于存储 HBase 的数据（单元格/KeyValue）。在 HFile 中的数据是按 RowKey、Column Family、Column 排序，对相同的 Cell（即这 3 个值都一样），则按 Timestamp 倒序排列。

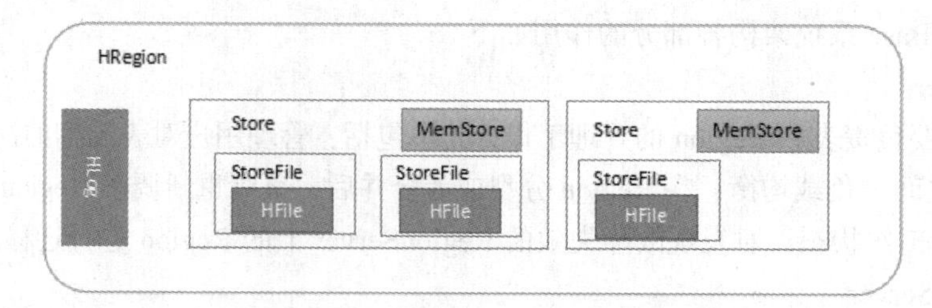

图 6-8　HRegion 内部结构

3. HBase 的读写流程

（1）Region 的定位

先从 ZooKeeper（节点路径是：/hbase/meta-region-server）中获取“.META.”表的位置（HRegionServer 的位置），缓存该位置信息。

从 HRegionServer 中查询用户表对应请求的 RowKey 所在的 HRegionServer，缓存该位置信息。

从查询到的 HRegionServer 中读取 Row。

说明：

HBase 0.96 版本之前内置两张表“.META.”、“-ROOT-”。

“.META.”记录了用户表的 Region 信息，“.META.”可以有多个 Regoin。

“-ROOT-”记录了“.META.”表的 Region 信息。“-ROOT-”只有一个 Region。

0.96 版本之后“-ROOT-”表去掉了，只有“.META.”表。

定位到 Region 所对应的 RegionServer，是 HBase 表读写操作的前提。定位 Region 的算法将在下面介绍的“读操作流程”内容中给出。

（2）读操作流程

① Client 访问 ZooKeeper（ZK），获取“.META.”表信息。

② 从“.META.”表查找，获取存放目标数据的 Region 信息，从而找到对应的 RegionServer，如图 6-9 所示。

③ 通过 RegionServer 获取需要查找的数据。

RegionServer 的内存分为 MemStore 和 BlockCache 两部分。MemStore 主要用于写数据，BlockCache 主要用于读数据。读请求先到 MemStore 中查数据，查不到就到 BlockCache 中查，再查不到就会到 StoreFile 上读，并把读的结果放入 BlockCache。

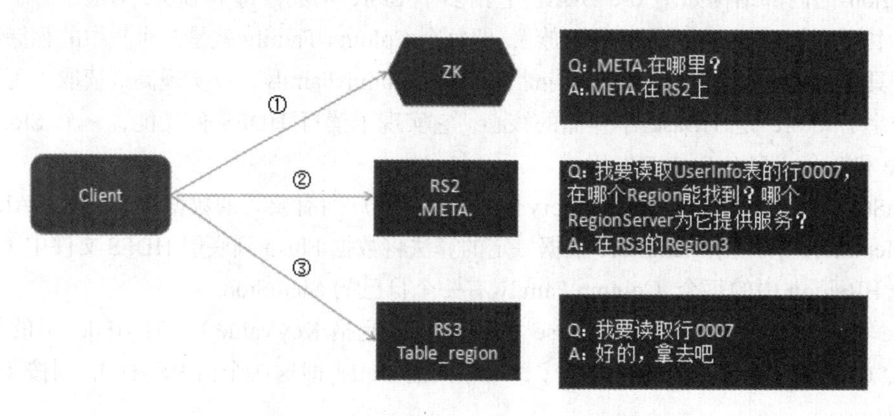

图 6-9　用户数据表定位 Region 的过程

（3）写操作流程

① Client 通过 ZooKeeper 的调度，向 RegionServer 发出写数据请求，在 Region 中写数据。

② 数据被写入 Region 的 MemStore，直到 MemStore 达到预设阈值。

③ 当 MemStore 累计到阈值时，就会创建一个新的 MemStore，并且将旧的 MemStore 添加到 Flush 队列（Flush 的含义是：把缓冲区的内容强制写出），由单独的线程 Flush 到磁盘上，成为一个 StoreFile。与此同时，系统会在 ZooKeeper 中记录一个 CheckPoint，表示这个时刻之前的数据变更已经持久化了。当系统出现意外时，可能导致 MemStore 中的数据丢失，此时使用 HLog 来恢复 CheckPoint 之后的数据。

④ 随着 StoreFile 文件的不断增多，当其数量增长到一定阈值后，触发 Compact（合并）操作，将多个 StoreFile 合并成一个 StoreFile，同时进行版本合并和数据删除。

⑤ StoreFiles 通过不断的 Compact（合并）操作，逐步形成越来越大的 StoreFile。

⑥ 单个 StoreFile 大小超过阈值后，或者达到其他分裂条件，触发分裂（Split）操作，把当前 Region 分裂成 2 个新的 Region。父 Region 会下线，新分裂出的 2 个子 Region 会被 HMaster 分配到相应的 RegionServer 上，使得原先 1 个 Region 上的压力得以分流到 2 个 Region 上。

6.1.6　HBase 的安装

先从 HBase 官方网站获取最新版本的 HBase 安装包。本书以 HBase 1.3.1 为例，下载到的安装包文件名是 hbase-1.3.1-bin.tar.gz。安装前准备包括：

（1）操作系统是 Ubuntu 16.04；

（2）采用的用户名是 hadoop，此用户的 HOME 目录是/home/hadoop；

（3）JDK 已经安装好，安装目录是/home/hadoop/jdk。

Hadoop 的安装可以参考第 2 章的实验 1 “搭建 Hadoop 伪分布式模式环境”，用户名、目录可以根据实际情况调整。

HBase 的安装有本地模式、伪分布式模式、完全分布式模式 3 种。

1．本地模式

本地模式的安装，不需要安装 Hadoop。安装步骤如下。

（1）解压安装包

将 hbase-1.3.1-bin.tar.gz 上传到 Linux 目录下，解压。

```
tar -zxvf hbase-1.3.1-bin.tar.gz -C ~
```

同时，可以创建一个软链接，以方便使用。

```
cd
ln -s hbase-1.3.1 hbase
```

（2）配置环境变量

```
vi  ~/.bashrc
```

在打开文件的末尾添加以下两行代码，保存并退出。

```
export HBASE_HOME=/home/hadoop/hbase
export PATH=$HBASE_HOME/bin:$PATH
```

使环境变量生效，执行下面命令。

```
source ~/.bashrc
```

（3）创建 data 目录

```
cd  ~/hbase
mkdir data
```

（4）修改配置文件 hbase-env.sh

```
cd ~/hbase/conf
vi hbase-env.sh
```

在打开的文件中，找到“# export JAVA_HOME”开头的代码，去掉前面的“#”，修改为

```
export JAVA_HOME=/home/hadoop/jdk
```

（5）修改配置文件 hbase-site.xml

```
cd ~/hbase/conf
vi hbase-site.xml
```

在打开的文件中修改内容如下。

```
<?xml version="1.0"?>
<?xml-stylesheet type="text/xsl" href="configuration.xsl"?>
<configuration>
<property>
  <name>hbase.rootdir</name>
  <value>file:///home/hadoop/hbase/data</value>
</property>
</configuration>
```

（6）启动 HBase

```
start-hbase.sh
```

（7）检查进程

```
jps
```

可以看到只有 HMaster 一个进程（另一个进程 Jps 表示当前运行的命令 jps）。

```
hadoop@node1:~/hbase/conf$ jps
3267 HMaster
3576 Jps
```

2. 伪分布模式

伪分布模式与前面的本地模式的安装类似，差异在 hbase-env.sh 这个配置文件。同时伪分布模式还需要一个重要的前提，已经安装好 Hadoop，而且已经启动。主机已经配置好主机名，这里以 node1 为例。在/etc/hosts 文件下，可以看到如下配置（请根据自己的主机名、IP 正确配置）。

```
192.168.1.51    node1
```

（1）解压安装包

将 hbase-1.3.1-bin.tar.gz 上传到 Linux 目录下，解压。

```
tar -zxvf hbase-1.3.1-bin.tar.gz -C ~
```

同时，可以创建一个软链接，以方便使用。

```
cd
ln -s hbase-1.3.1 hbase
```

（2）配置环境变量

```
vi ~/.bashrc
```

在打开文件的末尾添加以下两行代码，保存并退出。

```
export HBASE_HOME=/home/hadoop/hbase
export PATH=$HBASE_HOME/bin:$PATH
```

使环境变量生效，执行下面命令。

```
source ~/.bashrc
```

（3）修改配置文件 hbase-env.sh

```
cd ~/hbase/conf
vi hbase-env.sh
```

在打开的文件中，找到“# export JAVA_HOME”开头的代码，去掉前面的“#”，修改为

```
export JAVA_HOME=/home/hadoop/jdk
```

另外，找到“# export HBASE_MANAGES_ZK”开头的代码，去掉前面的“#”，修改为

```
export HBASE_MANAGES_ZK=true
```

（4）再修改配置文件 hbase-site.xml

```
vi  hbase-site.xml
```

在打开的文件中修改内容（node1 表示主机名，可以修改为 IP 或实际的主机名）如下。

```
<?xml version="1.0"?>
<?xml-stylesheet type="text/xsl" href="configuration.xsl"?>
<configuration>
<!--HBase 的数据保存在 HDFS 对应目录下-->
<property>
  <name>hbase.rootdir</name>
  <value>hdfs://node1:8020/hbase</value>
</property>
<!--是否是分布式环境-->
<property>
  <name>hbase.cluster.distributed</name>
  <value>true</value>
</property>
<!--配置 ZK 的地址-->
<property>
  <name>hbase.zookeeper.quorum</name>
  <value>node1</value>
</property>

<!--冗余度-->
<property>
  <name>dfs.replication</name>
  <value>1</value>
</property>
</configuration>
```

（5）修改配置文件 regionservers

```
vi  regionservers
```

在打开的文件中，将里面的内容修改为

```
node1
```

（6）启动 hbase

```
start-hbase.sh
```

（7）检查进程

```
jps
```

可以看到，除了有 Hadoop 的进程，还有 HBase 的两个进程 HMaster、HRegionServer。

```
hadoop@node1:~/hbase/data$ jps
3840 DataNode
5248 HRegionServer
4002 SecondaryNameNode
4212 ResourceManager
5111 HMaster
5304 Jps
5051 HQuorumPeer
4333 NodeManager
```

```
3725 NameNode
```

3. 完全分布式模式

搭建完全分布式模式需要多台主机，这里做一个简单规划。

HMaster 是 node1，RegionServer 是 node2、node3。

查看这 3 台主机的/etc/hosts/文件，可以看到如下内容。

```
hadoop@node1:~/hbase/conf$ cat /etc/hosts
127.0.0.1    localhost
# The following lines are desirable for IPv6 capable hosts
::1    localhost ip6-localhost ip6-loopback
ff02::1 ip6-allnodes
ff02::2 ip6-allrouters

192.168.1.51    node1
192.168.1.52    node2
192.168.1.53    node3
```

每台主机都预先安装好 JDK。

先在第一台主机（这里是 node1）进行如下操作。

（1）解压安装包

将 hbase-1.3.1-bin.tar.gz 上传到 Linux 目录下，解压。

```
tar -zxvf hbase-1.3.1-bin.tar.gz -C ~
```

同时，可以创建一个软链接，以方便使用。

```
cd
ln -s hbase-1.3.1 hbase
```

（2）创建 zookeeper 数据目录

```
cd ~/hbase
mkdir zookeeper
```

（3）配置环境变量

```
vi  ~/.bashrc
```

在打开文件的末尾添加以下两行代码，保存并退出。

```
export HBASE_HOME=/home/hadoop/hbase
export PATH=$HBASE_HOME/bin:$PATH
```

使环境变量生效，执行下面命令。

```
source ~/.bashrc
```

（4）修改配置文件 hbase-env.sh

```
cd  ~/hbase/conf
vi hbase-env.sh
```

（5）去掉文件适当位置的“#”

在打开的文件中，找到“# export JAVA_HOME”开头的代码，去掉前面的“#”，修改为

```
export JAVA_HOME=/home/hadoop/jdk
```

另外，找到“# export HBASE_MANAGES_ZK”开头的代码，去掉前面的“#”，修改为

```
export HBASE_MANAGES_ZK=true
```

（6）再修改配置文件 hbase-site.xml

```
vi  hbase-site.xml
```

在打开的文件中编辑内容（node1 表示主机名，可以修改为 IP 或实际的主机名）。

```
<?xml version="1.0"?>
<?xml-stylesheet type="text/xsl" href="configuration.xsl"?>
```

```
<configuration>
<!--HBase 的数据保存在 HDFS 对应目录下-->
<property>
  <name>hbase.rootdir</name>
  <value>hdfs://node1:8020/hbase</value>
</property>

<!--是否是分布式环境-->
<property>
  <name>hbase.cluster.distributed</name>
  <value>true</value>
</property>
<!--配置 ZK 的地址,3 个节点都启用 ZooKeeper-->
<property>
  <name>hbase.zookeeper.quorum</name>
  <value>node1,node2,node3</value>
</property>
<!--冗余度-->
<property>
  <name>dfs.replication</name>
  <value>2</value>
</property>
<!--主节点和从节点允许的最大时间误差-->
<property>
  <name>hbase.master.maxclockskew</name>
  <value>180000</value>
</property>
<!--zookeeper 数据目录-->
<property>
  <name>hbase.zookeeper.property.dataDir</name>
  <value>/home/hadoop/hbase/zookeeper</value>
</property>
</configuration>
```

（7）修改配置文件 regionservers

```
vi regionservers
```

在打开的文件中，将里面的内容修改为

```
node1
node2
node3
```

在另外两台主机执行上面同样的操作，或在第一台主机执行下面命令，将 hbase 目录复制过去。

```
cd
scp -r hbase-1.3.1 node2:~
scp -r hbase-1.3.1 node3:~
```

同时在其他主机也创建软链接。

```
ssh node2 "ln -s ~/hbase-1.3.1 ~/hbase"
ssh node3 "ln -s ~/hbase-1.3.1 ~/hbase"
```

（8）启动 HBase

在第一台主机上，运行启动命令即可。

```
start-hbase.sh
```

（9）检查进程

```
jps
```

可以看到除了有 Hadoop 的进程，还有 HBase 的两个进程 HMaster、HRegionServer。

6.1.7 访问 HBase

1. 通过 Web 访问

打开网页 IP:16010（IP 根据实际情况修改），可以看到如图 6-10 所示页面。

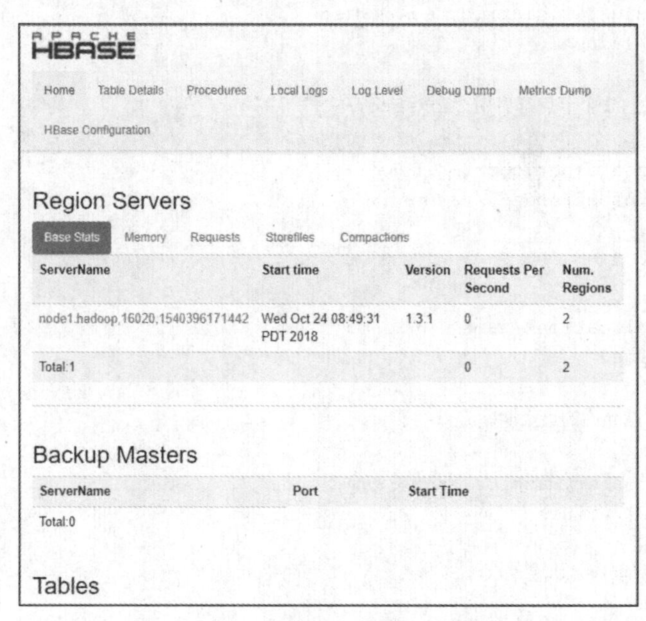

图 6-10 通过 Web 访问 HBase

2. 通过 HBase Shell 访问

常用的 HBase Shell 命令如表 6-6、表 6-7、表 6-8、表 6-9 所示。

表 6-6 HBase Shell 命令——概况

动　　作	命令表达式
查询服务器状态	status
查询 HBase 版本	version
查看有哪些表	list

表 6-7 HBase Shell 命令——对某表操作

动　　作	命令表达式
创建表	create '表名称','列族名称 1','列族名称 2','列族名称 N'
添加一个列族	alter '表名称', '列族名'
删除列族	alter '表名称', {NAME => '列族名称', METHOD => 'delete’ }
启用/禁用这个表	enable/disable '表名称'
是否启用/是否禁用	is_enabled/is_disabled

续表

动　作	命令表达式
删除一张表	先要屏蔽该表，才能删除表，第一步 disable '表名称'　第二步　drop '表名称'
查看表的结构	describe '表名称'
检查表是否存在	exists '表名称'

表 6-8　HBase Shell 命令——增、删、改、查

动　作	命令表达式
添加记录	put '表名称','行键','列族:列名称','值'
删除记录	delete '表名称','行键','列名称'
删除整行的值	deleteall 'member','debugo'
更新记录	就是重写一遍进行覆盖
查看记录	get '表名称','行键'
查看表中记录数	count '表名称'

表 6-9　HBase Shell 命令——搜索

动　作	命令表达式
扫描整张表	scan '表名称'
扫描整个列簇	scan '表名称', {COLUMN=>'列族'}
查看某个表某个列中所有数据	scan '表名称',{COLUMNS=>'列族名:列名称'}
限制查询结果行数 先根据这个 rowkey 定位 region，再向后扫描	scan '表名称', { STARTROW => 'rowkey1', LIMIT=>行数, VERSIONS=>版本数} （也可传入 STOPROW（结束行）、TIMERANGE（限定时间戳范围））
使用等值过滤进行搜索	scan '表名称', FILTER=>"ValueFilter(=,'binary:某值')"
使用值包含子串过滤进行搜索	scan '表名称', FILTER=>"ValueFilter(=,'substring:子串')"
使用列名中的前缀进行搜索	scan '表名称', FILTER=>"ColumnPrefixFilter('某前缀')"
使用 Rowkey 的前缀进行搜索	scan '表名称', FILTER=>"PrefixFilter('某前缀')"

3. 通过 Java API 访问

（1）常用的类

通过 Java API 访问 HBase 会用到以下类，如表 6-10 所示。

表 6-10　“增、删、改、查”相关类

Java 类	HBase 数据模型
HBaseAdmin	数据库（DataBase）
HBaseConfiguration	
HTable	表（Table）
HtableDescriptor	列族（Column Family）
Put	列修饰符（Coolumn Qualifier）

续表

Java 类	HBase 数据模型
Delete	列修饰符（Coolumn Qualifier）
Get	
Scanner	

通过 MapReduce 访问 HBase 会用到以下类，如表 6-11 所示。

表 6-11 MapReduce 相关类

Java 类	HBase 数据模型
TableMapper	继承 TableMapper 实现 Mapper
TableReducer	继承 TableReducer 实现 Reducer

（2）示例

下面的代码分别演示如何采用 Java API 去创建表、插入数据、获取数据、查询数据等。

① 创建表

```
private static void createTable() throws Exception {
        //指定 ZooKeeper 地址，从 ZK 中获取 HMaster 的地址
        Configuration conf = new Configuration();
        conf.set("hbase.zookeeper.quorum", "192.168.1.51");
        //创建一个 HBase 的客户端
        HBaseAdmin client = new HBaseAdmin(conf);
        //创建表：通过表的描述符
        HTableDescriptorhtd=newHTableDescriptor(TableName.valueOf ("student"));
        //列族的信息
        HColumnDescriptor h1 = new HColumnDescriptor("info");
        HColumnDescriptor h2 = new HColumnDescriptor("grade");
        //将列族加入表
        htd.addFamily(h1);
        htd.addFamily(h2);
        //创建表
        client.createTable(htd);
        client.close();
    }
```

② 插入数据

```
//插入单条数据
private static void insertOne() throws Exception{
    Configuration conf = new Configuration();
    conf.set("hbase.zookeeper.quorum", "192.168.1.51");
    //指定表的客户端
    HTable table = new HTable(conf, "student");
    //构造一条数据
    Put put = new Put(Bytes.toBytes("stu001"));
    put.addColumn(Bytes.toBytes("info"),        //列族的名字
                  Bytes.toBytes("name"),        //列的名字
                  Bytes.toBytes("Tom"));        //值
    //插入
    table.put(put);
```

```
        table.close();
    }
```

③ 获取某一条数据

```
    private static void get()throws Exception  {
        Configuration conf = new Configuration();
        conf.set("hbase.zookeeper.quorum", "192.168.1.51");
        //指定表的客户端
        HTable table = new HTable(conf, "student");
        //通过 Get 查询
        Get get = new Get(Bytes.toBytes("stu001"));
        //执行查询
        Result record = table.get(get);
        //输出
        Stringname=Bytes.toString(record.getValue(Bytes.toBytes ("info"), Bytes.toBytes
("name")));
        System.out.println(name);
        table.close();
    }
```

④ 搜索数据

```
    private static void scan()throws Exception  {
        Configuration conf = new Configuration();
        conf.set("hbase.zookeeper.quorum", "192.168.1.51");
        //指定表的客户端
        HTable table = new HTable(conf, "student");
        //创建一个扫描器 Scan
        Scan scanner = new Scan(); //----> 相当于: select * from students;
        //scanner.setFilter(filter)  ----> 过滤器
        //执行查询
        ResultScanner rs = table.getScanner(scanner); //返回 ScannerResult ---> Oracle
中的游标
        for(Result r:rs){
            String name = Bytes.toString(r.getValue(Bytes.toBytes("info"), Bytes.toBytes
("name")));
            String age = Bytes.toString(r.getValue(Bytes.toBytes("info"), Bytes.toBytes
("age")));
            System.out.println(name + "   "+ age);
        }
        table.close();
    }
```

⑤ 删除表格

```
    private static void dropTable() throws IOException {
        Configuration conf = new Configuration();
        conf.set("hbase.zookeeper.quorum", "192.168.1.51");

        //创建一个 HBase 的客户端
        HBaseAdmin client = new HBaseAdmin(conf);
        client.disableTable("student");
        client.deleteTable("student");
        client.close();
    }
```

⑥ 采用 MapReduce 操作 HBase 的数据

Mapper：

```
//                                              k2       v2
public class WordCountMapper extends TableMapper<Text, IntWritable> {
    @Override
    protected void map(ImmutableBytesWritable key, Result value,Context context)
        throws IOException, InterruptedException {
        /*
         * key 相当于行键
         * value 一行记录
         */
        // Hello World
        Stringdata=Bytes.toString(value.getValue(Bytes.toBytes        ("content"),
Bytes.toBytes ("info")));

        String[] words = data.split(" ");
        for(String w:words){
            context.write(new Text(w), new IntWritable(1));
        }
    }
}
```

Reducer：

```
// k3    v3        相当于是 rowkey
public    class    WordCountReducer    extends    TableReducer<Text,    IntWritable,
ImmutableBytesWritable> {
    @Override
    protected void reduce(Text k3, Iterable<IntWritable> v3,Context context)
        throws IOException, InterruptedException {
        int sum = 0;
        for(IntWritable i:v3){
            sum = sum + i.get();
        }
        //输出：表中的一条记录 Put 对象
        //使用单词作为行键
        Put put = new Put(Bytes.toBytes(k3.toString()));
        put.addColumn(Bytes.toBytes("content"),          Bytes.toBytes("count"),
Bytes.toBytes(String.valueOf(sum)));

        //写入 HBase
        context.write(new    ImmutableBytesWritable(Bytes.toBytes(k3.toString())),
put);
    }
}
```

主函数：

```
public class WordCountMain {
    public static void main(String[] args) throws Exception {
        //从 HBase 中读取数据
        Configuration conf = new Configuration();
        conf.set("hbase.zookeeper.quorum", "192.168.1.51");
        //创建任务
        Job job = Job.getInstance(conf);
        job.setJarByClass(WordCountMain.class);
```

```
            //定义一个扫描器读取要处理的数据
            Scan scan = new Scan();
            //指定扫描器扫描的数据
            scan.addColumn(Bytes.toBytes("content"), Bytes.toBytes("info"));
            //指定 Map,输入是表  word
            TableMapReduceUtil.initTableMapperJob("word",scan,WordCountMapper.class,
                    Text.class, IntWritable.class, job);
            //指定 Reduce 输出的表  result
            TableMapReduceUtil.initTableReducerJob("result",  WordCountReducer.class,
job);
            job.waitForCompletion(true);
        }
    }
```

6.2　Hive

Hive 是一个基于 Hadoop 的数据仓库工具，可以用于对 Hadoop 文件中的数据集进行数据整理、特殊查询和分析存储。Hive 的学习门槛比较低，它提供了类似于关系型数据库语言 SQL 的查询工具 HiveQL，用户可以通过 HiveQL 语句快速实现简单的数据统计。Hive 自身可以将 HiveQL 语句转化为 MapReduce 任务进行运行，而不必开发专门的 MapReduce 应用，因而也十分适合数据仓库的统计分析。图 6-11 所示为 Hive 的 Logo。

图 6-11　Hive 的 Logo

6.2.1　安装 Hive

从 Hive 的官方网站下载 Hive。本书采用的 Hive 版本是 2.3.3。安装 Hive 前需要把 JDK 安装好。本书采用的用户名是 hadoop，读者可根据实际情况修改。

Hive 的安装分嵌入、本地、远程三种模式，如图 6-12 所示。

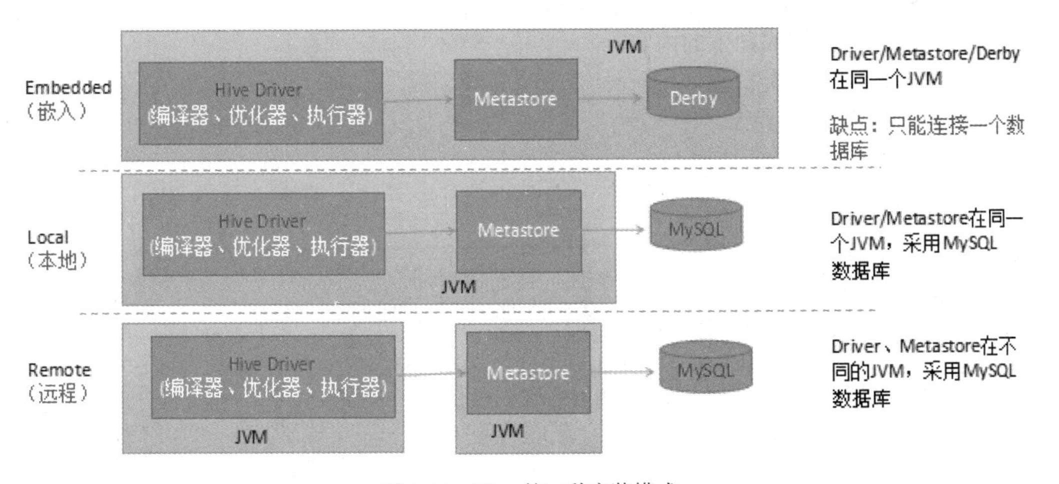

图 6-12　Hive 的三种安装模式

表 6-12 为 Metastore 的配置属性。

表 6-12 Metastore 的配置属性

属性名称	类型	默认值	描述
hive.metastore.warehouse.dir	URI	/usr/hive/warehouse	相对于 fs.default.name 的目录，托管表就存储在这里
hive.metastore.uris	逗号分隔的 URI	未设定	如果未设置（默认值），则使用当前的 metastore，否则连接到由 URI 列表指定要连接的远程 metastore 服务器。如果有多个远程服务器，则客户端便以轮询方式连接
javax.jdo.option.ConnectionURL	URI	jdbc:derby:;databaseName=metastore_db;create=true	JDBC URL，MySQL 示例：jdbc:mysql://localhost:3306/hive?useSSL=false
javax.jdo.option.ConnectionDriverName	String	org.apache.derby.jdbc.EmbeddedDriver	JDBC 驱动器的类名
javax.jdo.option.ConnectionUserName	String	APP	JDBC 用户名
javax.jdo.option.ConnectionPassword	String	mine	JDBC 密码

1. 嵌入模式的安装

嵌入模式的特点是不需要 MySQL 数据库的支持，使用 Hive 自带的数据库 Derby。但它只支持一个数据库连接。安装过程如下。

（1）解压 Hive

```
tar -zxvf apache-hive-2.3.3-bin.tar.gz -C ~
```

（2）创建一个软链接以方便使用

```
cd
ln -s apache-hive-2.3.3-bin/ hive
```

（3）设置环境变量

```
vi  ~/.bashrc
```

在打开的文件末尾增加如下的内容。

```
export HIVE_HOME=/home/hadoop/hive
export PATH=$HIVE_HOME/bin:$PATH
```

使环境变量生效。

```
source ~/.bashrc
```

（4）修改配置文件

```
cd ~/hive/conf
vi hive-site.xml
```

在打开的文件中，修改内容如下。

```
<?xml version="1.0" encoding="UTF-8" standalone="no"?>
<?xml-stylesheet type="text/xsl" href="configuration.xsl"?>
<configuration>
<property>
   <name>javax.jdo.option.ConnectionURL</name>
   <value>jdbc:derby:;databaseName=metastore_db;create=true</value>
</property>
<property>
   <name>javax.jdo.option.ConnectionDriverName</name>
```

```
    <value>org.apache.derby.jdbc.EmbeddedDriver</value>
  </property>
  <property>
    <name>hive.metastore.local</name>
    <value>true</value>
  </property>
  <property>
    <name>hive.metastore.warehouse.dir</name>
    <value>file:///home/hadoop/hive/warehouse</value>
  </property>
  </configuration>
```

（5）初始化 Derby 数据库

```
schematool -dbType derby -initSchema
```

2. 本地模式的安装

本地模式需要采用 MySQL 数据库存储数据。MySQL 的安装方法这里不再介绍，请参考相关文档。

本地模式还需要下载 MySQL 的 JDBC 驱动，且驱动的版本须是 5.1.43 以上，可在 MySQL 官方下载。这里采用的 MySQL 驱动文件名是 mysql-connector-java-5.1.46.jar。安装过程如下。

（1）解压 Hive

```
tar -zxvf apache-hive-2.3.3-bin.tar.gz -C ~
```

（2）创建一个软链接以方便使用

```
cd
ln -s apache-hive-2.3.3-bin/ hive
```

（3）设置环境变量

```
vi  ~/.bashrc
```

在打开的文件末尾增加如下的内容。

```
export HIVE_HOME=/home/hadoop/hive
export PATH=$HIVE_HOME/bin:$PATH
```

使环境变量生效：

```
source ~/.bashrc
```

（4）修改配置文件

```
cd ~/hive/conf
vi hive-site.xml
```

在打开的文件中，修改内容如下。

```
<?xml version="1.0" encoding="UTF-8" standalone="no"?>
<?xml-stylesheet type="text/xsl" href="configuration.xsl"?>
<configuration>
<property>
  <name>javax.jdo.option.ConnectionURL</name>
  <value>jdbc:mysql://localhost:3306/hive?useSSL=false</value>
</property>
<property>
  <name>javax.jdo.option.ConnectionDriverName</name>
  <value>com.mysql.jdbc.Driver</value>
</property>
<property>
  <name>javax.jdo.option.ConnectionUserName</name>
  <value>hive</value>
</property>
<property>
```

```
    <name>javax.jdo.option.ConnectionPassword</name>
    <value>123456</value>
</property>
</configuration>
```

（5）将 MySQL 驱动文件复制到 Hive 安装目录的 lib 下

```
cp mysql-connector-java-5.1.46.jar  ~/hive/lib
```

（6）初始化 MySQL

如果是首次安装，需要执行初始化命令。

```
schematool -dbType mysql -initSchema
```

（7）启动 Hive

确保 Hadoop 已经启动，然后运行下面的命令。

```
hive
```

3. 远程模式的安装

如果有其他主机已经启动了 Metastore 服务（通过命令：hive --service metastore），则参考本地模式的安装步骤，只需参考下面内容修改 hive-site.xml 即可。

```
<?xml version="1.0"?>
<?xml-stylesheet type="text/xsl" href="configuration.xsl"?>
<configuration>
<property>
  <name>hive.metastore.warehouse.dir</name>
  <value>/user/hive/warehouse</value>
</property>
<property>
  <name>hive.metastore.local</name>
  <value>false</value>
</property>
<property>
  <name>hive.metastore.uris</name>
  <value>thrift://192.168.1.188:9083</value>
</property>
</configuration>
```

6.2.2 Hive 的架构与工作原理

1. Hive 的基本结构

Hive 的基本结构如图 6-13 所示。

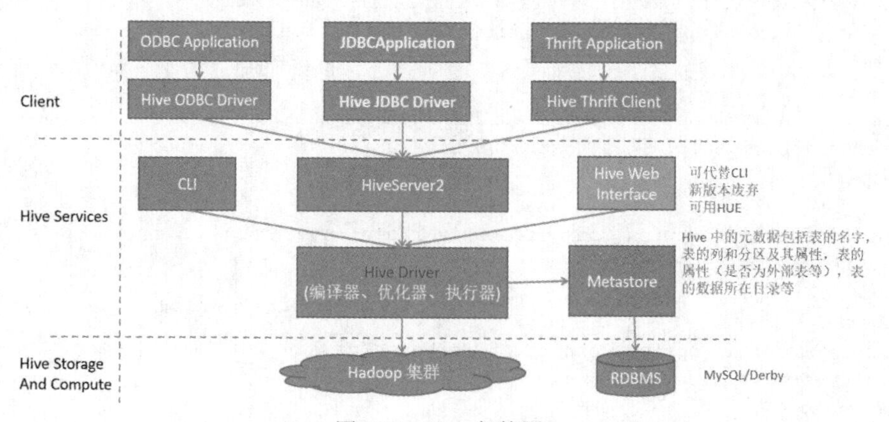

图 6-13　Hive 架构图

如表 6-13 所示，Hive 的基本架构主要包含以下几个部分。

表 6-13　Hive 架构的主要组成部分

单元名称	功　能
CLI	Hive 的命令行接口（shell 环境）
HiveServer2	让 Hive 提供 Thrift 服务，允许用不同语言编写客户端的访问
Hive Web Interface	Hive 的 Web 接口，这个简单的 Web 接口可以替代 CLI，但新版本已经废弃此接口
Metastore	用于保存 Hive 中元数据的服务
RDBMS	可以是 MySQL 或 Derby（嵌入的数据库）
Hive Driver	包含 Hive 编译器、优化器、执行器

2. Hive 的工作原理

Hive 的工作原理如图 6-14 所示。

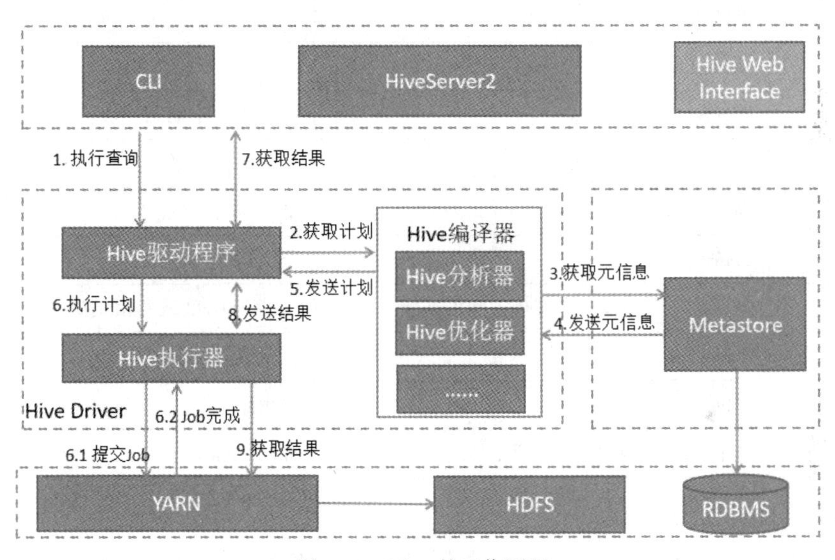

图 6-14　Hive 的工作原理

其工作原理主要分为以下几个步骤。

（1）执行查询：CLI、HiveServer2 或 Hive Web Interface 调用 Hive 驱动程序执行查询。

（2）获取计划：Hive 驱动程序为查询创建一个会话器，并将查询请求发送给 Hive 编译器以生成执行计划。

（3）获取元信息：编译器从 Metastore 获取必要的元信息。

（4）发送元信息：Metastore 发送元数据给编译器。

（5）发送执行计划：Hive 编译器检查要求，并重新发送计划给 Hive 驱动程序，到此为止，查询解析和编译完成。

（6）提交 Job：Hive 驱动程序向 Hadoop 提交 Job，并等待 Job 完成。由于 Hadoop 2.0 采用的是 MapReduce 2，所以 MapReduce 是运行在 YARN 之上的。

（7）获取结果：CLI、HiveServer2 或 Hive Web Interface 向 Hive 驱动程序获取结果。

（8）查询和发送结果：Hive 驱动程序向 Hive 执行器请求获取结果。

（9）获取结果：Hive 执行器向 YARN 请求获取 Job 的运行结果，运行结果返回给 Hive 驱动程序，最终返回给 CLI、HiveServer2 或 Hive Web Interface。

3. Hive 与传统数据库的比较

Hive 的设计目的是为了让那些精通 SQL 技能的分析师能够对存放在 HDFS 上的大规模数据集进行查询，所以 Hive 在很多方面和传统数据库类似（例如支持 SQL 接口），但是其底层对 HDFS 和 MapReduce 的依赖意味着它的体系结构有别于传统数据库，而这些区别又制约着 Hive 所支持的特性，进而影响着它的使用方法。表 6-14 列出了 Hive 与传统 RDBMS 的差异。

表 6-14　Hive 与传统 RDBMS 的对比

对比内容	Hive	RDBMS（关系数据库）
ANSI SQL	不完全支持	支持
更新	INSERT OVERWRITE\INTO TABLE	UPDATE\INSERT\DELETE
事务	不支持	支持
索引	支持	支持
数据模式	读时模式	写时模式
数据保存	HDFS	块设备、本地文件系统
数据规模	大	小
延时	高	低
多表插入	支持	不支持
连接	内连接、外连接、半连接、映射连接	支持 SQL92 或变相支持
子查询	只能用在 From 子句中	完全支持
视图	只读	可更新
函数扩展	MapReduce 脚本	存储过程

（1）SQL 与 HiveQL 的区别

Hive 的 SQL 一般被称为 HiveQL，以下简称 HQL。HQL 并不完全支持 SQL92 标准，此外 HQL 还有一些 SQL92 标准之外没有的功能，尤其是一些 MapReduce 特性所带来的功能。

（2）表模式：读时模式/写时模式

表模式分读时模式（Schema on Read）和写时模式（Schema on Write）。写时模式是指数据是在写入数据库时对照模式进行检查，写时模式有利于提升查询性能。传统数据库采用写时模式。读时模式是指对数据的验证并不在加载数据时进行，而在查询时进行，优点是可以使数据加载非常迅速。Hive 采用的是读时模式。

（3）更新、索引

和传统数据库相比，Hive 不支持更新（或删除），但支持 INSERT INTO，可以在现有表中增加新的行。HBase 在 0.7.0 之后才支持索引，采用索引，在某情情况下可以提高查询速度。

（4）连接、子查询

Hive 支持内连接，外连接，但只支持连接条件中使用等号（也即只支持等值连接），也就是谓词中只能使用等号。Hive 不支持 IN 条件查询，但可以用半连接来达到同样的效果。如果有一个连接表小到足以放入内存，在 Hive 中使用 MapJoin 把较小的表放入每个 Mapper 端的内存来执行连接，就可以避免使用 Reducer。

子查询是内嵌在另一个 SQL 语句中的 SELECT 语句，但 Hive 对子查询的支持有限。它只允许子查询出现在 SELECT 语句的 FROM 子句中。其他数据库允许子查询出现在几乎任何表达式可以出现的地方（如待取的列或者 WHERE 子句中）。

（5）视图

视图用一种不同于磁盘实际存储的形式把数据呈现出来。现有表中的数据常需要以一种特殊的方式进行简化和聚集以便后期处理。视图可以用来限制用户，使其只能访问被授权的、可以看到的表的一部分。在 Hive 中，创建视图并不会把视图物化（materialize）到磁盘上。相反，视图的 SELECT 语句只是在执行引用视图的语句时才被执行。如果一个视图要对基础表进行大规模变换，或视图的查询会频繁执行，则更适合新建一个临时表。

（6）自定义函数

UDF（User-Defined Function），即用户自定义函数。传统数据库在存储过程中实现自定义函数，而 Hive 则需要用 Java 进行编程的方式来实现。

6.2.3 Hive 的数据类型与存储格式

1. Hive 的数据类型

Hive 的数据类型可以分为基础数据类型、复杂数据类型两大类。

（1）基础数据类型

基础数据类型分为如下 4 类。

数值型：TINYINT、SMALLINT、INT、BIGINT、FLOAT、DOUBLE、DECIMAL。

日期型：TIMESTAMP、DATE。

字符型：STRING、CHAR、VARCHAR。

其他：BOOLEAN、BINARY。

表 6-15 对这些基础数据类型进行了简单说明。

表 6-15 Hive 的基础数据类型

数据类型	说明（范围）	例　子
TINYINT	1byte 有符号整数（–128~127）	20
SMALLINT	2byte 有符号整数（–32768 ~ 32767）	20
INT（INTEGER）	4byte 有符号整数（–2147483648~2147483647）	20
BIGINT	8byte 有符号整数（–9223372036854775808 ~9223372036854775807）	20
BOOLEAN	布尔类型（true/false）	TRUE
FLOAT	4byte 单精度浮点数	3.14
DOUBLE	8byte 双精度浮点数	3.14
STRING	字符序列	'thank you',"I am fine"
BINARY	字节数组	

续表

数据类型	说明（范围）	例　子
TIMESTAMP	整数浮点数或字符串	
DECIMAL	任意精度有符号小数	decimal(3,1)，3 表示数字的长度，1 表示小数点后的位数，表示范围为 99.9 ~ –99.9
VARCHAR	长度介于 1 ~ 65355 之间的字符串	"hello"
CHAR	固定长度 255 的字符串	"hello"
DATE	YYYY-MM-DD 日期格式（'0000-01-01' ~ '9999-12-31'）	'2013-01-01'

下面对各种类型进行解释。

① 整数类型

默认情况下，整数类型为 INT 型。当数值大于 INT 型的范围时，会自动解释执行为 BIGINT。也可以按需要显式指定整型数据的类型，例如，TINYINT 类型需要添加后缀 Y，SMALLINT 类型需要指定后缀 S，BIGINT 类型需要指定后缀 L。

② 小数类型

小数类型（DECIMAL）实现了 Java 的 BigDecimal，BigDecimal 在 Java 中用于表示任意精度的小数类型。Hive 中的所有常规数值运算（如+、–、*、/）都支持 DECIMAL。DECIMAL 类型数据和其他数值类型数据可互相转换，且支持科学计数法（4.004E + 3）和非科学计数法（4004）。从 Hive 0.13 开始，使用 Decimal(precision, scale)语法在创建表时需定义 DECIMAL 数据类型的 precision 和 scale。precision 表示数值长度，若未指定则默认为 10，scale 表示小数位长度，若未指定则默认为 0。

③ STRING 类型

字符串文字可以用单引号（'）或双引号（"）表示为 STRING 类型。Hive 在字符串中使用 C 语言风格的转义。

④ VARCHAR 类型

VARCHAR 类型使用长度说明符（介于 1 ~ 65355）创建，它定义字符串中允许的最长字符数。如果要转换或分配给 VARCHAR 的字符串值超过长度说明符，则字符串将被截断。

⑤ CHAR 类型

CHAR 类型与 VARCHAR 类型类似，但 CHAR 类型是固定长度的，意味着比指定长度值（255）短的值用空格填充，它的最大长度固定为 255。

⑥ TIMESTAMP 类型

Hive 支持传统的 UNIX 时间戳和可选的纳秒精度。TIMESTAMP 的值可以是整数，也就是距离 UNIX 新纪元时间（1970 年 1 月 1 日，午夜 12 点）的秒数；也可以是浮点数，即距离 UNIX 新纪元时间的秒数，精确到纳秒（小数点后保留 9 位数）；还可以是字符串，即 JDBC 所约定的时间字符串格式，格式为 YYYY-MM-DD hh:mm:ss.fffffffff。TIMESTAMP 表示的是 UTC 时间（协调世界时间，又称世界标准时间或世界协调时间）。Hive 本身提供了不同时区间互相转换的内置函数，也就是 to_utc_timestamp 函数和 from_utc_timestamp 函数。

⑦ DATE 类型

DATE 类型描述特定的年/月/日，格式为 YYYY-MM-DD，例如 2018-01-01。DATE 类型没有时间组件。Date 类型支持的值范围是 0000-01-01～9999-12-31。DATE 类型的数据只能在 DATE、TIMESTAMP 或字符串类型之间转换。

⑧ BINARY 数据类型

BINARY 数据类型和很多关系型数据库中的 VARBINARY 数据类型是类似的，但其和 BLOB 数据类型并不相同。因为 BINARY 的列是存储在记录中的，而 BLOB 则不同。BINARY 可以在记录中包含任意字节，这样可以防止 Hive 尝试将其作为数字、字符串等进行解析。如果用户的目标是省略掉每行记录的尾部的话，那么是无需使用 BINARY 数据类型的。如果一个表的表结构指定是 3 列，而实际数据文件每行记录包含有 5 个字段的话，那么在 Hive 中最后 2 列数据将会被省略掉。

（2）复杂数据类型

复杂类型包括 STRUCT、MAP、ARRAY，如表 6-16 所示。这些复杂类型由基础类型组成。

表 6-16　Hive 复杂数据类型

数据类型	描　　述	字面语法示例
STRUCT	和 C 语言中的 struct 或者“对象”类似，都可以通过“.”符号访问元素内容。例如，如果某个列的数据类型是 STRUCT{first STRING, last STRING}，那么第 1 个元素可以通过“字段名.first”来引用	struct('John', 'Doe')
MAP	MAP 是一组键-值对元组集合，使用数组表示法（如['key']）可以访问元素。例如，如果某个列的数据类型是 MAP，其中键->值对是'first' -> 'John' 和 'last' -> 'Doe'，那么可以通过 字段名['last'] 获取值'Doe'	map('first','John', 'last', 'Doe')
ARRAY	数组是一组具有相同类型的变量的集合。这些变量称为数组的元素，每个数组元素都有一个编号，编号从零开始。例如，数组值为['John', 'Doe']，那么第 2 个元素可以通过“数组名[1]”进行引用	ARRAY('John', 'Doe')

2. Hive 的存储格式

Hive 文件通常存储在 HDFS 上，存储格式也是 Hadoop 通用的数据格式，包括以下几类。

（1）TEXTFILE

TEXTFILE 是默认格式，建表时若不指定存储格式，则默认使用这个存储格式，导入数据时会直接把数据文件复制到 HDFS 上不进行处理。该格式下数据不做压缩，磁盘开销大，数据解析开销大。

（2）SequenceFile

SequenceFile 是 Hadoop API 提供的一种二进制文件，它将数据以<key,value>的形式序列化到文件中。这种二进制文件内部使用 Hadoop 的标准 Writable 接口实现序列化和反序列化。它与 Hadoop API 中的 MapFile 是互相兼容的。Hive 中的 SequenceFile 继承自 Hadoop API 的 SequenceFile，不过它的 key 为空，使用 value 存放实际的值，这样是为了避免 MapReduce 在运行 Map 阶段进行排序。SequenceFile 支持三种压缩选择（NONE、RECORD、BLOCK）。RECORD 压缩率低，一般建议使用 BLOCK 压缩。

（3）RCFile

RCFile 是 Hive 推出的一种专门面向列的数据格式。它遵循“先按列划分，再垂直划分”的设计理念。当查询过程中，遇到它并不关心的列时，它会在 I/O 上跳过这些列。RCFile 在 Map 阶段从远端复制时仍然是复制整个数据块，并且复制到本地目录后，RCFile 并不是真正直接跳过不需要的列而跳到需要读取的列。它是通过扫描每一个 row group 的头部定义来实现的，但是在整个 HDFS Block 级别的头部并没有定义每个列从哪个 row group 开始到哪个 row group 结束。所以在读取所有列的情况下，RCFile 的性能反而没有 SequenceFile 高。

（4）ORCFile

ORC（Optimized Row Columnar）文件格式是一种 Hadoop 生态圈中的列式存储格式，也来自 Apache Hive，用于降低 Hadoop 数据存储空间和加速 Hive 查询速度，其对 RCFile 做了一些优化，相比 RCFile 有以下优点。

① 每个 task 只输出单个文件，这样可以减少 NameNode 的负载。

② 支持各种复杂的数据类型。

③ 在文件中存储了一些轻量级的索引数据。

④ 支持基于数据类型的块模式压缩。

⑤ 支持多个互相独立的 RecordReaders 并行读相同的文件。

⑥ 无须扫描 markers 就可以分割文件。

⑦ 绑定读写所需要的内存。

⑧ metadata 的存储是用 Protocol Buffers 的，所以它支持添加和删除一些列。

（5）Parquet

Apache Parquet 最初的设计动机是存储嵌套式数据，比如 Protobuf、thrift、json 等，将这类数据存储成列式格式，以方便对其进行高效压缩和编码，且使用更少的 I/O 操作取出需要的数据。这是 Parquet 相比于 ORC 的优势，它能够透明地将 Protobuf 和 thrift 类型的数据进行列式存储。Protobuf 和 thrift 如今被广泛使用，与 Parquet 进行集成是一件非容易和自然的事情。此外 Parquet 没有太多其他优势，比如它不支持 update 操作（数据写成后不可修改），不支持 ACID 等。

（6）Avro

Avro 是一个数据序列化系统，设计用于支持大批量数据交换的应用。它的主要特点有：支持二进制序列化方式，可以便捷、快速地处理大量数据；动态语言友好，Avro 提供的机制使动态语言可以方便地处理 Avro 数据。

（7）自定义

用户可以通过实现 InputFormat 和 OutputFormat 来自定义输入/输出格式。

3. Hive 文本文件数据编码

逗号分隔值（CSV）或者制表符分隔值（TSV）是两种常用的文本文件格式。Hive 支持这些文件格式。Hive 为了更好地支持大规模数据分析，默认使用了几个很少出现在字段值中的控制字符，而不是逗号与制表符这类常用分隔符，因此用户需要对文本文件中那些不需要作为分隔符处理的逗号或者制表符格外小心。Hive 使用术语 field 来表示替换默认分隔符的字符。表 6-17 列举了 Hive 中默认的记录和字段分隔符。

表 6-17　Hive 中默认的记录和字段分隔符

分 隔 符	描　述
\n	对文本文件来说，每行都是一条记录，因此换行符可以分隔记录
^A（Ctrl+A）	用于分隔字段（列）。在 CREATE TABLE 语句中可以使用八进制编码\001 表示

续表

分隔符	描述
^B	用于分隔 ARRAY 或者 STRUCT 中的元素，或用于 MAP 中键-值对之间的分隔。在 CREATE TABLE 语句中可以使用八进制编码\002 表示
^C	用于 MAP 中键和值之间的分隔。在 CREATE TABLE 语句中可以使用八进制编码\003 表示

当有其他应用程序使用不同的规则写数据时，可以指定使用其他分隔符而不使用这些默认的分隔符，这是非常必要的。下面的表结构创建语句展示了如何明确地指定分隔符。

```
CREATE TABLE employees(
  name STRING,
  salary FLOAT,
  subordinates ARRAY<STRING>,
  deductions MAP<STRING, FLOAT>,
  address STRUCT<street:STRING, city:STRING, state:STRING, zip:INT>
)
ROW FORMAT DELIMITED
FIELDS TERMINATED BY '\001'
COLLECTION ITEMS TERMINATED BY '\002'
MAP KEYS TERMINATED BY '\003'
LINES TERMINATED BY '\n'
STORED AS TEXTFILE;
```

ROW FORMAT DELIMITED 关键字必须写在其他子句（除了 STORED AS…）之前。Hive 目前对于 LINES TERMINATED BY 仅支持字符'\n'，即行分隔符只能为'\n'。

6.2.4 Hive 的数据模型

1. 托管表（内部表）

Hive 托管表也称为内部表，它与数据库中的表在概念上类似。每一个托管表在 Hive 中都有一个相应的目录存储数据，所有的托管表数据（不包括外部表）都保存在这个目录中，删除托管表时，元数据与数据都会被删除。

创建托管表的方法参考如下。

```
CREATE TABLE emp (empno INT,ename STRING,job STRING,mgr INT,hiredate STRING,sal
INT,comm INT,deptno INT);
```

此时默认的分隔符是^A（Ctrl+A）制表符。如果要指定其他分隔符（如下面以“,”为分隔符），参考以下语句。

```
CREATE TABLE emp(empno INT,ename STRING,job STRING,mgr INT,hiredate STRING,sal INT,comm
INT,deptno INT) ROW FORMAT DELIMITED FIELDS TERMINATED BY ',';
```

加载数据到托管表时，Hive 把数据移到仓库目录。对应的仓库目录是 HDFS 上的这个目录——/user/hive/warehouse。有如下两种方式加载数据。

（1）导入 HDFS 的数据

```
LOAD DATA INPATH '/scott/emp.csv' INTO TABLE emp;
```

（2）导入本地 Linux 的数据

```
LOAD DATA LOCAL INPATH '/home/hadoop/temp/emp' INTO TABLE EMP;
```

值得注意的是，上面的源文件“/scott/emp.csv”会被移动到仓库目录，给人的感觉是源文件被删除了；而本地 Linux 的源文件“'/home/hadoop/temp/emp'”则不会被删除。原因是只有源和目标文件在同一个文件系统中移动才会成功。另外，作为特例，如果用了 LOCAL 关键字，Hive 只会把本地文件系统的数据复制到 Hive 的仓库目录（即使它们在同一个文件系统中）。

如果随后要丢弃一个托管表，可使用以下语句。

```
DROP  TABLE emp;
```

这个托管表，包括它的元数据和数据，会被一起删除。在此我们重复强调，因为最初的 LOAD 是一个移动操作，而 DROP 是一个删除操作，所以数据会彻底消失。这就是 Hive 的“托管数据”的含义。

2. 外部表

外部表则指向已经在 HDFS 中存在的数据，可以创建 Partition。它和内部表在元数据的组织上是相同的，而实际数据的存储则有较大的差异，因为外部表加载数据和创建表同时完成，并不会移动到数据仓库目录中，只是与外部数据建立一个链接。当删除一个外部表时，仅删除该链接。

创建外部表时，会多一个“EXTERNAL”标识，示例如下。

```
CREATE EXTERNAL TABLE students_ext(sid INT,sname STRING,age INT)ROW FORMAT DELIMITED FIELDS TERMINATED BY ',' LOCATION '/students';
```

丢弃外部表时，Hive 不会碰数据，而只会删除元数据。

3. 分区表

在 Hive Select 查询中一般会扫描整个表内容，会消耗很多时间做没必要的工作。有时候只需要扫描表中关心的一部分数据，因此建表时引入了 Partition 概念。分区表指的是在创建表时指定的 Partition 的分区空间。

Hive 可以对数据按照某列或者某些列进行分区管理。所谓分区我们可以拿下面的例子进行解释。

当前互联网应用每天都要存储大量的日志文件，几 GB、几十 GB 甚至更大都有可能。存储日志，其中必然有一个属性是日志产生的日期。在产生分区时，就可以按照日志产生的日期列进行划分，把每一天的日志当作一个分区。

将数据组织成分区，主要可以提高数据的查询速度。至于用户存储的每一条记录究竟放到哪个分区，由用户决定，即用户在加载数据的时候必须显式地指定该部分数据放到哪个分区。

实现细节如下。

（1）一个表可以拥有一个或者多个分区，每个分区以文件夹的形式单独存在表文件夹的目录下。

（2）表和列名不区分大小写。

（3）分区以字段的形式在表结构中存在，通过 describe table 命令可以查看到字段的存在，但是该字段不存放实际的数据内容，仅仅是分区的表示（伪列）。

具体语法说明如下。

（1）根据员工的部门号创建分区，代码如下。

```
CREATE TABLE emp_part(empno INT,ename STRING,job STRING,mgr INT,hiredate STRING,sal INT,comm INT) PARTITIONED BY (deptno INT)ROW FORMAT DELIMITED FIELDS TERMINATED BY ',';
```

（2）在分区表中插入数据：指明导入的数据的分区（通过子查询导入数据）。

```
INSERT INTO TABLE emp_part PARTITION(deptno=10) SELECT empno,ename,job,mgr,hiredate,sal,comm FROM emp1 WHERE deptno=10;
INSERT INTO TABLE emp_part PARTITION(deptno=20) SELECT empno,ename,job,mgr,hiredate,sal,comm FROM emp1 WHERE deptno=20;
```

```
insert into table emp_part PARTITION(deptno=30) select empno,ename,job,mgr,hiredate,sal,comm FROM emp1 WHERE deptno=30;
```

可以查看分区的具体情况，使用如下命令。

```
hdfs dfs -ls /user/hive/warehouse/emp_part
```

或者采用 HiveQL。

```
show partitions emp_part;
```

4. 桶

对于每一个表（Table）或者分区，Hive 可以进一步组织成桶，也就是说桶是更为细粒度的数据范围划分。Hive 针对某一列进行桶的组织。Hive 采用对列值哈希，然后除以桶的个数以求余的方式决定该条记录存放在哪个桶当中。

把表（或者分区）组织成桶（Bucket）有如下两个理由。

（1）获得更高的查询处理效率。桶为表加上了额外的结构，Hive 在处理某些查询时能利用这个结构。具体而言，连接两个在（包含连接列的）相同列上划分了桶的表，可以使用 Map 端连接（Map-side join）高效地实现。

（2）使取样（sampling）更高效。在处理大规模数据集时，在开发和修改查询的阶段，如果能在数据集的一小部分数据上试运行查询，会带来很多方便。

桶使用示例如下。

```
set hive.enforce.bucketing = true;
```

创建一个桶，根据员工的职位（job）进行分桶。

```
CREATE TABLE emp_bucket(empno INT,ename STRING,job STRING,mgr INT,hiredate STRING,sal INT,comm INT,deptno INT)CLUSTERED BY (job) INTO 4 BUCKETS ROW FORMAT DELIMITED FIELDS TERMINATED BY ',';
```

通过子查询插入数据。

```
INSERT INTO emp_bucket SELECT * FROM emp;
```

5. 视图

视图是一种由 SELECT 语句定义的虚表（Virtual Table）。视图可以用来以一种不同于磁盘实际存储的形式把数据呈现给用户。视图也可以用来限制用户，使其只能访问被授权可以看到的表的子集。

在 Hive 中，创建视图时并不把视图物化存储到磁盘上。相反，视图的 SELECT 语句只是在执行引用视图的语句时才执行。如果一个视图要对基表进行大规模的变换，或视图的查询会频繁执行，你可以选择新建一个表，并把视图的内容存储到新表中，以此来手工物化它。

例如，用视图查询员工信息的部门名称、员工姓名，代码如下。

```
CREATE VIEW myview AS SELECT dept.dname,emp.ename FROM emp,dept WHERE emp.deptno=dept.deptno;
```

6.2.5　查询数据

这一节介绍如何使用各种形式的 SELECT 语句从 Hive 中检索数据。

1. 普通查询

查询所有的员工信息：

```
SELECT * FROM emp;
```

查询员工信息的员工号、姓名、薪水：

```
SELECT empno,ename,sal FROM emp1;
```

2. 多表查询

多表查询只支持等连接、外连接、左半连接，不支持非相等的 join 条件。

例如，要查看部门名称、员工姓名：

```
SELECT dept.dname,emp.ename FROM emp,dept WHERE emp.deptno=dept.deptno;
```

3. 子查询

Hive 只支持 FROM 和 WHERE 子句中的子查询。

4. 条件函数

“CASE…WHEN…”是标准的 SQL 语句。

例如，要做一个报表，根据职位给员工涨工资。

如果职位是“PRESIDENT”，涨 1000 元；如果职位是“MANAGER”，涨 800 元；其他涨 400 元。把涨前、涨后的薪资显示出来。代码如下。

```
SELECT empno,ename,job,sal,
CASE job WHEN 'PRESIDENT' THEN sal+1000
 WHEN 'MANAGER' THEN sal+800
 ELSE sal+400
END
FROM emp1;
```

6.2.6 用户定义函数

有时要用的查询无法直接使用 Hive 提供的内置函数来表示。通过编写用户定义函数（User-Defined Function，UDF），Hive 可以方便地插入用户写的处理代理并在查询中调用它们。

下面通过两个示例来介绍。

（1）示例一　拼接字符串。

MySQL 中的 CONCAT 函数使用示例如下。

SELECT CONCAT('hello',' world') FROM dual，得到“hello world”。

使用 Hive 的自定义函数实现上述功能的代码如下。

```
package udf;
import org.apache.hadoop.hive.ql.exec.UDF;
public class MyConcatString extends UDF{
    //必须重写一个方法，方法的名字必须叫：evaluate
    public String evaluate(String a,String b){
        return a+"*******"+b;
    }
}
```

（2）示例二　根据员工的薪水，判断薪资的级别。

当 sal<1000 时，薪资级别是 Grade A。

当 1000≤sal<3000 时，薪资级别是 Grade B。

当 sal≥3000 时，薪资级别 Grade C。

使用 Hive 自定义函数实现此功能的代码如下。

```
package udf;
import org.apache.hadoop.hive.ql.exec.UDF;
public class CheckSalaryGrade extends UDF{
    //调用：select 函数(sal) from emp1;
    public String evaluate(String salary){
        int sal = Integer.parseInt(salary);
```

```
        //判断
        if(sal<1000) return "Grade A";
        else if(sal>=1000 && sal<3000) return "Grade B";
        else return "Grade C";
    }
}
```

6.3　Pig

6.3.1　Pig 概述

Pig 是一个数据查询与分析平台，既包含一种探索大规模数据集的脚本语言（适用于在 Hadoop 平台查询大型半结构化数据集），又包括一个执行环境。编写 MapReduce 需要一定的开发经验。Pig 的出现大大简化了常见的工作任务，它在 MapReduce 的基础上创建了更简单的过程语言抽象，为 Hadoop 应用程序提供了一种更加接近结构化查询语言的接口。图 6-15 所示为 Pig 的 Logo。

图 6-15　Pig 的 Logo

Pig 是一个相对简单的语言，它可以执行语句。当我们需要从大量数据集中搜索满足某个给定搜索条件的记录时，采用 Pig 编程要比 MapReduce 编程具有明显的优势，前者只需要编写一个简单的脚本在集群中自动并行处理与分发，而后者则需要编写一个单独的 MapReduce 应用程序。

1. Pig 组件

（1）用于描述数据流的语言——Pig Latin

Pig 提供了一种称为 Pig Latin 的高级语言用于编写数据分析程序。该语言提供了各种操作符，程序员可以利用它们编写自己的用于读取、写入和处理数据的脚本。

（2）用于执行 Pig Latin 程序的执行环境

当前 Pig 有两个执行环境：单 JVM 中的本地执行环境和 Hadoop 集群上的分布式执行环境。Pig 有一个名为 Pig Engine 的组件，它接受 Pig Latin 脚本作为输入，并将这些脚本转换为 MapReduce 作业。

2. Pig 的特点

① 具有丰富的运算符。Pig 提供了许多运算符来执行诸如 join、sort、filer 等操作。

② 易于编程。Pig Latin 与 SQL 类似。Pig 是数据流编程语言，而 SQL 是一种描述型编程语言。Pig 是相对于输入的一步步操作，其中每一步都是对数据的一个简单的变换；而 SQL 语句是一个约束的集合，这些约束结合在一起定义了输出。Pig 更像 RDBMS 中的查询规划器。

③ 优化执行。Pig 中的任务自动优化其执行，因此程序员只需要关注语言的语义。并且它支

持在输入数据的一个有代表性的子集上试运行，方便检查程序中的错误。

④ 可扩展性强。使用现有的操作符，用户可以开发自己的功能函数来读取、处理和写入数据。

⑤ 支持用户定义函数。Pig 提供了创建用户定义函数的功能，并且可以调用或嵌入到 Pig 脚本中。

⑥ 处理各种数据。Pig 能分析各种数据，无论是结构化的还是非结构化的，它将结果存储在 HDFS 中。

3. Pig 与 Hive 的比较

Pig 与 Hive 都需要把分析任务翻译成 MapReduce 作业在 Hadoop 上运行。Pig 更偏向是一种能方便使用 MapReduce 进行数据分析的语言。Hive 维护的 Schema（模式）更像是 Hadoop 上的一个关系数据库，因此 Hive 集成了与数据库交互的功能，适用于数据仓库的任务。Pig 相比 Hive 更轻量、更灵活，Hive 也可以看成介于传统 RDBMS 和 Pig 之间的数据处理方式。

在编程方式上，Pig 的编写方式是一种流式编程方式，Hive 则使用类似 SQL 的编程方式。Pig 的语言能和 UDF 及流式操作紧密集成。它的这一特性及其嵌套数据结构，使 Pig Latin 比大多数 SQL 的变种具有更强的定制能力。

Hive 和 Pig 都可以与 HBase 组合使用，这使得在 HBase 上进行数据统计处理变得非常简单。

6.3.2 安装 Pig

从 Pig 官网下载软件，安装过程如下。

（1）解压 Pig

```
tar -zxvf pig-0.17.0.tar.gz -C ~
```

（2）创建一个软链接以方便使用

```
cd
ln -s pig-0.17.0/ pig
```

（3）设置环境变量

```
vi ~/.bashrc
```

在打开文件的末尾增加如下内容。

```
export PIG_HOME=/home/hadoop/pig
export PATH=$PIG_HOME/bin:$PATH
```

使环境变量生效。

```
source ~/.bashrc
```

（4）启动

① 本地模式

若操作的是 Linux 系统下的文件，则运行下面的命令。

```
pig -x local
```

② MapReduce 模式

需要确保已启动 HDFS 和 YARN，再运行下面的命令。

```
pig
```

6.3.3 Pig Latin 编程语言

Pig Latin 程序由一系列的“操作”（operation）或“变换”（transformation）组成。每个操作或变换对输入进行数据处理，并产生输出结果，即每步生成一个新的数据集或“关系”。从整体看这些操作构成一个数据流。

1. 数据类型

Pig Latin 语言有 4 种数值类型（int、long、float、double），它们和 Java 中对应的数值类型相同。此外 Pig Latin 语言还有 bytearray 类型，这类似于二进制对象（blob）的 byte 数组；chararray 类型则类似于 UTF-16 格式文本数据的 java.lang.String。数值、文本与二进制类型都是原子类型。Pig Latin 有 3 种用于表示嵌套结构的复杂类型——元组（tuple）、包（bag）和映射（map）。表 6-18 列出了 Pig Latin 的所有数据类型。Pig Latin 语言不允许在字段中存储布尔表达式的值。

表 6-18　Pig Latin 数据类型

类　型	数据类型	描　述	文字示例
数值	int	32 位有符号整数	1
	long	64 位有符号整数	1L
	float	32 位浮点数	1.0F
	double	64 位浮点数	1
文本	chararray	UTF-16 格式的字符数组	'test'
二进制	bytearray	字节数组	
复杂类型	tuple（元组）	任何格式的字段序列。一个 tuple 相当于 SQL 数据库中的一行。一个元组，可以有但非必须有一个与它对应的模式（schema），用于描述每个字段的名称和类型	('test',123)
	bag（包）	元组的无序多重集合（允许元组重复），一个包可以有但非必须有一个与它对应的模式，用于描述每个元组的名称和字段	{('test',123),(1234)}
	map（映射）	一组键值对，键必须是字符数组，值可以是任何类型的数据	['a'#'value']

Pig Latin 语言读取数据时的模式声明有很大的灵活性，这与传统关系数据库要求在数据加载前必须先声明模式的方式截然不同。设计 Pig 的目的是用它来分析不同数据类型信息的纯文本文件。因此它为字段确定类型的时机要比关系数据库晚。SQL 数据库在加载数据时，会强制检查表模式中的约束，试图将一个字符串加载到声明为数值型的列会失败。而在 Pig 中，如果一个值无法被强制转换为模式中声明的类型，Pig 会用空值 null 替代。

2. 语句

一个 Pig Latin 程序由一组语句构成。一条语句可以理解成一个操作或者一条命令。一条语句通常用分号结束。Pig Latin 有两种注释方法：双减号（表示单行注释）与 C 语言风格的/*和*/（表示注释块的起止）。在 Pig Latin 程序执行时，每条命令按次序进行解析。如果遇到语法或其他错误，解释器会终止运行，并显示错误消息。解释器会给每个关系操作建立一个“逻辑计划”。解释器把为每一条语句创建的逻辑计划加到目前为止已经解析完的程序的逻辑计划上，然后继续处理下一条语句。在构造整个程序的逻辑计划时候，Pig 并不处理数据，以下面的 Pig Latin 程序为例进行说明。

```
    --max_temperature.pig 求每年的最高温度
    records=LOAD'/tmp/table/sample.txt'AS(year:chararray,  temperature:int,  quality:
int);
    filtered_records = FILTER records BY temperature != 9999 AND quality == 1 AND quality
== 2;
    grouped_records = GROUP filtered_records BY year;
    max_temp = FOREACH grouped_records GENERATE group, MAX(filtered_records.temperature);
```

```
DUMP max_temp;
```

当 Pig Latin 解释器看到第一行 LOAD 语句时，首先确认它在语法和语义上是正确的，然后再把这个操作加入逻辑计划。但是，解释器并不真从文件加载数据（甚至不会检查文件是否存在）。因为后续 Pig 到底会如何加载和处理 records 这个数据集，还有哪些转换，我们并不清楚是否真的需要，因此加载操作在整个数据流定义完成之前都是没有意义的。类似地，Pig 验证 GROUP 和 FOREACH…GENERATE 语句，会把它们加入逻辑计划中，但并不会执行它们。让 Pig 开始执行的是 DUMP 语句，此时逻辑计划被编译成物理计划去执行。

Pig 的物理计划是一系列的 MapReduce 作业。在本地模式下，这些作业在本地 JVM 中运行；在 MapReduce 模式下，会在 Hadoop 集群上运行。表 6-19 概括了能作为 Pig 逻辑计划一部分的关系操作。

表 6-19　　　　Pig 关系操作

类　型	操　作	描　述
加载与存储	LOAD	将数据从文件系统加载，存入关系
	STORE	将一个关系表存放到文件系统
	DUMP	将关系打印到控制台
过滤	FILTER	从关系中过滤掉不需要的行
	DISTINCT	从关系中删除重复的行
	FOREACH…GENERATE	对关系的每个元素，生成或删除字段
	STREAM	使用外部的程序对关系进行流式变换
	SAMPLE	从关系中随即取样
分组与连接	JOIN	连接两个或者多个关系
	COGROUP	在两个或多个关系中对数据进行分组
	GROUP	在一个关系中对数据进行分组
	CROSS	获取两个或多个关系的乘积
排序	ORDER	根据一个或多个字段对关系进行排序
	LIMIT	将关系的元素个数限定在一定数量内
合并与分割	UNION	合并两个或多个关系
	SPLIT	把某一个关系切分成多个关系

有些种类的语句并不会被加入到逻辑计划，如诊断操作（DESCRIBE、EXPLAIN 和 ILLUSTRATE）。为了在 Pig 脚本中使用宏和用户自定义函数，Pig Latin 提供了 REGISTER、DEFINE 和 IMPORT 三条命令。这些命令因为不处理关系，所以它们不会被加入逻辑计划而是被立刻执行。

Pig Latin 缺少原生的控制流语句。如果需要写条件逻辑或循环结构的程序，可以把 Pig Latin 嵌入其他语言中，如 Python 或 Java，由这些语言来管理控制流。

3. 表达式

运用表达式会产生值。在 Pig 中，表达式可以作为包含关系运算的语句的一部分。Pig 具有丰富的表达式类型，很多表达式和其他编程语言的表达式类似。表 6-20 为 Pig 的部分表达式。

表 6-20 Pig 的部分表达式

类型	表达式	描述	示例
常数	字面量	常量值	1.0、'abc'
字段	$n	第 *n* 个字段	$0
	f	字段名 f	year
	r::f	分组或连接关系 r 中的名为 f 的字段	A::year
投影	c.$n、c.f	在关系、包或元祖中的字段	records.$0、records.year
map 查找	m#k	在映射 m 中键 k 对应的值	items#'key'
类型转换	(t)f	字段 f 强制转换为类型 t	(int)year
算数	x+y、x–y	加法和减法	$1+$2、$1–$2
	x*y、x/y	乘法和除法	$1*$2、$1/$2
	–x、+x	负和正	–1、+1
条件	x?y:z	三目运算	quality==0 ? 1:0
比较	x==y、x!=y	相等和不等	quality==0、apples != 5
	x>y、x<y	大于和小于	quality >0、quality < 2
	x matches y	正则表达式匹配	quality matches '[012abc]+'
	x is null	是空值	apple is null
	x is not null	不是空值	apple is not null
布尔型	x or y	逻辑或	a == 0 or b == 1
	x and y	逻辑与	a == 0 and b == 1
	not x	逻辑非	not q == 1
函数型	fn(p1,p2)	在 p1、p2 字段上应用函数 fn	isGood(quality)
平面化	FLATTEN(f)	从包和元组中去除嵌套	flatten(group)

4. 函数

Pig 的函数有如下 4 种类型。

（1）计算函数

计算函数获取一个或多个数值作为输入，并返回一个计算的结果值。例如，输入一个包，使用 MAX 函数返回这个包内所有项的最大值。MAX 是一种“聚合函数”（aggregate function），这类计算函数作用于数据“包”，并产生一个标量值（scalar value）。

（2）过滤函数

过滤函数是一类特殊的计算函数。这类函数返回的是逻辑布尔值。过滤函数被 FILTER 操作用于去除不需要的行。

（3）加载函数

加载函数指定从外部存储加载数据到一个关系。

（4）存储函数

存储函数指定如何把一个关系中的内容存到外部存储。通常，加载和存储有相同的执行类型。例如，PigStorage 从分割的文本文件中加载数据，也能以相同的格式存储数据。

Pig 有很多内置函数，表 6-21 列出其中的一部分。内置函数包括很多标准数学函数和字符串函数。

表 6-21　　Pig 的部分内置函数

类　型	函数名称	描　述
聚合函数	AVG	计算包中的平均值
	CONCAT	把两个字节数组或字符数组拼接成一个
	COUNT	计算一个包中非空值的项个数
	COUNT_STAR	计算一个包中所有的项个数
	DIFF	计算两个包的差。如果两个参数不是包，那么如果它们相同，则返回一个包含这两个参数的包，否则返回一个空的包
	MAX	计算一个包中项的最大值
	MIN	计算一个包中项的最小值
	SIZE	计算一个类型的大小，数值类型大小是 1，字节、字符数组大小是数组长度，对于容器（元组、包、映射），返回其项的个数
	SUM	计算一个包中项的总和
	TOP	计算包中最前面的 *n* 个元组
	TOKENIZE	对一个字符数组进行解析，并把结果放入一个包
	TOMAP	将偶数个表达式转换为一个键-值对的映射
	TOTUPLE	将一个或多个表达式转换为一个元组
映射函数	ABS	求绝对值
	TAN	求正切
	ATAN	求反正切
	SQRT	开根号
	EXP	求 e 为底的幂
	REGEX_EXTRACT	找到匹配正则的所有部分作为一个元组返回
	STRSPLIT	字符串按空格分隔，返回包含一个字段的元组
	INDEX_OF	在输入字段中，查找特定字段，返回其出现的第一个位置，无则返回-1
过滤	IsEmpty	判断一个包或者映射是否为空
加载与存储	PigStorage	用字段分隔以文本格式加载或存储的关系
	BinStorage	从二进制文件加载一个关系或把关系存入二进制文件中
	TextLoader	以纯文本格式加载一个关系，每行对应一个元组，每个元组只包含一个字段，即该行文本
	JsonLoader、JsonStorage	以 JSON 格式加载关系，或将关系存储为 JSON 格式，每个元组存储为一行
	HBaseStorage	从 HBase 表中加载关系或将关系存入 HBase 表中

更多的函数请参考 Piggy Bank，这是一个 Pig 社区共享的 Pig 函数库。如果 Piggy Bank 也没有足够的函数，Pig 同样允许用户自行实现函数接口，即 UDF。

6.3.4　Pig 代码实例

本节通过一个例子来介绍 Pig 代码。依然采用两张经典的数据表：职工信息表和部门信息表，两张表的数据如表 6-22、表 6-23 所示。注意：表中的第一行是表的字段定义。

表 6-22　　职工信息表

EMPNO	ENAME	JOB	MGR	HIREDATE	SAL	COMM	DEPTNO
7369	SMITH	CLERK	7902	1980-12-17	800		20
7499	ALLEN	SALESMAN	7698	1981-02-20	1600	300	30
7521	WARD	SALESMAN	7698	1981-02-22	1250	500	30
7566	JONES	MANAGER	7839	1981-04-02	2975		20
7654	MARTIN	SALESMAN	7698	1981-09-28	1250	1400	30
7698	BLAKE	MANAGER	7839	1981-05-01	2850		30
7782	CLARK	MANAGER	7839	1981-06-09	2450		10
7788	SCOTT	ANALYST	7566	1987-04-19	3000		20
7839	KING	PRESIDENT		1981-11-17	5000		10
7844	TURNER	SALESMAN	7698	1981-09-08	1500	0	30
7876	ADAMS	CLERK	7788	1987-05-23	1100		20
7900	JAMES	CLERK	7698	1981-12-03	950		30
7902	FORD	ANALYST	7566	1981-12-03	3000		20
7934	MILLER	CLERK	7782	1982-01-23	1300		10

表 6-23　　部门信息表

DEPTNO	DNAME	LOC
10	ACCOUNTING	NEW YORK
20	RESEARCH	DALLAS
30	SALES	CHICAGO
40	OPERATIONS	BOSTON

职工信息表存放在 HDFS 的“/emp/emp.csv”文件中，部门表存放在 HDFS 的“/emp/dept.csv”文件中，两个文件都是纯文本格式，字段之间以“,”分隔。

以 MapReduce 模式启动 Pig，即运行下面的命令。

```
pig
```

以下命令均是在启动 Pig 后输入的。命令前面的“grunt>”是固定的命令提示符号，在输入命令时不用输入。

（1）从文件导入数据

```
grunt>emp = LOAD '/emp/emp.csv' USING PigStorage(',') AS (empno:int,ename:chararray,job:chararray,mgr:int,hiredate:chararray,sal:int,comm:int,deptno:int);
grunt>dept = LOAD '/emp/dept.csv' using PigStorage(',') AS(deptno:int,dname:chararray,loc:chararray);
```

（2）查询所有职工的信息

```
grunt>DUMP emp;
```

（3）查询前 5 行

```
grunt>emp_limit = LIMIT emp 5;
grunt>DUMP emp_limit;
```

（4）查询员工部分信息（只查询员工号、姓名、工资 3 个字段）

```
grunt>emp3 = FOREACH emp GENERATE empno,ename,sal;
grunt>DUMP emp3;
```

（5）给列取别名

```
grunt>emp_alias = FOREACH emp GENERATE ename AS user_name;
grunt>DUMP emp_alias;
```

（6）排序：查询员工信息，按照薪资排序

```
grunt>emp_order = ORDER emp BY sal ASC;
grunt>DUMP emp_order;
```

（7）条件查询：查询 10 号部门的员工

```
grunt>emp_dept10 = FILTER emp BY deptno==10;
grunt>DUMP emp_dept10;
```

（8）内连接、左连接、右连接、全连接

```
grunt>table_inner_join = JOIN emp BY deptno ,dept BY deptno;
grunt>DUMP table_inner_join;
grunt>table_left_join = JOIN emp BY deptno LEFT OUTER,dept BY deptno;
grunt>DUMP table_left_join;
grunt>table_right_join = JOIN emp BY deptno RIGHT OUTER,dept BY deptno;
grunt>DUMP table_right_join;
grunt>table_full_join = JOIN emp BY deptno FULL OUTER,dept BY deptno;
grunt>DUMP table_full_join;
```

（9）交叉查询

```
grunt>table_cross = CROSS emp,dept;
grunt>DUMP table_cross;
```

（10）分组：求每个部门的最高工资，输出部门号、部门的最高工资

```
grunt> emp_group= GROUP emp BY deptno;
grunt> emp_group_count = FOREACH emp_group_count GENERATE group,MAX(emp.sal);
grunt> DUMP emp_group_count;
```

（11）查询去重：输出不重复的职位

```
grunt> emp_job = FOREACH emp GENERATE job;
grunt> job_distinct = DISTINCT emp_job;
grunt> DUMP job_distinct;
```

（12）集合运算：查询 10 和 20 号部门的员工信息

```
grunt>emp10 = FILTER emp BY deptno==10;
grunt>emp20 = FILTER emp BY deptno==20;
grunt>emp1020 = UNION emp10,emp20;
grunt>DUMP emp1020;
```

（13）执行 WordCount

加载数据：

```
mydata = load '/input/data.txt' as (line:chararray);
```

将字符串分割成单词：

```
words = foreach mydata generate flatten(TOKENIZE(line)) as word;
```

对单词进行分组：

```
grpd = group words by word;
```

统计每组中单词的数量：

```
cntd = foreach grpd generate group,COUNT(words);
```

打印结果：

```
dump cntd;
```

6.3.5　用户自定义函数

什么时候需要用户自定义函数呢？和其他语言一样，当你希望简化程序结构或者需要重用程序代码时，函数就是你的不二选择。

Pig 的用户自定义函数可以用 Java 编写，也可以用 Python 或 Javascript 编写。下面我们以 Java 为例进行介绍。

（1）自定义的运算函数：根据员工的薪水，判断薪水的级别，需要继承 EvalFunc 类。

```
package pig;
import java.io.IOException;
import org.apache.pig.EvalFunc;
import org.apache.pig.data.Tuple;
//根据员工的薪水，判断薪水的级别
//调用 emp2 = foreach emp generate empno,ename,sal,运算函数(sal)
// emp2 = foreach emp generate empno,ename,sal,pig.CheckSalaryGrade(sal);
public class CheckSalaryGrade extends EvalFunc<String>{
    @Override
    public String exec(Tuple tuple) throws IOException {
        // 调用运行函数
        //tuple 传递的参数值
        int sal = (Integer) tuple.get(0);
        if(sal <1000) return "Grade A";
        else if(sal>=1000 && sal<3000) return "Grade B";
        else return "Grade C";
    }
}
```

（2）自定义的过滤函数：查询薪水大于 2000 的员工，需要继承 FilterFunc 类。

```
package pig;
import java.io.IOException;
import org.apache.pig.FilterFunc;
import org.apache.pig.data.Tuple;
//查询薪水大于 2000 的员工
//调用 emp3 = filter emp by 过滤函数(sal)
//  emp3 = filter emp by pig.IsSalaryTooHigh(sal);
public class IsSalaryTooHigh extends FilterFunc {
    @Override
    public Boolean exec(Tuple tuple) throws IOException {
        //取出薪水
        int sal = (Integer) tuple.get(0);
        return sal>2000?true:false;
    }
}
```

（3）自定义的加载函数，需要继承 LoadFunc 类。

```
package pig;
import java.io.IOException;
```

```
import org.apache.hadoop.fs.Path;
import org.apache.hadoop.mapreduce.InputFormat;
import org.apache.hadoop.mapreduce.Job;
import org.apache.hadoop.mapreduce.RecordReader;
import org.apache.hadoop.mapreduce.lib.input.FileInputFormat;
import org.apache.hadoop.mapreduce.lib.input.TextInputFormat;
import org.apache.pig.LoadFunc;
import org.apache.pig.backend.hadoop.executionengine.mapReduceLayer.PigSplit;
import org.apache.pig.data.BagFactory;
import org.apache.pig.data.DataBag;
import org.apache.pig.data.Tuple;
import org.apache.pig.data.TupleFactory;
public class MyLoadFunction extends LoadFunc {
    //定义 HDFS 的输入流
    private RecordReader reader = null;
    @Override
    public InputFormat getInputFormat() throws IOException {
        // 输入数据的数据类型是什么：字符串
        return new TextInputFormat();
    }

    @Override
    public Tuple getNext() throws IOException {
        // 对 reader 中读入的每一行数据进行处理
        //数据： I love Beijing
        //返回结果
        Tuple result = null;
        try{
            //判断是否有数据
            if(!this.reader.nextKeyValue()){
                //没有输入数据
                return result;
            }
            //读入了数据
            String data = this.reader.getCurrentValue().toString();
            //分词操作
            String[] words = data.split(" ");
            //生成返回的 tuple
            result = TupleFactory.getInstance().newTuple();
            //把每个单词单独生成一个 tuple，然后把这些 tuple 放入 bag 中，再把这个 bag 放入 result 中
            //创建一个表
            DataBag bag = BagFactory.getInstance().newDefaultBag();
            for(String w:words){
                //为每个单词生成一个新的 tuple
                Tuple aTuple  = TupleFactory.getInstance().newTuple();
                aTuple.append(w);  //将单词放入 tuple
                //再把这个 tuple 放入 bag
                bag.add(aTuple);
            }
            //再把这个 bag 放入 result 中
            result.append(bag);
```

```
        }catch(Exception ex){
            ex.printStackTrace();
        }
        return result;
    }
    @Override
    public void prepareToRead(RecordReader reader, PigSplit arg1) throws IOException {
        //reader 代表 HDFS 的输入流
        this.reader = reader;
    }
    @Override
    public void setLocation(String path, Job job) throws IOException {
        // 指定 HDFS 的路径
        FileInputFormat.setInputPaths(job, new Path(path));
    }
}
```

习　　题

6-1　HBase 主键的排序方式是什么。HBase 数据结构中单元格的数据类型是什么样的。

6-2　HBase 如何体现“列式”存储。

6-3　HBase 中如何保证 Master 高可用。

6-4　HBase 中读写数据时如何找到相应的 Region。

6-5　Hive 与 HBase 的区别。

6-6　HiveQL 如何避免计算过程中使用到 Reducer。

实验 1　HBase 实验——安装和配置（可选）

【实验名称】安装和配置 HBase

（教师可根据机房条件，选择是否做这个实验）

【实验目的】

掌握 HBase 的本地模式、伪分布式模式、完全分布式模式的安装和配置。

【实验原理】

安装 HBase 分以下 3 种模式：

（1）本地模式（不需要 HDFS，文件保存在 Linux 的文件系统中）；

（2）伪分布模式（需要 HDFS）；

（3）全分布模式（需要 HDFS）。

【实验环境】

操作系统：Ubuntu 16.04。

Hadoop：Hadoop 2.7.3（或其他 2.x 的版本）。

HBase：hbase-1.3.1，安装包名称为 hbase-1.3.1-bin.tar.gz。

操作系统用户名：hadoop（用户名不限定，但建议与安装 Hadoop 的用户名一样）。

JDK：1.8。安装好，且设置好环境变量。假设 JAVA_HOME 是/home/hadoop/jdk。

免密码登录：完全分布式模式的 3 个节点——node1、node2、node3，需要预先设置好免密码登录。

安装 NTP：完全分布式模式的 3 个节点——node1、node2、node3，需要都预先安装 NTP，保证主机时间是一样的。

【实验步骤】

（1）解压安装包到用户 home 目录，并创建软链接

```
tar -zxvf hbase-1.3.1-bin.tar.gz -C ~
cd ~
ln -s hbase-1.3.1 hbase
```

（2）修改环境变量

```
vi ~/.bashrc
```

在文档最后增加如下代码。

```
export HBASE_HOME=/root/training/hbase
export PATH=$HBASE_HOME/bin:$PATH
```

（3）使环境变量生效

```
source ~/.bashrc
```

1. 本地模式

（1）创建目录存放数据

```
cd ~/hbase
mkdir data
```

（2）修改配置文件 hbase-env.sh

```
cd ~/hbase/conf
vi hbase-site.xml
<property>
<name>hbase.rootdir</name>
<value>file:///home/hadoop/hbase/data</value>
</property>
```

（3）启动 HBase

```
start-hbase.sh
```

（4）运行 hbase-shell，做一些测试

```
hbase-shell
```

2. 伪分布模式

注意：由于上面实验已经启动 HBase，用以下命令停止 HBase。

```
stop-hbase.sh
```

（1）修改 hbase-env.sh，使用 HBase 自带的 ZK

```
cd ~/hbase/conf
```

```
vi hbase-env.sh
```

将 HBASE_MANAGES_ZK=true 前面的#去掉

```
export HBASE_MANAGES_ZK=true
```

（2）修改 hbase-site.xml

下面的注释<!---->可以不放在文件中

```
<!--根据自己环境的情况，修改 HBase 的数据，保存在 HDFS 对应目录下-->
<property>
  <name>hbase.rootdir</name>
  <value>hdfs://node1:8020/hbase</value>
</property>

<!--是否是分布式环境-->
<property>
  <name>hbase.cluster.distributed</name>
  <value>true</value>
</property>

<!--配置 ZK 的地址，就是当前主机的 IP 或主机名 -->
<property>
  <name>hbase.zookeeper.quorum</name>
  <value>node1</value>
</property>

<!--冗余度设置为 1-->
<property>
  <name>dfs.replication</name>
  <value>1</value>
</property>
```

（3）修改 regionservers 文件

```
vi regionservers
node1
```

（4）启动 HBase

```
start-hbase.sh
```

（5）运行 hbase-shell，同时可以做一些测试

```
hbase-shell
```

3. 完全分布式模式

采用 3 个节点（node1、node2、node3）做完全分布式模式，node1 作 HMaster，node2、node3 作 RegionServer。

注意：由于上面实验已经启动 HBase，用以下命令停止 HBase。

```
stop-hbase.sh
```

先在节点 1 操作。

（1）修改 hbase-env.sh

```
vi hbase-env.sh
export JAVA_HOME=/home/hadoop/jdk
export HBASE_MANAGES_ZK=true
```

（2）修改 hbase-site.xml

```
vi hbase-site.xml
<!--HBase 的数据保存在 HDFS 对应目录下，node1 为主机名称，请根据自己安装情况修改-->
```

```
<property>
  <name>hbase.rootdir</name>
  <value>hdfs://node1:8020/hbase</value>
</property>

<!--是否是分布式环境-->
<property>
  <name>hbase.cluster.distributed</name>
  <value>true</value>
</property>

<!--配置 ZK 的地址或主机名，默认配为 HMaster 所在的节点，请根据自己安装情况修改-->
<property>
  <name>hbase.zookeeper.quorum</name>
  <value>node1</value>
</property>

<!--冗余度设置，目前采用两个 RegionServer-->
<property>
  <name>dfs.replication</name>
  <value>2</value>
</property>

<!--主节点和从节点允许的最大时间误差-->
<property>
  <name>hbase.master.maxclockskew</name>
  <value>180000</value>
</property>
```

（3）修改 regionservers

```
vi regionservers
node2
node3
```

（4）将 node1 的配置复制到另两台主机 node2、node3

```
cd ~
scp -r hbase-1.3.1/  node2:/home/hadoop
scp -r hbase-1.3.1/  node3:/home/hadoop
```

（5）ssh 登录 node2，创建目录软链接

应保证 JDK 安装路径与配置文件中的/home/hadoop/jdk 一致。

```
ssh node2
ln -s hbase-1.3.1 hbase
exit
```

（6）ssh 登录 node3，创建目录软链接、配置好环境变量

```
ssh node3
ln -s hbase-1.3.1 hbase
exit
```

（7）在 node1 启动 HBase

```
start-hbase.sh
```

（8）运行 HBase shell，同时可以做一些测试

```
hbase shell
```

实验 2　HBase 实验——通过 HBase Shell 访问 HBase（可选）

【实验名称】通过 HBase Shell 访问 HBase

（教师可根据另一门课程 NoSQL 的实验情况，确定是否做此实验）

【实验目的】

掌握 HBase Shell 常用指令的使用方法。

【实验原理】

略。

【实验环境】

HBase 已经搭建好。

【实验步骤】

启动 HBase Shell，运行如下命令：

```
hbase shell
```

再依次执行下面命令。

1. 一般操作

（1）查询服务器状态。

```
status
```

（2）查询 HBase 版本。

```
version
```

（3）查看所有表。

```
list
```

2. 增、删、改

注意：为了避免冲突，下面的表名命名规则为 member + 学号，比如学号 001，表名为 member001。

（1）创建一个表。

```
create 'member001','member_id','address','info'
```

（2）获得表的描述。

```
describe 'member001'
```

（3）添加一个列族。

```
alter 'member001', 'id'
```

（4）添加数据。

在 HBase Shell 中，我们可以通过 put 命令来插入数据。列簇下的列不需要提前创建，在需要时通过:来指定即可。添加数据如下：

```
put 'member001', 'debugo','id','11'
put 'member001', 'debugo','info:age','27'
put 'member001', 'debugo','info:birthday','1991-04-04'
put 'member001', 'debugo','info:industry', 'it'
put 'member001', 'debugo','address:city','Shanghai'
put 'member001', 'debugo','address:country','China'
put 'member001', 'Sariel', 'id', '21'
put 'member001', 'Sariel','info:age', '26'
put 'member001', 'Sariel','info:birthday', '1992-05-09'
put 'member001', 'Sariel','info:industry', 'it'
put 'member001', 'Sariel','address:city', 'Beijing'
put 'member001', 'Sariel','address:country', 'China'
put 'member001', 'Elvis', 'id', '22'
put 'member001', 'Elvis','info:age', '26'
put 'member001', 'Elvis','info:birthday', '1992-09-14'
put 'member001', 'Elvis','info:industry', 'it'
put 'member001', 'Elvis','address:city', 'Beijing'
put 'member001', 'Elvis','address:country', 'china'
```

（5）查看表数据。

```
scan 'member001'
```

（6）删除一个列族。

```
alter 'member001', {NAME => 'member_id', METHOD => 'delete' }
```

（7）删除列。

① 通过delete命令，我们可以删除行键是debugo记录的info:age字段，再用get获取info:age字段的值，会发现已经没有值了，命令如下。

```
delete 'member001','debugo','info:age'
get 'member001','debugo','info:age'
```

② 删除整行的值，用deleteall命令。

```
deleteall 'member001','debugo'
get 'member001','debugo'
```

（8）通过enable和disable来启用/禁用这个表，相应地可以通过is_enabled和is_disabled来检查表是否被启用/禁用。

```
is_enabled 'member001'
is_disabled 'member001'
```

（9）使用exists来检查表是否存在。

```
exists 'member001'
```

（10）删除表前需要先将表disable。

```
disable 'member001'
drop 'member001'
```

3. 查询

（1）查询表中有多少行，用count命令。

```
count 'member001'
```

（2）get命令。

① 获取一个ID的所有数据。

```
get 'member001', 'Sariel'
```

② 获得一个ID下一个列簇（一个列）中的所有数据。

```
get 'member001', 'Sariel', 'info'
```

（3）查询整表数据。

```
scan 'member001'
```

（4）扫描整个列簇。

```
scan 'member001', {COLUMN=>'info'}
```

（5）扫描其中指定的某个列。

```
scan 'member001', {COLUMNS=> 'info:birthday'}
```

（6）除了列（COLUMNS）修饰词外，HBase 还支持 LIMIT（限制查询结果行数）、STARTROW（ROWKEY 为起始行，会先根据这个 KEY 定位到 Region，再向后扫描）、STOPROW（结束行）、TIMERANGE（限定时间戳范围）、VERSIONS（版本数）、FILTER（按条件过滤行）等修饰词。比如我们从 Sariel 这个 ROWKEY 开始，找下一个行的最新版本，代码如下。

```
scan 'member001', { STARTROW => 'Sariel', LIMIT=>1, VERSIONS=>1}
```

（7）FILTER 是一个非常强大的修饰词，可以设定一系列条件来进行过滤。比如我们要限制某个列的值等于 26。

```
scan 'member001', FILTER=>"ValueFilter(=,'binary:26')"
```

值包含 6 这个数字的过滤指令：

```
scan 'member001', FILTER=>"ValueFilter(=,'substring:6')"
```

列名中的前缀为 birth 的过滤指令：

```
scan 'member001', FILTER=>"ColumnPrefixFilter('birth') "
```

FILTER 支持多个过滤条件（通过括号、AND 和 OR 的条件组合）。

```
scan 'member001', FILTER=>"ColumnPrefixFilter('birth') AND ValueFilter ValueFilter(=,'substring:1988')"
```

PrefixFilter 可用于对 ROWKEY 的前缀进行判断，这是一个常用的功能。

```
scan 'member001', FILTER=>"PrefixFilter('E')"
```

实验 3　HBase 实验——通过 Java API 访问 HBase

【实验名称】通过 Java API 访问 HBase

【实验目的】

掌握通过 Java API 访问 HBase 的方法。

【实验原理】

略。

【实验需求】

通过 HBase Java API，实现类似下面 HBase Shell 的操作，可以操作实验 2 的表。

（1）创建一个表，表的命名规则为 emp+个人学号，如下面的 emp001。

```
create 'emp001','member_id','address','info'
```

（2）增加记录。

```
put 'emp001', 'Rain', 'id', '31'
put 'emp001', 'Rain','info:age', '28'
put 'emp001', 'Rain','info:birthday', '1990-05-01'
put 'emp001', 'Rain','info:industry', 'architect'
put 'emp001', 'Rain','address:city', 'ShenZhen'
put 'emp001', 'Rain','address:country', 'China'
```

（3）获取行某列族。

```
get 'emp001', 'Rain', 'info'
```

（4）扫描某列。

```
scan 'emp001', {COLUMNS=> 'info:birthday'}
```

【实验环境】

IDEA/Eclipse+Maven。

Hadoop 2.7.3。

HBase 1.x.x。

【实验步骤】

（1）先获取 hbase-site.xml 的配置。

使用命令 whereis hbase，可以看到 HBase 的配置位于/etc/hbase 下。

```
ua15@desktop:~$ whereis hbase
hbase:  /etc/hbase  /usr/hdp/2.6.1.0-129/hbase/bin/hbase  /usr/hdp/2.6.1.0-129/
hbase/bin/hbase.distro /usr/hdp/2.6.1.0-129/hbase/bin/hbase.cmd
vi /etc/hbase/conf/hbase-site.xml
```

查看 hbase.zookeeper.quorum 的配置（不同的环境，可能有差异）。

```
<property>
    <name>hbase.zookeeper.quorum</name>
    <value>s2.xdata.com,s1.xdata.com</value>
  </property>
```

（2）采用 IDEA/Eclipse 创建一个 Maven 工程。

（3）修改 pom.xml，增加<dependencies></dependencies>、<build></build>节点，具体如下：

```
<dependencies>
     <dependency>
          <groupId>org.apache.hbase</groupId>
          <artifactId>hbase-client</artifactId>
          <version>1.3.1</version>
     </dependency>
     <dependency>
          <groupId>org.apache.hbase</groupId>
          <artifactId>hbase-server</artifactId>
          <version>1.3.1</version>
     </dependency>
</dependencies>

<build>
    <plugins>
     <plugin>
       <groupId>org.apache.maven.plugins</groupId>
```

```
        <artifactId>maven-shade-plugin</artifactId>
        <version>2.4.3</version>
        <executions>
          <execution>
            <phase>package</phase>
            <goals>
              <goal>shade</goal>
            </goals>
            <configuration>
              <transformers>
                <transformer        implementation="org.apache.maven.plugins.shade.
resource.ManifestResourceTransformer">
                <!-- main()所在的类，注意修改 -->
                  <mainClass>com.mystudy.mypro.App</mainClass>
                </transformer>
              </transformers>
            </configuration>
          </execution>
        </executions>
      </plugin>
    </plugins>
  </build>
```

（4）独立开发程序，并注意采用上面的（1）中的配置。

```
conf.set("hbase.zookeeper.quorum", "s2.xdata.com,s1.xdata.com");
```

（5）在 IDEA/Eclipse 中运行。

（6）打包。

```
mvn clean package
```

（7）运行。

（注意：如果上面的表已经存在，需要先在 HBase Shell 中删除）

```
java -jar target/xxx.jar
```

实验 4　HBase 实验——通过 Java API 开发基于 HBase 的 MapReduce 程序

【实验名称】通过 Java API，开发基于 HBase 的 MapReduce 程序

【实验目的】

掌握 MapReduce 操作 HBase 的方法。

【实验原理】

先通过 HBase Shell 创建一张表（表的命名规则是 result+学号，注意将下面的 001 修改为个人的学号），存放结果数据，命令如下：

```
create 'result001','content'
```

写一个 MapReduce 程序，统计实验 3 的表 member001（001 表示学号，根据自己学号修改）的数据，按所在城市（address:city）分组，统计出每个城市的成员个数。并将结果保存到表 result001（001 表示学号，根据自己学号修改）的 content:count 列，行键是城市名称。

【实验环境】

Hadoop 2.7.3。

HBase　1.x.x。

【实验步骤】

（1）先获取 hbase-site.xml 的配置。

使用命令 whereis hbase，可以看到 HBase 的配置位于/etc/hbase 下。

```
ua15@desktop:~$ whereis hbase
hbase:  /etc/hbase  /usr/hdp/2.6.1.0-129/hbase/bin/hbase  /usr/hdp/2.6.1.0-129/
hbase/bin/hbase.distro /usr/hdp/2.6.1.0-129/hbase/bin/hbase.cmd

vi /etc/hbase/conf/hbase-site.xml
```

查看 hbase.zookeeper.quorum 的配置的值（不同的环境，可能有差异）。

```
<property>
     <name>hbase.zookeeper.quorum</name>
     <value>s2.xdata.com,s1.xdata.com</value>
   </property>
```

（2）采用 IDEA/Eclipse 创建一个 Maven 工程。

（3）修改 pom.xml，增加<dependencies></dependencies>、<build></build>节点，具体如下。

```
<dependencies>
    <dependency>
       <groupId>org.apache.hbase</groupId>
       <artifactId>hbase-client</artifactId>
       <version>1.3.1</version>
    </dependency>
    <dependency>
       <groupId>org.apache.hbase</groupId>
       <artifactId>hbase-server</artifactId>
       <version>1.3.1</version>
    </dependency>
</dependencies>

<build>
    <plugins>
      <plugin>
        <groupId>org.apache.maven.plugins</groupId>
        <artifactId>maven-shade-plugin</artifactId>
        <version>2.4.3</version>
        <executions>
          <execution>
            <phase>package</phase>
            <goals>
              <goal>shade</goal>
            </goals>
            <configuration>
              <transformers>
```

```
                <transformer implementation="org.apache.maven.plugins.shade. resource.
ManifestResourceTransformer">
                <!-- main()所在的类，注意修改 -->
                  <mainClass>com.mystudy.mypro.App</mainClass>
                </transformer>
              </transformers>
            </configuration>
          </execution>
        </executions>
      </plugin>
    </plugins>
  </build>
```

（4）独立开发程序，并注意采用上面的（1）中的配置。

```
conf.set("hbase.zookeeper.quorum", "s2.xdata.com,s1.xdata.com");
```

（5）在 IDEA/Eclipse 中运行。登录 HBase Shell，输入下面命令查看结果。

```
scan 'result001'
```

（6）打包。

```
mvn clean package
```

（7）运行。

```
java -jar target/xxx.jar
```

或用

```
hadoop jar target/xxx.jar
```

实验 5　Hive 实验——Metastore 采用 Local 模式（MySQL 数据库）搭建 Hive 环境（可选）

【实验名称】Metastore 采用 Local 模式（MySQL 数据库）搭建 Hive 环境

【实验目的】

掌握搭建 Hive 环境的方法。

【实验原理】

略。

【实验环境】

Ubuntu 16.04。

Hadoop 2.7.3。

MySQL 5.6 以上，请先安装好。

【实验步骤】

（1）解压 Hive，并创建软链接。

```
tar -zxvf apache-hive-2.3.3-bin.tar.gz -C ~
cd
ln -s apache-hive-2.3.3-bin/ hive
```

（2）设置环境变量。

```
vi ~/.bashrc
export HIVE_HOME=/home/hadoop/hive
export PATH=$HIVE_HOME/bin:$PATH
```

（3）修改 Hive 核心配置文件。

```
vi ~/hive/conf/hive-site.xml
```

根据自己 MySQL 的情况修改下面代码中加粗部分。

```
<?xml version="1.0" encoding="UTF-8" standalone="no"?>
<?xml-stylesheet type="text/xsl" href="configuration.xsl"?>
<configuration>
<property>
   <name>javax.jdo.option.ConnectionURL</name>
   <value>jdbc:mysql://localhost:3306/hive?useSSL=false</value>
</property>

<property>
   <name>javax.jdo.option.ConnectionDriverName</name>
   <value>com.mysql.jdbc.Driver</value>
</property>

<property>
   <name>javax.jdo.option.ConnectionUserName</name>
   <value>hive</value>
</property>

<property>
   <name>javax.jdo.option.ConnectionPassword</name>
   <value>Password_1</value>
</property>

</configuration>
```

（4）将 MySQL 驱动（5.1.43 以上的版本）复制到 lib 目录下。

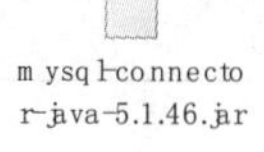

（5）初始化 MySQL。

```
schematool -dbType mysql -initSchema
```

（6）启动。

```
hive
```

实验 6　Hive 实验——Hive 常用操作

【实验名称】Hive 常用操作

【实验目的】

掌握 Hive 常用操作命令的使用方法。

【实验原理】

将数据导入到 Hive，并分析。

【实验环境】

Hadoop 2.7.3。

Hive 2.3.3。

源数据：

emp.csv

dept.csv

【实验步骤】

（1）将实验环境提到的源数据的两张表复制到 HDFS 的某个目录下，如/001/hive，001 表示学号，注意修改。

```
hdfs dfs -mkdir -p /001/hive
hdfs dfs -put dept.csv /001/hive
hdfs dfs -put emp.csv /001/hive
```

（2）创建员工表（emp+学号，如 emp001）。

```
create table emp001(empno int,ename string,job string,mgr int,hiredate string,sal int,comm int,deptno int) row format delimited fields terminated by ',';
```

（3）创建部门表（dept+学号，如 dept001）。

```
create table dept001(deptno int,dname string,loc string) row format delimited fields terminated by ',';
```

（4）导入数据。

```
load data inpath '/001/hive/emp.csv' into table emp001;
load data inpath '/001/hive/dept.csv' into table dept001;
```

（5）根据员工的部门号创建分区，表名为 emp_part+学号，如 emp_part001。

```
create table emp_part001(empno int,ename string,job string,mgr int,hiredate string,sal int,comm int)partitioned by (deptno int) row format delimited fields terminated by ',';
```

向分区表插入数据：指明导入的数据的分区（通过子查询导入数据）。

```
insert into table emp_part001 partition(deptno=10) select empno,ename,job,mgr,hiredate,sal,comm from emp001 where deptno=10;
```

```
insert into table emp_part001 partition(deptno=20) select empno,ename,job,mgr,hiredate,sal,comm from emp001 where deptno=20;
insert into table emp_part001 partition(deptno=30) select empno,ename,job,mgr,hiredate,sal,comm from emp001 where deptno=30;
```

（6）创建一个桶，表名为 emp_bucket+学号，如 emp_bucket001，根据员工的职位（job）进行分桶。

```
create table emp_bucket001(empno int,ename string,job string,mgr int,hiredate string,sal int,comm int,deptno int)clustered by (job) into 4 buckets row format delimited fields terminated by ',';
```

通过子查询插入数据：

```
insert into emp_bucket001 select * from emp001;
```

（7）查询所有的员工信息。

```
select * from emp001;
```

（8）查询员工信息：员工号、姓名、薪水。

```
select empno,ename,sal from emp001;
```

（9）多表查询。

```
select dept001.dname,emp001.ename from emp001,dept001 where emp001.deptno=dept001.deptno;
```

（10）做报表，根据职位给员工涨工资，并把涨前、涨后的薪水显示出来。

PRESIDENT	1000
MANAGER	800
其他	400

```
select empno,ename,job,sal,
case job when 'PRESIDENT' then sal+1000
 when 'MANAGER' then sal+800
 else sal+400
end
from emp001;
```

实验 7　Pig 实验——安装和使用 Pig（可选）

【实验名称】安装和使用 Pig

（检查平台是否有 Pig，如果没有请做此实验）

【实验目的】

了解如何安装 Pig，了解它的启动模式。

【实验原理】

Pig 的常用命令：

```
ls、cd、cat、mkdir、pwd
copyFromLocal、copyToLocal
sh
register、define
```

【实验环境】

Ubuntu 16.04。

Hadoop 2.7.3。

【实验步骤】

（1）解压和设置软链接。

```
tar -zxvf pig-0.17.0.tar.gz -C ~
ln -s  ~/pig-0.17.0  ~/pig
```

（2）设置环境变量。

```
vi ~/.bashrc
```

当前用户名为 hadoop，注意修改下面的 hadoop 为对应的用户名。

```
export PIG_HOME=/home/hadoop/pig
export PATH=$PIG_HOME/bin:$PATH
```

（3）启动 pig。

① 本地模式：操作的是 Linux 的文件。

```
pig -x local
```

② MapReduce 模式：链接到 HDFS 上（YARN 需要启动）。

```
vi ~/.bashrc
```

设置一个环境变量：PIG_CLASSPATH　----> Hadoop 的配置文件所在的目录。

```
export PIG_CLASSPATH=$HADOOP_HOME/etc/hadoop
```

运行：

```
pig
```

（4）使用 pig 命令。

```
ls、cd、cat、mkdir、pwd
copyFromLocal、copyToLocal
sh
```

实验 8　Pig 实验——使用 Pig Latin 操作员工表和部门表

【实验名称】使用 Pig Latin 操作员工表和部门表

【实验目的】

掌握 Pig Latin 常用语句、内置函数的使用方法。

【实验原理】

略。

【实验环境】

pig-0.17.0。

部门表：

dept.csv

职工表：

emp.csv

【实验步骤】

数据准备。把上面实验环境提到的两张表复制到 HDFS 的某个目录下，如/001/pig，001 表示学号，注意修改。

```
hdfs dfs -mkdir -p /001/pig
hdfs dfs -put dept.csv /001/pig
hdfs dfs -put emp.csv /001/pig
```

（1）启动 pig。

（2）加载 HDFS 中的文件，创建员工表、部门表。

```
emp=load'/001/pig/emp.csv' using PigStorage(',') as(empno:int,ename:chararray,
job:chararray,mgr:int,hiredate:chararray,sal:int,comm:int,deptno:int);

dept=load'/scott/dept.csv' using PigStorage(',') as(deptno:int,dname:chararray,
loc:chararray);
```

（3）查询员工信息：员工号、姓名、薪水。

```
SQL:  select empno,ename,sal from emp;
PL:   emp3 = foreach emp generate empno,ename,sal;    ----> 不会触发计算
dump emp3;
```

（4）查询员工信息，按照月薪排序。

```
SQL:  select * from emp order by sal;
PL:   emp4 = order emp by sal;
dump emp4;
```

（5）分组：求每个部门的最高工资（包括部门号、部门的最高工资）。

```
SQL:  select deptno,max(sal) from emp group by deptno;
```

PL：第一步，先分组。

```
emp51 = group emp by deptno;
```

查看 emp51 的表结构。

```
describe emp51;
dump emp51;
```

第二步，求每个组（每个部门）工资的最大值（注意：MAX 大写）。

```
emp52 = foreach emp51 generate group,MAX(emp.sal);
dump emp52
```

（6）查询 10 号部门的员工。

```
SQL:  select * from emp where deptno=10;
PL:   emp6 = filter emp by deptno==10;    注意：两个等号
```

（7）多表查询：部门名称、员工姓名。

```
SQL:  select d.dname,e.ename from emp e,dept d where e.deptno=d.deptno;
PL:
emp71 = join dept by deptno,emp by deptno;
emp72 = foreach emp71 generate dept::dname,emp::ename;
dump emp72
```

（8）集合运算。

查询 10 号和 20 号部门的员工信息。

SQL：

```
select * from emp where deptno=10
union
select * from emp where deptno=20;
```

PL：

```
emp10 = filter emp by deptno==10;
emp20 = filter emp by deptno==20;
emp1020 = union emp10,emp20;
dump emp1020
```

（9）存储表到 HDFS。

```
PL:   store emp1020 into '/output_pig';          要求：目录预先不存在
```

（10）执行 WordCount。

① 加载数据。

```
mydata = load '/input/data.txt' as (line:chararray);
```

② 将字符串分割成单词。

```
words = foreach mydata generate flatten(TOKENIZE(line)) as word;
```

③ 对单词进行分组。

```
grpd = group words by word;
```

④ 统计每组中单词数量。

```
cntd = foreach grpd generate group,COUNT(words);
```

⑤ 打印结果。

```
dump cntd;
```

第7章 Flume

本章主要内容如下。

（1）Flume 产生的背景。

（2）Flume 的安装及配置。

（3）Flume 的架构及简单应用案例。

7.1 Flume 产生的背景

在实际生产中，通过中间系统，如 Apache Flume、Apache Kafka 及 Facebook 的 Scribe 等，将数据推送到 HDFS 或类似的存储系统是很普遍的。这些系统能在数据生产者和最终目的地之间起缓冲作用，使得偶然突发写入 HDFS 和 HBase 集群的请求，变得持续而平稳。

那么，我们能不能把各个应用程序服务器产生的数据直接写入 HDFS 或者 HBase，而不需要类似 Flume 的系统呢？

通常，在 Hadoop 集群上会保存和处理海量的数据，这些数据来自成百甚至上千数量的服务器，如此庞大数量的服务器将数据写入 HDFS 或者 HBase 集群，会因为各种原因导致大量问题。

首先，HDFS 或 HBase 在同一时间可能有成千上万的文件写入，一个文件被创建或者一个新块被分配，都会在 NameNode 节点产生一组复杂的操作。大量的操作同时发生在 HDFS 或 HBase 服务器节点上，可能会给服务器造成巨大的压力。

其次，大量数据写到小规模的集群时，连接这些主机的网络可能会不堪重负，从而造成严重的延迟。

最后，大量的应用程序在流量高峰期大量写入 HDFS 或 HBase，HDFS 或 HBase 如果不能以低延迟的方式处理这些峰值流量，则可能会导致数据丢失。

针对以上问题，我们是否有相应的解决方案？其中一个方案是将访问 HDFS、HBase 的生产环境的应用程序和 HDFS、HBase 进行隔离，且保证生产数据的应用程序以可控和良好的组织方式推送数据到 HDFS、HBase。Flume 被设计成为一个灵活的分布式系统，其创建的 Agent 的管道，保证不会丢失数据，提供持久的 Channel，能解决上述问题。

7.2 Flume 简介

Flume 是 Cloudera 公司提供的一个高可用、高可靠、分布式的海量日志采集、聚合和传输的系统，于 2009 年被捐赠给 Apache 软件基金会，成为 Hadoop 相关组件之一。Flume 初始的发行版本目前被统称为 Flume OG，2011 年 10 月在完成了里程碑式的改动（重构核心组件、核心配置以及代码架构）之后，Flume NG 推出，它是 Flume 1.X 版本的统称。

Apache Flume 是一个系统，用于从大量数据生产商那里移动海量数据到存储、索引或分析数据的系统。它们可以将数据的消费者和生产者解耦，使得在一方不知情的情况下改变另一方的数据变得很容易。除了解耦，它们还提供故障隔离，并在生产商和存储系统之间添加一个额外的缓冲区。Flume 支持在日志系统中定制各类数据发送方，用于收集数据（如控制台、文件、Thrift-RPC、syslog 日志系统等）；也支持对数据进行简单处理，并发送到各种数据接收方（如 HDFS、HBase 等），其结构如图 7-1 所示。

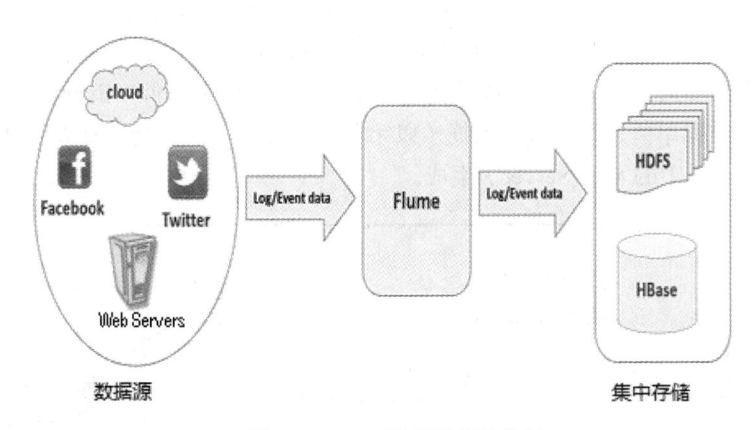

图 7-1 Flume 数据采集结构图

7.3 Flume 的安装

Flume 默认不支持 Windows 系统，这里以 Linux 下安装 Flume 为例。另外要注意，安装 Flume 之前，要先安装好 Java 环境。安装步骤如下。

从 Flume 官网下载 apache-flume-1.8.0-bin.tar.gz 安装包，在下载目录执行命令 tar -zxvf apache-flume-1.8.0-bin.tar.gz -C ~ 解压软件包，得到 apache-flume-1.8.0-bin 目录。

采用下面命令创建软链接。

```
cd ~
ln -s apache-flume-1.8.0-bin/ flume
```

配置环境变量，在~/.bashrc 文件末尾添加以下两行代码。

```
export FLUME_HOME=~/flume
export PATH=$FLUME_HOME/bin:$PATH
```

执行下面命令，使环境变量生效。

```
source ~/.bashrc
```

测试 Flume 是否安装成功。

```
flume-ng version
```

正常的话，可以看到下面的提示。

```
Flume 1.8.0
Source code repository:
```

```
https://git-wip-us.apache.org/repos/asf/flume.git
Revision: 99f591994468633fc6f8701c5fc53e0214b6da4f
Compiled by denes on Fri Sep 15 14:58:00 CEST 2017
From source with checksum fbb44c8c8fb63a49be0a59e27316833d
```

7.4 Flume 的架构

Flume 作为一个日志收集工具，是一个轻量级的软件，但同时非常灵活。它支持采集不同类型的数据源，也支持将采集到的日志保存到不同类型的目的地（或称为目标系统）。采用它能够构建一个复杂、强大的日志收集系统。这都与 Flume 巧妙的架构有着密切的关系。

Flume 运行的核心是 Agent。Agent 本身是一个 Java 进程，也是 Flume 中最小的独立运行单位，运行在日志收集节点。Flume 基于数据流进行设计，数据流由事件（Event）贯穿始终。事件作为 Flume 的基本数据单位，携带日志数据（以字节数组形式）并且携带有头信息，由 Agent 外部的数据源（如图 7-2 中的 Web Server）生成。

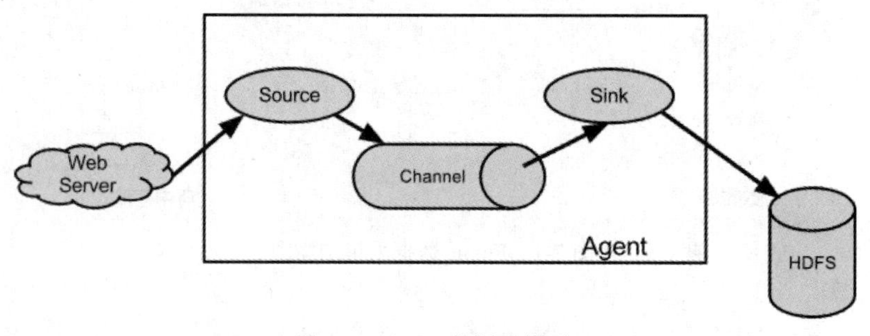

图 7-2　Flume 数据流模型

Agent 是一个独立的 Flume 进程，包含 3 大组件 Source、Channel、Sink。每台主机运行一个 Agent，但是在一个 Agent 中可以包含多个 Source 和 Sink。

通过 3 大组件，Event 格式数据可以从一个地方流向另一个地方。下面介绍它们是如何协同工作的。

Source 是从一些产生数据的应用中接收数据的活跃组件（也有自己产生数据的 Source，不过通常用于测试目的）。Source 可以监听一个或者多个网络端口，用于接收数据或者可以从本地文件系统读取数据。每个 Source 必须至少连接一个 Channel。基于一些标准，一个 Source 可以写入几个 Channel，复制事件到所有或者部分 Channel。

Channel 一般认为是被动组件，负责缓冲 Agent 已经接收但尚未写入另一个 Agent 或者存储系统的数据，它们可以为了清理或者垃圾回收运行自己的线程。Channel 的行为很像队列，Source 把数据写入 Channel，Sink 从 Channel 中读取数据。多个 Source 可以安全地将数据写入相同的 Channel，并且多个 Sink 可以从相同的 Channel 进行读取数据。一个 Sink 只能从一个 Channel 读取数据。多个 Sink 可以从相同的 Channel 读取，这样保证只有一个 Sink 会从 Channel 读取一个指定的事件。

Sink 连续轮询各自的 Channel 来读取和删除事件。Sink 将事件推送到下一阶段（RPC Sink 的情况下），或到最终目的地。一旦在下一阶段或其目的地中数据是安全的，Sink 通过事务提交通知 Channel，删除 Channel 中的这些事件。

7.5 Flume 的应用

通过 7.4 节的内容了解到，Flume Agent 由 3 部分组成，分别是 Source 组件、Channel 组件、Sink 组件。Flume 的应用主要是针对不同类型的组件进行配置。

本节先介绍 Flume 的组件类型及其配置项，再介绍 Flume 的配置和运行方法，最后介绍一些应用示例。

7.5.1 Flume 的组件类型及其配置项

1. Source 组件及其属性

Source 为数据收集组件。它从 Client 收集数据，且支持多种数据接收方式，将接收的数据以 Event 格式传递给一个或者多个 Channel。Source 类型如表 7-1 所示。

表 7-1　Source 类型

Source 类型	描　述
Avro Source	支持 Avro 协议，即 Avro RPC，内置支持
Thrift Source	支持 Thrift 协议，内置支持
Exec Source	基于 UNIX 的命令在标准输出上产生数据
JMS Source	从 JMS 系统中读取数据
Spooling Directory Source	监控指定目录内数据的变化
Netcat Source	监控某个端口，将流经端口的文本行数据作为 Event 输入
Sequence Generator Source	序列生成器数据源，生产序列数据
Syslog Source	读取 Syslog 数据，产生 Event，支持协议 UDP 和 TCP
HTTP Source	基于 HTTP POST 或 GET 方式的数据源，支持 JSON 等格式
Legacy Source	兼容 Flume OG 中 Source（0.9.x 版本）

（1）Avro Source

Avro Source 通过监听 Avro 端口接收来自外部 Avro 客户端的事件流。利用 Avro Source 可以实现多级流、扇出流、扇入流等。另外也可以接收通过 Flume 提供的 Avro 客户端发送的日志信息。Avro Source 属性如表 7-2 所示。

表 7-2　Avro Source 属性

属 性 名	默 认 值	描　述
channels	—	
type	—	组件类型名称，需要是 Avro
bind	—	需要监听的主机名或 IP
port	—	要监听的端口
threads	—	生成的最大工作线程数

续表

属性名	默认值	描述
selector.type		
selector.*		
interceptors	—	空格分隔的拦截器列表
interceptors.*		
compression-type	none	压缩类型，可以是"none"或"default"，这个值必须与 Avro Source 的压缩格式匹配
ssl	false	是否启用 SSL 加密，如果启用还需要配置一个"keystore"和一个"keystore-password"
keystore	—	为 SSL 提供的 keystore 文件所在路径（启用 SSL 时必需设置此属性）
keystore-password	—	为 SSL 提供的 keystore-password（启用 SSL 时必需设置此属性）
keystore-type	JKS	密钥库类型可以是"JKS"或"PKCS12"
exclude-protocols	SSLv3	排除以空格分隔的 SSL/TLS 协议列表。除了指定的协议之外，SSLv3 总是被排除在外
ipFilter	false	如果需要为 netty 开启 IP 过滤，将此项设置为 true
ipFilterRules	—	用这个配置定义 *n* 个 netty ipFilter 模式规则

属性设置举例如下（Agent 名称为 a1）。

```
a1.sources = r1
a1.channels = c1
a1.sources.r1.type = avro
a1.sources.r1.channels = c1
a1.sources.r1.bind = 0.0.0.0
a1.sources.r1.port = 4141
```

（2）Exec Source

在 Flume 中，可以将命令产生的输出作为源，Exec Source 属性如表 7-3 所示。

表 7-3 Exec Source 属性

属性名	默认值	描述
channels	—	
type	—	类型名称，需要是 Exec
command	—	要执行的命令
shell	—	用于运行命令的 Shell
restartThrottle	10000	在尝试重新启动之前等待的时间（单位为 millis）
restart	false	如果 cmd 挂了，是否重启 cmd
logStdErr	false	是否应该记录该命令的 stderr
batchSize	20	同时发送到通道中的最大行数
batchTimeout	3000	如果缓冲区没有满，经过多长时间发送数据
selector.type		复制还是多路复用

续表

属　性　名	默　认　值	描　　述
selector.*		依赖于 selector.type 的值
interceptors	—	空格分隔的拦截器列表
interceptors.*		

属性设置举例如下（Agent 名称为 a1）。

```
a1.sources = r1
a1.channels = c1
a1.sources.r1.type = exec
a1.sources.r1.command = tail -F /var/log/secure
a1.sources.r1.channels = c1
```

2. Channel 组件

Channel 为数据中转组件，临时存储由 Source 组件传递过来的 Event 格式的数据，直到它们被 Sink 消费掉。Channel 负责连接 Source 与 Sink，可以理解成一个队列，起到桥梁的作用。它是一个完整的事务，保证数据接收与发送的一致性，且可以和任意数量的 Source 和 Sink 连接。同时支持多种类型，如 JDBC、文件系统、内存等。Channel 类型如表 7-4 所示。

表 7-4　Channel 类型

Channel 类型	描　　述
Memory Channel	Event 数据存储在内存中
JDBC Channel	Event 数据存储在持久化存储中
File Channel	Event 数据存储在磁盘文件中
Spillable Memory Channel	Event 数据存储在内存中和磁盘上，当内存队列已满，将持久化到磁盘文件（不建议生产环境使用）
Pseudo Transaction Channel	测试用途
Custom Channel	自定义

Memory Channel 属性如表 7-5 所示。

表 7-5　Memory Channel 属性

属 性 名 称	默　认　值	描　　述
type	—	隧道名称类型 Memory
capacity	100	存储在 Channel 中的最大 Event 数量
transactionCapacity	100	每次从 Source 接收或发送到 Sink 的最大 Event 数量
keep-alive	3	添加或删除 Event 的超时时间（秒）
byteCapacityBufferPercentage	20	定义缓存百分比
byteCapacity	see description	此 Channel 中所有 Event 的总和允许的最大内存字节数

属性设置举例如下（Agent 名称为 a1）。

```
a1.channels = c1
a1.channels.c1.type = memory
```

```
a1.channels.c1.capacity = 10000
a1.channels.c1.transactionCapacity = 10000
a1.channels.c1.byteCapacityBufferPercentage = 20
a1.channels.c1.byteCapacity = 800000
```

3. Sink 组件

Sink 为数据发送组件，主要作用是将数据存储到集中存储器（如 HDFS、HBase 等），它从 Channel 取出 Event 格式数据，并传递给目的地。目的地也可以是另一个 Agent。Sink 类型如表 7-6 所示。

表 7-6 Sink 类型

Sink 类型	描　述
HDFS Sink	数据写入 HDFS
HBase Sink	数据写入 HBase 数据库
Logger Sink	数据写入日志文件
Avro Sink	数据被转换成 Avro Event，然后发送到配置的 RPC 端口上
Thrift Sink	数据被转换成 Thrift Event，然后发送到配置的 RPC 端口上
IRC Sink	数据在 IRC 上进行回放
File Roll Sink	数据存储到本地文件系统
Null Sink	丢弃所有数据
Morphine Solr Sink	数据发送到 Solr 搜索服务器（集群）
Elastic Search Sink	数据发送到 Elastic Search 搜索服务器（集群）
Custom Sink	自定义

HDFS Sink 属性如表 7-7 所示。

表 7-7 HDFS Sink 属性

属性名称	默认值	描　述
channel	—	
type	—	组件类型名称，需要是 HDFS
hdfs.path	—	写入 HDFS 的路径，需要包含文件系统标识，比如：hdfs://namenode/flume/webdata/，可以使用 Flume 提供的日期及%{host}表达式
hdfs.filePrefix	FlumeData	写入 HDFS 的文件名前缀，可以使用 Flume 提供的日期及%{host}表达式
hdfs.fileSuffix	—	写入 HDFS 的文件名后缀，比如：.lzo、.log 等
hdfs.inUsePrefix	—	临时文件的文件名前缀，HDFS Sink 会先往目标目录中写临时文件，再根据相关规则重命名成最终目标文件
hdfs.inUseSuffix	.tmp	临时文件的文件名后缀
hdfs.rollInterval	30	HDFS Sink 间隔多长（单位：s）将临时文件滚动成最终目标文件。如果设置成 0，则表示不根据时间来滚动文件

续表

属 性 名 称	默 认 值	描 述
hdfs.rollSize	1024	当临时文件达到该大小（单位：Bytes）时，滚动成目标文件。如果设置成 0，则表示不根据临时文件大小来滚动文件
hdfs.rollCount	10	当 Event 数据达到该数量时候，将临时文件滚动成目标文件。如果设置成 0，则表示不根据 Event 数据来滚动文件
hdfs.idleTimeout	0	当目前被打开的临时文件在该参数指定的时间（单位：s）内，没有任何数据写入，则将该临时文件关闭并重命名成目标文件
hdfs.batchSize	100	每个批次刷新到 HDFS 上的 Event 数量
hdfs.codeC	—	文件压缩格式，包括：gzip、bzip2、lzo、lzop、snappy
hdfs.fileType	SequenceFile	文件格式，包括：SequenceFile、DataStream、CompressedStream。当使用 DataStream 时候，文件不会被压缩，不需要设置 hdfs.codeC；当使用 CompressedStream 时候，必须设置一个正确的 hdfs.codeC 值
hdfs.maxOpenFiles	5000	最大允许打开的 HDFS 文件数，当打开的文件数达到该值，最早打开的文件将会被关闭
hdfs.minBlockReplicas	—	写入 HDFS 文件块的最小副本数。该参数会影响文件的滚动配置，一般将该参数配置成 1，才可以按照配置正确滚动文件
hdfs.writeFormat	Writable	写 Sequence 文件的格式。包含 TextWritable（默认）
hdfs.callTimeout	10000	执行 HDFS 操作的超时时间（单位：ms）
hdfs.threadsPoolSize	10	HDFS Sink 启动的操作 HDFS 的线程数
hdfs.rollTimerPoolSize	1	HDFS Sink 启动的根据时间滚动文件的线程数
hdfs.kerberosPrincipal	—	安全访问 HDFS 的 Kerberos 的用户主体信息
hdfs.kerberosKeytab	—	安全访问 HDFS 的 Kerberos 的 Keytab 文件
hdfs.proxyUser		代理用户
hdfs.round	false	时间戳是否应该四舍五入。如果启用，则会影响除了%t 的其他所有时间表达式
hdfs.roundValue	1	时间上进行“舍弃”的值
hdfs.roundUnit	second	单位值——秒、分、时
hdfs.timeZone	Local Time	解析文件路径的时区名称（如：美国/洛杉矶）
hdfs.useLocalTimeStamp	false	使用本地时间（而不是事件头部的时间戳）
hdfs.closeTries	0	HDFS Sink 关闭文件的尝试次数。如果设置为 1，当一次关闭文件失败后，HDFS Sink 将不会再次尝试关闭文件，这个未关闭的文件将会一直留在那里，并且是打开状态；如果设置为 0，当一次关闭失败后，HDFS Sink 会继续尝试下一次关闭，直到成功
hdfs.retryInterval	180	HDFS Sink 尝试关闭文件的时间间隔。如果设置为 0，表示不尝试，相当于将 hdfs.closeTries 设置成 1
serializer	TEXT	序列化类型。其他还有 avro_event，或者是实现了 EventSerializer.Builder 的类名
serializer.*		

属性设置举例如下（Agent 名称为 a1）。

```
a1.channels = c1
a1.sinks = k1
a1.sinks.k1.type = hdfs
a1.sinks.k1.channel = c1
a1.sinks.k1.hdfs.path = /flume/events/%y-%m-%d/%H%M/%S
a1.sinks.k1.hdfs.filePrefix = events-
a1.sinks.k1.hdfs.round = true
a1.sinks.k1.hdfs.roundValue = 10
a1.sinks.k1.hdfs.roundUnit = minute
```

7.5.2 Flume 的配置和运行方法

在运行 Flume 之前，要为即将启动的 Agent 创建好配置文件。配置的方法如下。

1．配置 Flume Agent

Flume Agent 使用纯文本文件来配置。Flume Agent 配置使用属性文件格式，用换行符分隔键值对的纯文本文件即可。属性文件的实例如下：

```
key1 = value1
key2 = value2
```

通过该格式，Flume 可以很容易地将配置传给 Agent 和它的各种组件。在配置文件中，Flume 使用分层结构。每个 Flume Agent 都有一个名称，在 Flume Agent 使用 flume-ng 命令启动的时候设置。配置文件可以包含若干 Flume Agent 的配置，但实际只加载 flume-ng 命令中指定名称的 Flume Agent 配置。

在 Flume Agent 中，有些组件可以有若干实例，如 Source、Sink、Channel 等。为了能够识别这些组件的每一个实例的配置，需要对这些组件进行命名。对一个 Flume Agent，配置文件必须使用下面的格式列出 Source、Sink、Channel 各组件的名称，该列表成为活跃列表。

```
agent1.sources = source1 source2
agent1.sinks = sink1 sink2 sink3 sink4
agent1.sinkgroups = sg1 sg2
agent1.channels = channel1 channel2
```

上面的配置片段表示名为 agent1 的 Flume Agent，带有 2 个 Source、4 个 Sink 组、2 个 sg、2 个 Channel。组件必须在活跃列表中，否则即使罗列出配置参数，它们也不被创建、配置和启动。

组件的配置使用下面格式的前缀传递：

```
<Agent 名称>.<组件类型>.<组件名称>.<配置参数> = <值>
```

例如，可以通过下面的格式传递配置到 source1：

```
agent1.sources.source1.port = 4144
agent1.sources.source1.bind = avro.domain.com
```

对于每个组件，配置参数键的前缀被移除（包括组件的名称），只有实际的参数和它的值通过传递到配置方法的一个 Context 类实例来传入。Context 是类似于 Map 的键值存储，并带有一些稍微复杂的方法。因此，在这种情况下，Source 只在 Context 实例中获取了两个参数，键是 port 和 bind，值是 4144 和 avro.domain.com，而不是整个配置行。当我们后面讨论每个组件的配置时，表中将只显示传递到组件的实际参数，而不是配置文件中的一行。

2．运行 Flume Agent

假设当前工作目录是 Flume 安装目录的顶层。Flume Agent 使用 flume-ng 命令从命令行启动，并设置一些参数（如要启动的 Flume Agent 名称、使用的配置文件、使用的配置目录等）。

Flume 配置文件可以包含多个 Flume Agent 配置，每个由一个唯一名称确定。当启动一个 Flume Agent 的时候，这个名字被传递到 flume-ng 脚本，作为-n 命令行选项的值。Flume 配置系统将加载只与特定 Agent 名称相关的配置参数。命令参数说明如表 7-8 所示。

表 7-8　　flume-ng 命令参数

参　数	描　述	举　例
-conf 或-c	指定配置文件目录	--conf conf
-conf-file 或-f	指定配置文件	--f conf/flume.conf
-name 或-n	指定 Agent 名称，应与配置文件一致	--name a1
-Dflume.root.logger=INFO,console	设置日志等级	
-h	打印详细帮助	
version	查看 Flume 版本信息	

7.5.3　Flume 配置示例

1. 示例 1

下面的示例实现如下功能：监控指定目录，当目录有新的日志产生时，把日志一行一行打印到控制台。

（1）编写配置文件

创建和修改配置文件。

```
$mkdir  ~/flume/agent
$vi  ~/flume/agent/agent1.conf
```

输入以下内容。

```
#1. 定义 Agent 的名称、Source、Channel、Sink 的名称
agent1.sources = source1
agent1.channels = channel1
agent1.sinks = sink1

#2. 配置 Channel 组件属性
agent1.channels.channel1.type = memory

#3. 配置 Source 组件属性
agent1.sources.source1.channels = channel1
agent1.sources.source1.type = spooldir
agent1.sources.source1.spoolDir = /home/hadoop/flumetest1

#4. 配置 Sink 组件属性
agent1.sinks.sink1.channel = channel1
agent1.sinks.sink1.type =  logger
```

（2）启动 Flume Agent

执行以下命令启动 Flume Agent。

```
$flume-ng   agent  -n  agent1   -c  ~/flume/conf   -f   ~/flume/agent/agent1.conf
-Dflume.root.logger=INFO,console
```

（3）测试

在/home/hadoop/flumetest1 目录下模拟生成新的日志文件。

```
$echo "Hello Flume." > test.log
```

（4）查看结果

在启动 Agent 的终端窗口可以看到刚刚采集的消息内容，表明 Flume 安装成功，如图 7-3 所示；并且对于 Spooling Directory 中的文件，其内容写入 Channel 后，该文件将会被标记，增加“.COMPLETED”的后缀。

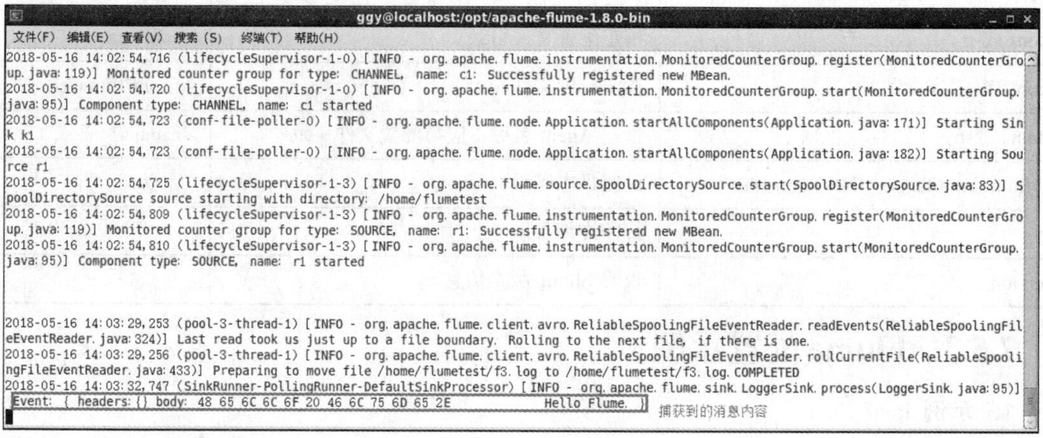

```
ggy@localhost:/opt/apache-flume-1.8.0-bin
文件(F) 编辑(E) 查看(V) 搜索(S) 终端(T) 帮助(H)
2018-05-16 14:02:54,716 (lifecycleSupervisor-1-0) [INFO - org.apache.flume.instrumentation.MonitoredCounterGroup.register(MonitoredCounterGroup.java:119)] Monitored counter group for type: CHANNEL, name: c1: Successfully registered new MBean.
2018-05-16 14:02:54,720 (lifecycleSupervisor-1-0) [INFO - org.apache.flume.instrumentation.MonitoredCounterGroup.start(MonitoredCounterGroup.java:95)] Component type: CHANNEL, name: c1 started
2018-05-16 14:02:54,723 (conf-file-poller-0) [INFO - org.apache.flume.node.Application.startAllComponents(Application.java:171)] Starting Sink k1
2018-05-16 14:02:54,723 (conf-file-poller-0) [INFO - org.apache.flume.node.Application.startAllComponents(Application.java:182)] Starting Source r1
2018-05-16 14:02:54,725 (lifecycleSupervisor-1-3) [INFO - org.apache.flume.source.SpoolDirectorySource.start(SpoolDirectorySource.java:83)] SpoolDirectorySource source starting with directory: /home/flumetest
2018-05-16 14:02:54,809 (lifecycleSupervisor-1-3) [INFO - org.apache.flume.instrumentation.MonitoredCounterGroup.register(MonitoredCounterGroup.java:119)] Monitored counter group for type: SOURCE, name: r1: Successfully registered new MBean.
2018-05-16 14:02:54,810 (lifecycleSupervisor-1-3) [INFO - org.apache.flume.instrumentation.MonitoredCounterGroup.start(MonitoredCounterGroup.java:95)] Component type: SOURCE, name: r1 started


2018-05-16 14:03:29,253 (pool-3-thread-1) [INFO - org.apache.flume.client.avro.ReliableSpoolingFileEventReader.readEvents(ReliableSpoolingFileEventReader.java:324)] Last read took us just up to a file boundary. Rolling to the next file, if there is one.
2018-05-16 14:03:29,256 (pool-3-thread-1) [INFO - org.apache.flume.client.avro.ReliableSpoolingFileEventReader.rollCurrentFile(ReliableSpoolingFileEventReader.java:433)] Preparing to move file /home/flumetest/f3.log to /home/flumetest/f3.log.COMPLETED
2018-05-16 14:03:32,747 (SinkRunner-PollingRunner-DefaultSinkProcessor) [INFO - org.apache.flume.sink.LoggerSink.process(LoggerSink.java:95)]
Event: { headers:{} body: 48 65 6C 6C 6F 20 46 6C 75 6D 65 2E          Hello Flume. }  捕获到的消息内容
```

图 7-3 Flume 安装成功界面

2. 示例 2

下面的示例实现如下功能：监控指定目录，当目录有新的日志产生时，把日志保存到 HDFS。

（1）修改配置文件

```
$vi ~/flume/agent/agent2.conf
```

输入以下内容。

```
#1. 定义 Agent 的名称、Source、Channel、Sink 的名称
agent2.sources = source2
agent2.channels = channel2
agent2.sinks = sink2

#2. 配置 Channel 组件属性
agent2.channels.channel2.type = memory
agent2.channels.channel2.capacity = 10000
agent2.channels.channel2.transactionCapacity = 100

#3. 配置 Source 组件属性
agent2.sources.source2.channels = channel2
agent2.sources.source2.type = spooldir
agent2.sources.source2.spoolDir = /home/hadoop/flumetest2
#定义拦截器，为消息添加时间戳
agent2.sources.source2.interceptors = i1
agent2.sources.source2.interceptors.i1.type    =    org.apache.flume.interceptor.
TimestampInterceptor$Builder

#4. 配置 Sink 组件属性
agent2.sinks.sink2.channel = channel2
agent2.sinks.sink2.type = hdfs
agent2.sinks.sink2.hdfs.path = hdfs://node1:8020/flume/%Y%m%d
agent2.sinks.sink2.hdfs.filePrefix = events-
```

```
    agent2.sinks.sink2.hdfs.fileType = DataStream
    #不按照条数生成文件
    agent2.sinks.sink2.hdfs.rollCount = 0
    #HDFS 上的临时文件达到 128MB 时生成一个 HDFS 文件
    agent2.sinks.sink2.hdfs.rollSize = 134217728
    #HDFS 上的临时文件间隔 60 秒生成一个 HDFS 文件
    agent2.sinks.sink2.hdfs.rollInterval = 60
```

（2）启动 Flume Agent

执行以下命令启动 Flume Agent。

```
    $flume-ng  agent  -n  agent2   -c  ~/flume/conf   -f  ~/flume/agent/agent2.conf
-Dflume.root.logger=INFO,console
```

（3）测试

在/home/hadoop/flumetest2 目录下模拟产生新的日志文件。

```
    $echo "Hello Flume."  > test.log
```

（4）查看结果

```
    $hdfs dfs -lsr /flume
```

可以看到有文件产生。

```
    drwxr-xr-x   - hadoop supergroup          0 2018-12-21 15:17 /flume/20181221
    -rw-r--r--   2 hadoop supergroup         11 2018-12-21 15:17 /flume/20181221/
events-.1545376595231
```

7.6 Flume 的工作方式

下面列出 Flume 几种常见的工作方式。

1. 多 Agent 流

可以将多个 Agent 顺序连接起来，将最初的数据源经过收集、传输、存储到最终的存储系统，如图 7-4 所示。这里需要注意的是，前面 Agent 的 Sink、后面 Agent 的 Source 要采用 Avro 类型，且前面 Agent 的 Sink 指向后面 Agent 的 Source 的主机名（或 IP 地址）和端口。

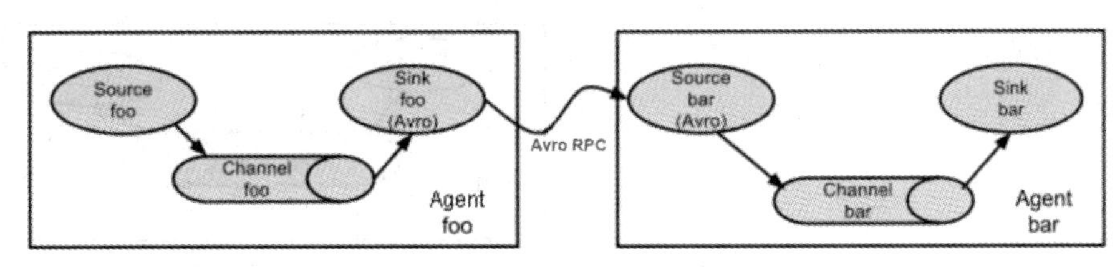

图 7-4 多 Agent 流

2. 多 Agent 合流

针对大量客户端将日志发送到少数存储子系统代理（Agent）的场景，可以采用多 Agent 合流的方式，如图 7-5 所示。

3. 复用流

Flume 支持将 Event 流多路复用到一个或多个目的地。如图 7-6 所示，Sink1、Sink2、Sink3，分别将日志保存到 HDFS、JMS、另一个 Agent。

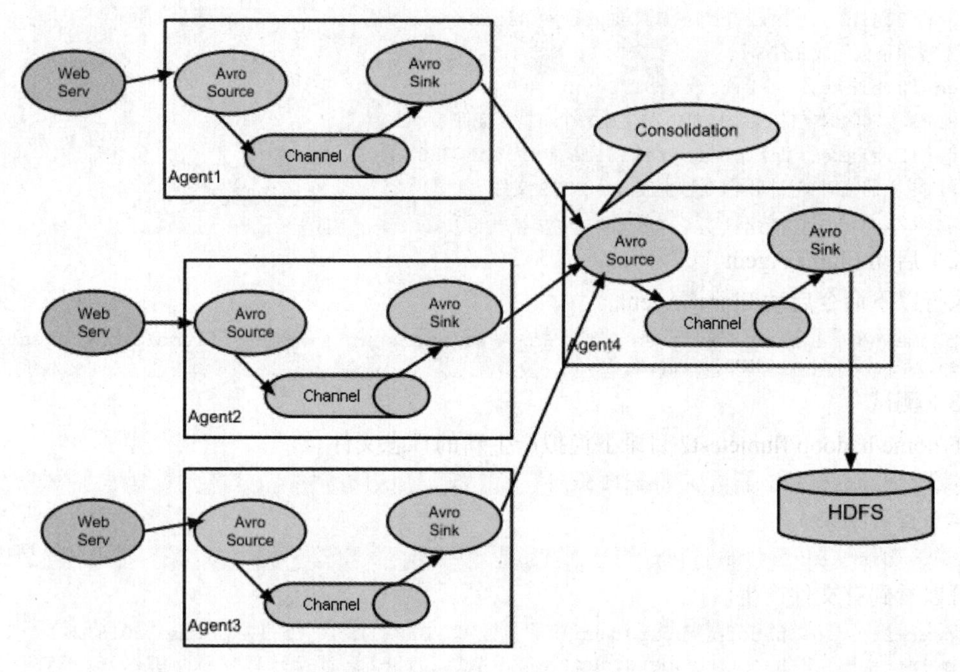

图 7-5　多 Agent 合流

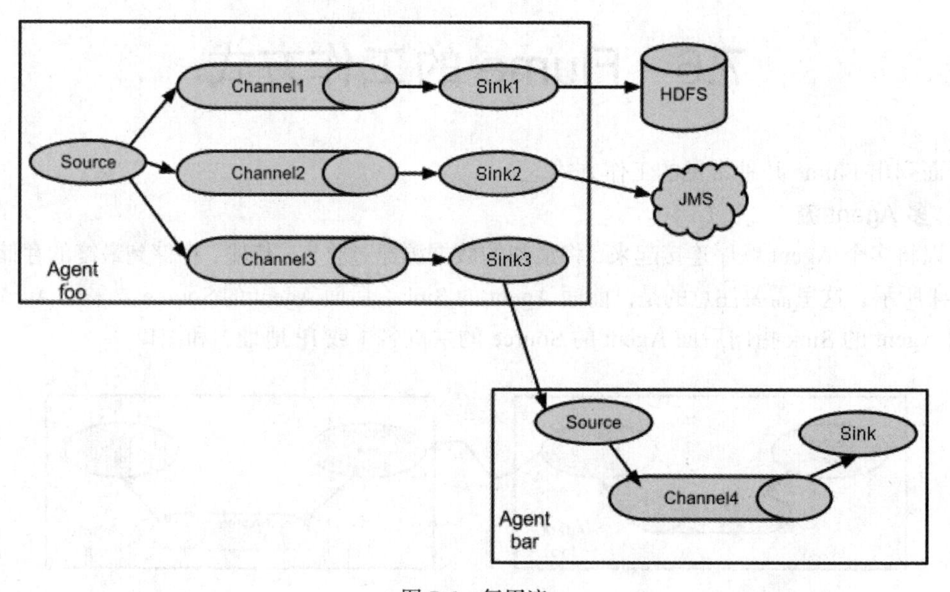

图 7-6　复用流

习　题

7-1　什么是 Flume?

7-2　Flume 主要由哪几个部分组成。各个部分的作用是什么。

实验1 Flume 的配置与使用 1——Avro Source + Memory Channel + Logger Sink

【实验名称】Flume 的配置与使用 1

【实验目的】

1. 理解 Flume 的基本原理，掌握各组件的作用及关系。
2. 熟悉 Flume 的常用配置。

【实验原理】

略。

【实验环境】

Linux 操作系统。

Hadoop 2.7.3。

Flume 1.8.0。

【实验步骤】

（由于权限的问题，配置文件需要保存在个人 home 目录）

使用 apache-flume-1.8.0 自带的例子。例子中 Avro Source 接收外部数据源，Logger 作为 Sink，即通过 Avro RPC 调用，将数据缓存在 Channel 中，然后通过 Logger 打印出数据。这里的 Flume 安装目录为/home/hadoop/flume/。

（1）创建 Agent 配置文件/home/hadoop/flume/conf/avro.conf，并按如下配置。

```
a1.sources = r1
a1.sinks = k1
a1.channels = c1
#配置 Source
a1.sources.r1.type = avro
a1.sources.r1.bind = 0.0.0.0
a1.sources.r1.port = 4141
# 配置 Sink
a1.sinks.k1.type = logger
# 配置 Channel
a1.channels.c1.type = memory
a1.channels.c1.capacity = 1000
a1.channels.c1.transactionCapacity = 100
# 绑定 Source 和 Sink 到 Channel
a1.sources.r1.channels = c1
a1.sinks.k1.channel = c1
```

（2）启动 Agent a1，命令如下。

```
    flume-ng agent --conf /home/hadoop/flume/conf/ --conf-file /home/hadoop/flume/conf/avro.conf --name a1 -Dflume.root.logger=INFO,console
```

（3）打开新终端，向文件 log.00 输入一些信息。

```
    echo "hello world" > /home/hadoop/flume/log.00
```

（4）使用 avro-client 发送文件。

```
    flume-ng   avro-client   -c  /home/hadoop/flume/conf/   -H   0.0.0.0   -p 4141 -F /home/hadoop/flume/log.00
```

（5）在输出信息的最后一行可看到“hello world”。

```
18/08/22 12:50:30 INFO sink.LoggerSink: Event: { headers:{} body: 68 65 6C 6C 6F
 20 77 6F 72 6C 64                         hello world }
```

实验 2　Flume 的配置与使用 2——Syslogtcp Source + Memory Channel + HDFS Sink

【实验名称】Flume 的配置与使用 2

【实验目的】

同本章实验 1。

【实验原理】

略。

【实验环境】

同本章实验 1。

【实验步骤】

使用 Syslogtcp Source 接收外部数据源，HDFS 作为 Sink，将数据缓存在 Memory C Channel，保存到 HDFS 中。

（1）创建 Agent 配置文件/home/hadoop/flume/conf/syslogtcp.conf，并按如下配置。

```
a1.sources = r1
a1.sinks = k1
a1.channels = c1
# 配置 Source
a1.sources.r1.type = syslogtcp
a1.sources.r1.port = 5140
a1.sources.r1.host = localhost
# 配置 Sink
a1.sinks.k1.type = hdfs
a1.sinks.k1.hdfs.path = hdfs://192.168.30.128:8020/user/hadoop/flume/syslogtcp
```

```
a1.sinks.k1.hdfs.filePrefix = Syslog
a1.sinks.k1.hdfs.round = true
a1.sinks.k1.hdfs.roundValue = 10
a1.sinks.k1.hdfs.roundUnit = minute
# 配置 Channel
a1.channels.c1.type = memory
a1.channels.c1.capacity = 1000
a1.channels.c1.transactionCapacity = 100
# 绑定 Source 和 Sink 到 Channel
a1.sources.r1.channels = c1
a1.sinks.k1.channel = c1
```

（2）启动 Agent a1，命令如下。

```
flume-ng agent -c /home/hadoop/flume/conf/ -f /home/hadoop/flume/conf/syslogtcp.conf -n a1 -Dflume.root.logger=INFO,console
```

（3）测试产生 syslog。

```
echo "hello syslogtcp" | nc localhost 5140
```

（4）查看 HDFS 上/user/hadoop/flume/是否生成了 syslogtcp 文件，并查看内容，正确能看到“hello syslogtcp”。

实验 3　Flume 的配置与使用 3——Exec Source + Memory Channel + Logger Sink

【实验名称】Flume 的配置与使用 3

【实验目的】

同本章实验 1。

【实验原理】

略。

【实验环境】

同本章实验 1。

【实验步骤】

完成 Exec Source + Memory Channel + Logger Sink 的配置。

按照本章实验 1、实验 2 步骤及思路，自主查阅资料完成本实验。

第8章 Sqoop

在数据量暴增的时代，数据大规模积累和产生，半结构化和非结构化数据的处理平台也在逐步成熟和普及，但是结构化的关系数据库中的数据怎么与大数据存储和处理平台的数据互导呢？这是一个关于数据整合的问题，关乎数据整合的效率、速度等。本章介绍的Sqoop是一个在关系数据库与Hadoop数据存储和处理平台间进行数据导入/导出的工具。本章主要内容如下。

（1）Sqoop的基本原理。

（2）Sqoop的安装与应用。

8.1 Sqoop背景简介

由于技术及软硬件条件的限制，传统的数据挖掘和数据管理通常都是建立在关系型数据库系统上的。随着关系型数据库技术的发展，时至今日这些技术已经比较完善和成熟，应用也十分广泛，对事务管理、即席查询及提供完整的报表，都能高效快速地完成。关系型数据库的数据模型较简单，不适合表达复杂的数据关系，在处理大量数据、系统的容错性和系统扩展性方面受到了一定的限制。而在处理海量数据，高容错，以及扩展性这些方面，Hadoop平台下的系列工具则有较大的优势。HDFS 分布式文件系统实现了海量数据的存储，有很强的容错性和伸缩能力；MapReduce模型把数据的处理抽象出只需要定义map和reduce两个函数，把数据以键值对的方式表示出来，简化了分布式计算。HBase是一个列族数据库，以列存储的方式把非结构化数据管理起来。Hive则在HDFS和MapReduce的基础上实现了数据仓库的功能。

由于传统数据库的成熟以及广泛的应用，目前大多数场景下数据管理与分析系统都是建立在关系型数据库基础之上的，数据的采集、加工、处理都是在关系数据库中完成的。要实现大数据的处理与分析还需要把数据从关系数据库导入Hadoop平台，利用Hadoop平台强大的数据处理能力来分析数据。处理完成后再把结果导入关系型数据库中，以方便数据的决策利用。这就涉及数据的互导问题。数据要从关系型数据库导入Hadoop以及从Hadoop导入关系型数据库，需要有专门的数据导入/导出的工具。数据导入/导出过程中也需要考虑多方面的问题。通常，在关系型数据库中存储的都为二维表，用二维表来表示事务的关系及属性。表中以属性表示事物的特征，属性的集合构成记录——元组，元组表示相互区分的事物，表中还有一个属性称为主键，用来唯一地区分元组。元组和元组之间的关系通过表之间的参照关系来实现。Hadoop平台对关系的表达则较为简单，HBase是一个列族数据库，通过一张张列表来表现关系，表中有列族，列族内包含有列，列有较强的扩展性，可随需增加；Hive 作为数据仓库很好地支持了关系数据库的二维表模型。

关系型数据库长期且广泛的使用保存有大量的数据，Hadoop 平台也存储着海量数据。数据无论是从关系型数据库转到 Hadoop 平台，还是从 Hadoop 平台转换到关系型数据库，由于数据量的巨大，转换效率和速度都是需要充分考虑的。在数据导入/导出时，不能因为数据转换影响了两个平台的正常工作。在数据转换工具设计及部署时都需要认真考虑，把数据转换安排在合适的时段，比如安排在系统较为闲暇的时间段等，充分利用分布式计算与存储的优势。Sqoop 可以很好地完成数据转换的工作。

8.2　Sqoop 的基本原理

以前在传统数据库与 Hadoop 之间，数据传输没有专门的工具，两者数据的互导是比较困难的。Sqoop 的出现解决了这个问题。Apache Sqoop 是用来实现结构化数据（如关系数据库）和 Hadoop 之间进行数据迁移的工具，如图 8-1 所示。

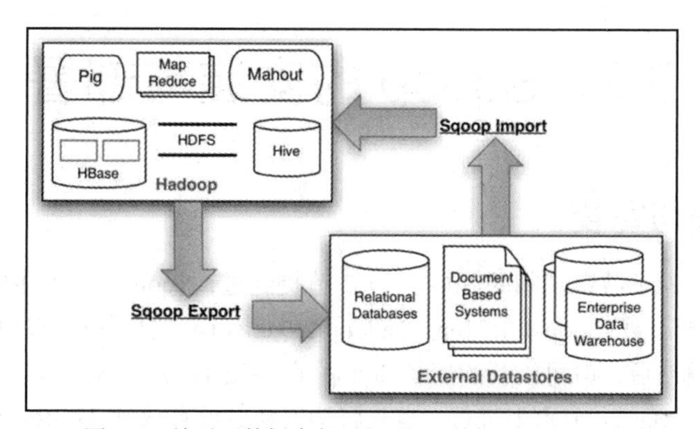

图 8-1　关系型数据库与 Hadoop 的数据互导示意图

Sqoop 的底层实现是 MapReduce，所以 Sqoop 依赖于 Hadoop，数据是并行导入的。Sqoop 充分利用了 MapReduce 的并行特点，以批处理的方式加快数据的传输，同时也借助 MapReduce 实现了容错。目前为止，已经演化出了 2 个版本：Sqoop1 和 Sqoop2。

目前 Sqoop1 最新的稳定版本是 1.4.7。Sqoop2 的最新版本是 1.99.7。特别需要注意的是，版本 1.99.7 与版本 1.4.7 不兼容，Sqoop2 功能尚未开发完成，还不适合在生产环境部署。所以本章以 Sqoop1 的版本 1.4.7 为例进行讲解。

Sqoop1 的架构如图 8-2 所示。

Sqoop1 使用 Sqoop 客户端直接提交任务，通过 CLI 控制台或 API 方式访问数据时，在命令或脚本中需指定用户数据库名及密码。

Import 原理：从传统数据库获取元数据信息（schema、table、field、field type），把导入功能转换为只有 Map 的 MapReduce 作业，在 MapReduce 中有很多 Map，每个 Map 读一片数据，进而并行地把数据复制到 HDFS、HBase 或 Hive。

Export 原理：获取导出表的 schema、meta 信息，与 Hadoop 中的字段匹配；多个 Map 作业并行运行，将 HDFS、HBase 或 Hive 中的数据导出到关系型数据库。

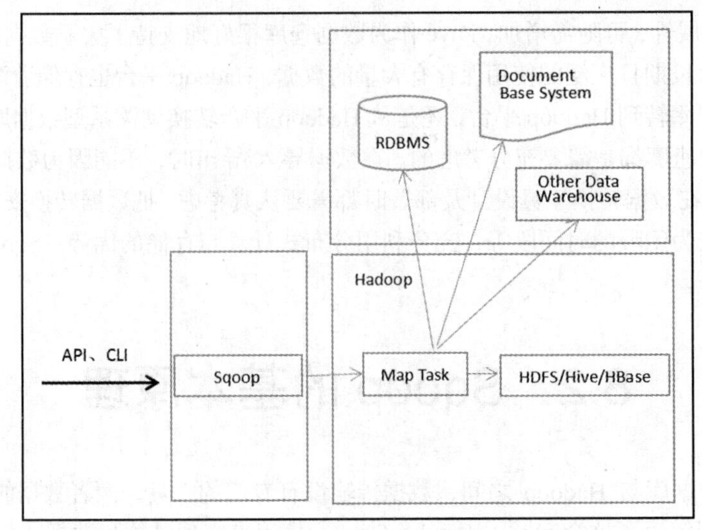

图 8-2　Sqoop1 架构图

8.3　Sqoop 的安装与部署

8.3.1　下载与安装

可以从 Sqoop 官网下载最新版的 Sqoop。8.2 节提到过，Sqoop2 目前还处于开发阶段，不适合生产部署。我们选择下载 sqoop-1.4.7.bin__hadoop-2.6.0.tar.gz。这里的操作环境为 Ubuntu，Hadoop 版本为 2.7.3。准备就绪后，就可以开始安装 Sqoop 了。我们打算将 Sqoop 安装在 Master 节点上，因此以下的操作均在 Master 节点上进行。首先将待安装文件存放到 Master 的/home/hadoop/目录下（目录可以不一样）。

注意，安装和运行 Sqoop 都使用 hadoop 用户，所以需要确保已经切换到 hadoop 用户，然后进入/home/hadoop 目录。

在/home/hadoop 目录下，执行命令“tar　-zxvf　sqoop-1.4.7.bin__hadoop-2.6.0.tar.gz -C ~”，开始解压缩 Sqoop 安装包。

```
$tar  -zxvf  sqoop-1.4.7.bin__hadoop-2.6.0.tar.gz -C ~
```

解压缩完毕，系统在“/home/hadoop”下创建了 sqoop-1.4.7.bin__hadoop-2.6.0 目录，该目录即为 Sqoop 的安装目录。

创建软链接，以方便使用。

```
$cd
$ln -s sqoop-1.4.7.bin__hadoop-2.6.0  sqoop
```

配置环境变量。

```
 $vi ~/.bashrc
```

在文件末尾添加如下内容。

```
export SQOOP_HOME=~/sqoop
export PATH=$SQOOP_HOME/bin:$PATH
```

执行下面命令使环境变量生效。

```
$source ~/.bashrc
```

8.3.2　配置 Sqoop

1. 获取 MySQL 连接器

Sqoop 经常与 MySQL 结合，从 Hadoop 数据源向 MySQL 数据库导入数据，或者从 Hadoop 内各个组件导出数据到 MySQL。所以为其配置 Java 连接器（MySQL 的 Java 连接器也称为 JDBC 驱动程序）。用户可以从 MySQL 官网下载对应的连接器。这里下载的是 mysql-connector-java-5.1.46.tar.gz，存储在用户主目录。运行解压命令。

```
$tar -xzvf mysql-connector-java-5.1.46.tar.gz
$ls -l
```

解压完后如图 8-3 所示。

```
total 2448
-rw-r--r--. 1 root root   91845 Feb 26 08:28 build.xml
-rw-r--r--. 1 root root  247456 Feb 26 08:28 CHANGES
-rw-r--r--. 1 root root   18122 Feb 26 08:28 COPYING
-rw-r--r--. 1 root root 1004840 Feb 26 08:28 mysql-connector-java-5.1.46-bin.jar
-rw-r--r--. 1 root root 1004838 Feb 26 08:28 mysql-connector-java-5.1.46.jar
-rw-r--r--. 1 root root   61407 Feb 26 08:28 README
-rw-r--r--. 1 root root   63658 Feb 26 08:28 README.txt
drwxr-xr-x. 8 root root      79 Feb 26 08:28 src
[hadoop@master mysql-connector-java-5.1.46]$
```

图 8-3　MySQL 连接器文件夹及文件

2. 配置 MySQL 连接器

需要把 mysql-connector-java-5.1.46-bin.jar 复制到 Sqoop 的依赖库 lib 下。当前目录是 /home/hadoop/，复制命令如下：

```
$cp ./mysql-connector-java-5.1.46/mysql-connector-java-5.1.46-bin.jar  ./sqoop/lib/
```

3. 配置 Sqoop 环境变量

在 Sqoop 安装目录的 conf 子目录下，系统已经提供了一个环境变量文件模板 sqoop-env-template.sh，我们首先需要将其名称改为 sqoop-env.sh，然后进行环境变量配置。

进入 Sqoop 的主安装目录的 conf 子目录，然后执行 cp 操作，即复制一个副本。接着用 vim 编辑器打开 sqoop-env.sh 文件进行编辑。当前目录为/usr。

```
$cd ~/sqoop/conf/
$cp sqoop-env-template.sh sqoop-env.sh
$vi sqoop-env.sh
```

配置 Sqoop 环境变量如下。

```
#Set path to where bin/hadoop is available
export HADOOP_COMMON_HOME=/home/hadoop/hadoop-2.7.3
#Set path to where hadoop-*-core.jar is available
export HADOOP_MAPRED_HOME=/home/hadoop/hadoop-2.7.3
#set the path to where bin/hbase is available
#export HBASE_HOME=/home/hadoop/hbase-1.2.4
#Set the path to where bin/hive is available
#export HIVE_HOME=/home/hadoop/apache-hive-2.1.0-bin
#Set the path for where zookeper config dir is available
#export ZOOCFGDIR=/home/hadoop/zookeeper
```

4. 配置 Linux 环境变量

用命令 vi ~/.bashrc 编辑文件。

```
$vi ~/.bashrc
```

把 Sqoop 加入环境中。

```
#Sqoop
export SQOOP_HOME=/home/hadoop/sqoop
export PATH=$PATH:$SQOOP_HOME/bin
```

编辑完成，保存退出。

使用命令 source 使配置生效。

```
$source  /home/hadoop/.bashrc
```

5. 启动 Sqoop

执行命令 sqoop help，可看到如下内容，表示安装成功。

```
$sqoop help
```

图 8-4 为启动成功输出的信息。

```
Warning: /home/hadoop/sqoop/../hcatalog does not exist! HCatalog jobs will fail.
Please set $HCAT_HOME to the root of your HCatalog installation.
Warning: /home/hadoop/sqoop/../accumulo does not exist! Accumulo imports will fail.
Please set $ACCUMULO_HOME to the root of your Accumulo installation.
18/08/14 11:06:46 INFO sqoop.Sqoop: Running Sqoop version: 1.4.7
usage: sqoop COMMAND [ARGS]

Available commands:
  codegen            Generate code to interact with database records
  create-hive-table  Import a table definition into Hive
  eval               Evaluate a SQL statement and display the results
  export             Export an HDFS directory to a database table
  help               List available commands
  import             Import a table from a database to HDFS
  import-all-tables  Import tables from a database to HDFS
  import-mainframe   Import datasets from a mainframe server to HDFS
  job                Work with saved jobs
  list-databases     List available databases on a server
  list-tables        List available tables in a database
  merge              Merge results of incremental imports
  metastore          Run a standalone Sqoop metastore
  version            Display version information

See 'sqoop help COMMAND' for information on a specific command.
```

图 8-4 Sqoop 启动信息

Sqoop 常用命令如表 8-1 所示

表 8-1 Sqoop 常用命令及功能列表

序号	命 令	功 能
1	import	将数据导入到集群
2	export	将集群数据导出
3	codegen	生成与数据库记录交互的代码
4	create-hive-table	创建 Hive 表
5	eval	查看 SQL 执行结果
6	import-all-tables	导入某个数据库下所有表到 HDFS 中
7	job	用来生成一个 job
8	list-databases	列出所有的数据库名
9	list-tables	列出某个数据库下所有的表
10	merge	将 HDFS 中不同目录下的数据合在一起，并存放在指定的目录中
11	metastore	记录 Sqoop job 的元数据信息，如果不启动 Metastore 实例，则默认的元数据存储目录为：~/.sqoop
12	help	打印 Sqoop 帮助信息
13	version	打印 Sqoop 版本信息

8.4　Sqoop 应用

8.4.1　列出 MySQL 数据库的基本信息

1. 列出 MySQL 内的数据库

执行下面命令列出数据库，命令中“192.168.1.44:3306”为数据库的 IP 地址和端口。

```
$sqoop  list-databases  --connect jdbc:mysql://192.168.1.44:3306 --username  test
-P
```

由于采用了-P 参数，此时会提示输入密码，然后输入该用户的密码。

```
Enter password:
```

结果显示 Master 内 MySQL 的所有库实例，具体如下。

```
information_schema
test
mysql
performance_schema
sys
```

也可以采用-password 参数，此时需在命令行中显式输入密码。但一般不建议显式输入密码，容易泄露，不安全。

```
$sqoop  list-databases  --connect jdbc:mysql://192.168.1.44:3306 --username  test
-password  test123
```

2. 列出指定服务器的数据库内的所有表

执行如下命令，列出指定数据库的所有表。命令中“192.168.1.44:3306/test”中的 test 为数据库名称。

```
$sqoop list-tables --connect jdbc:mysql://192.168.1.44:3306/test --username  test  -P
```

结果显示 test 数据库内的所有表（以下表是提前在 test 数据库中创建的）。

```
DEPT
EMP
SALGRADE
```

8.4.2　MySQL 和 HDFS 数据互导

1. 将 MySQL 数据库中的表导入 HDFS

将 test 目录下的表 EMP 导入 HDFS。导入前可在 MySQL WorkBench 客户端查看表中的内容，如图 8-5 所示。

EMPNO	ENAME	JOB	MGR	HIREDATE	SAL	COMM	DEPTNO
7369	SMITH	CLERK	7902	1980-12-17	800	NULL	20
7499	ALLEN	SALESMAN	7698	1981-02-20	1600	300	30
7521	WARD	SALESMAN	7698	1981-02-22	1250	500	30
7566	JONES	MANAGER	7839	1981-04-02	2975	NULL	20
7654	MARTIN	SALESMAN	7698	1981-09-28	1250	1400	30
7698	BLAKE	MANAGER	7839	1981-05-01	2850	NULL	30
7782	CLARK	MANAGER	7839	1981-06-09	2450	NULL	10
7788	SCOTT	ANALYST	7566	1987-04-19	3000	NULL	20
7839	KING	PRESIDENT	NULL	1981-11-17	5000	NULL	10
7844	TURNER	SALESMAN	7698	1981-09-08	1500	0	30
7876	ADAMS	CLERK	7788	1987-05-23	1100	NULL	20
7900	JAMES	CLERK	7698	1981-12-03	950	NULL	30
7902	FORD	ANALYST	7566	1981-12-03	3000	NULL	20
7934	MILLER	CLERK	7782	1982-01-23	1300	NULL	10
NULL	NULL	NULL	NULL	NULL	NULL	NULL	NULL

图 8-5　MySQL 数据库中 EMP 表的内容

执行以下命令进行表的导入。

```
$sqoop import --connect jdbc:mysql://192.168.1.44:3306/test  --table EMP --username test -P -m 1
```

导入后可看到 HDFS 下 EMP 的内容，如图 8-6 所示。

```
hadoop@node1:~$ hdfs dfs -cat /user/hadoop/EMP/part-m-00000
7369,SMITH,CLERK,7902,1980-12-17,800,null,20
7499,ALLEN,SALESMAN,7698,1981-02-20,1600,300,30
7521,WARD,SALESMAN,7698,1981-02-22,1250,500,30
7566,JONES,MANAGER,7839,1981-04-02,2975,null,20
7654,MARTIN,SALESMAN,7698,1981-09-28,1250,1400,30
7698,BLAKE,MANAGER,7839,1981-05-01,2850,null,30
7782,CLARK,MANAGER,7839,1981-06-09,2450,null,10
7788,SCOTT,ANALYST,7566,1987-04-19,3000,null,20
7839,KING,PRESIDENT,null,1981-11-17,5000,null,10
7844,TURNER,SALESMAN,7698,1981-09-08,1500,0,30
7876,ADAMS,CLERK,7788,1987-05-23,1100,null,20
7900,JAMES,CLERK,7698,1981-12-03,950,null,30
7902,FORD,ANALYST,7566,1981-12-03,3000,null,20
7934,MILLER,CLERK,7782,1982-01-23,1300,null,10
hadoop@node1:~$
```

图 8-6　HDFS 中 EMP 表的内容

2. 将 HDFS 中的数据导入 MySQL

执行以下命令进入数据导入。

```
$sqoop export  --connect  jdbc:mysql://192.168.1.44:3306/test --username test -P --table EMP_from_HDFS --m 1 --export-dir /user/hadoop/EMP --input-fields-terminated-by
```

8.4.3　MySQL 和 Hive 数据互导

1. 将关系型数据库中的表 EMP 导入 Hive 表

执行以下命令。

```
$sqoop import  --connect jdbc:mysql://192.168.1.44:3306/test --username test -P --table EMP  -m 1  --hive-import --create-hive-table --hive-table EMP  --target-dir /user/hadoop/hive
```

其中，--table EMP 表示 MySQL 中的数据库 test 下的表 EMP，--hive-table EMP 表示 Hive 中新建的表名称为 EMP。

参数说明如下。

（1）-m 1 表示由一个 Map 作业执行。

（2）--create-hive-table 表示在 Hive 中创建表。

导入成功后在 Hive 中可看到导入的内容，如图 8-7 所示。

```
hadoop@node1:~$ hdfs dfs -cat /user/hadoop/hive/part-m-00000
7369SMITHCLERK79021980-12-17800null20
7499ALLENSALESMAN76981981-02-20160030030
7521WARDSALESMAN76981981-02-22125050030
7566JONESMANAGER78391981-04-022975null20
7654MARTINSALESMAN76981981-09-281250140030
7698BLAKEMANAGER78391981-05-012850null30
7782CLARKMANAGER78391981-06-092450null10
7788SCOTTANALYST75661987-04-193000null20
7839KINGPRESIDENTnull1981-11-175000null10
7844TURNERSALESMAN76981981-09-081500030
7876ADAMSCLERK77881987-05-231100null20
7900JAMESCLERK76981981-12-03950null30
7902FORDANALYST75661981-12-033000null20
7934MILLERCLERK77821982-01-231300null10
hadoop@node1:~$
```

图 8-7　Hive 中 EMP 表的内容

2. 将 Hive 中的表数据导入 MySQL 数据库表

在 MySQL 中创建表 EMP_from_hive，没导入数据前表是空的，如图 8-8 所示。

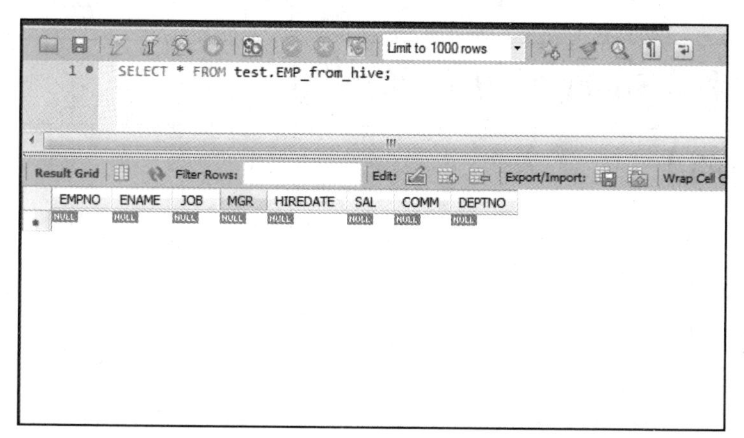

图 8-8　新建的表 EMP_from_hive

执行以下命令，把上面步骤导入到 Hive 中的表再导出到 MySQL。

```
$sqoop export --connect jdbc:mysql://192.168.1.44:3306/test --username test-P--table EMP_from_hive --export-dir /user/hadoop/hive/part-m-00000 --input-fields-terminated-by '\001'
```

结果如图 8-9 所示。

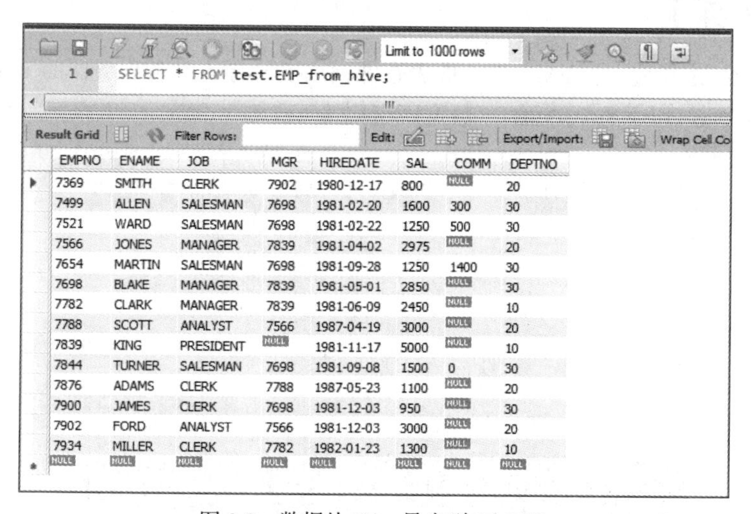

EMPNO	ENAME	JOB	MGR	HIREDATE	SAL	COMM	DEPTNO
7369	SMITH	CLERK	7902	1980-12-17	800	NULL	20
7499	ALLEN	SALESMAN	7698	1981-02-20	1600	300	30
7521	WARD	SALESMAN	7698	1981-02-22	1250	500	30
7566	JONES	MANAGER	7839	1981-04-02	2975	NULL	20
7654	MARTIN	SALESMAN	7698	1981-09-28	1250	1400	30
7698	BLAKE	MANAGER	7839	1981-05-01	2850	NULL	30
7782	CLARK	MANAGER	7839	1981-06-09	2450	NULL	10
7788	SCOTT	ANALYST	7566	1987-04-19	3000	NULL	20
7839	KING	PRESIDENT	NULL	1981-11-17	5000	NULL	10
7844	TURNER	SALESMAN	7698	1981-09-08	1500	0	30
7876	ADAMS	CLERK	7788	1987-05-23	1100	NULL	20
7900	JAMES	CLERK	7698	1981-12-03	950	NULL	30
7902	FORD	ANALYST	7566	1981-12-03	3000	NULL	20
7934	MILLER	CLERK	7782	1982-01-23	1300	NULL	10
NULL	NULL	NULL	NULL	NULL	NULL	NULL	NULL

图 8-9　数据从 Hive 导出到 MySQL

注意：在进行导出之前，MySQL 中的表必须已经提前创建好。

习　　题

8-1　什么是 Sqoop?

8-2　Sqoop 主要使用在哪些场景。

实验　Sqoop 常用功能的使用

【实验名称】Sqoop 常用功能的使用

【实验目的】

1. 理解 Sqoop 的基本原理。
2. 熟悉 Sqoop 的常用功能。

【实验原理】

略。

【实验环境】

操作系统：Linux。

Hadoop 版本：2.7.3 或以上版本。

Sqoop 版本：1.4.7。

【实验步骤】

1. 实验中会使用到一个 EMP 表（该表在课前由老师导入到各服务器的 ua1 数据库中）。表中的数据可以通过以下方式查看。（数据库密码为 ua1）

（1）登录数据库。

```
mysql -u ua1 -p
```

（2）切换到数据库 ua1。

```
use ua1;
```

（3）列出 ua1 中的表。

```
show tables;
```

（4）查看 EMP 中的数据。

```
select * from EMP;
```

```
mysql> select * from EMP;
+-------+--------+-----------+------+------------+------+------+--------+
| EMPNO | ENAME  | JOB       | MGR  | HIREDATE   | SAL  | COMM | DEPTNO |
+-------+--------+-----------+------+------------+------+------+--------+
|  7369 | SMITH  | CLERK     | 7902 | 1980-12-17 |  800 | NULL |     20 |
|  7499 | ALLEN  | SALESMAN  | 7698 | 1981-02-20 | 1600 |  300 |     30 |
|  7521 | WARD   | SALESMAN  | 7698 | 1981-02-22 | 1250 |  500 |     30 |
|  7566 | JONES  | MANAGER   | 7839 | 1981-04-02 | 2975 | NULL |     20 |
|  7654 | MARTIN | SALESMAN  | 7698 | 1981-09-28 | 1250 | 1400 |     30 |
|  7698 | BLAKE  | MANAGER   | 7839 | 1981-05-01 | 2850 | NULL |     30 |
|  7782 | CLARK  | MANAGER   | 7839 | 1981-06-09 | 2450 | NULL |     10 |
|  7788 | SCOTT  | ANALYST   | 7566 | 1987-04-19 | 3000 | NULL |     20 |
|  7839 | KING   | PRESIDENT | NULL | 1981-11-17 | 5000 | NULL |     10 |
|  7844 | TURNER | SALESMAN  | 7698 | 1981-09-08 | 1500 |    0 |     30 |
|  7876 | ADAMS  | CLERK     | 7788 | 1987-05-23 | 1100 | NULL |     20 |
|  7900 | JAMES  | CLERK     | 7698 | 1981-12-03 |  950 | NULL |     30 |
|  7902 | FORD   | ANALYST   | 7566 | 1981-12-03 | 3000 | NULL |     20 |
|  7934 | MILLER | CLERK     | 7782 | 1982-01-23 | 1300 | NULL |     10 |
+-------+--------+-----------+------+------------+------+------+--------+
14 rows in set (0.00 sec)
```

注意：以下数据库服务器的 IP 地址需要根据实际情况修改，本例为 10.90.26.106。数据库名、密码统一为 ua1。

2．通过 sqoop 命令列出 MySQL 中有哪些数据库。

```
sqoop list-databases  --connect jdbc:mysql://10.90.26.106:3306/  --username  ua1
-P
```

参考结果：

```
information_schema
ua1
uf19@desktop6:~/Desktop$
```

3．列出 MySQL 中的 ua1 有哪些数据表。

```
sqoop list-tables --connect jdbc:mysql://10.90.26.106:3306/ua1 --username ua1 -P
```

参考结果：

```
Cardflow
DEPT
EMP
GXXS_XJJBSJZLB
GXXS_XSJBSJZL
GXXX_YXSDWJBSJZL
SALES_DATA
TEST
Table output
abc
abcd
cjb
eg1
eg1.1
etl_table
hhhh
hhhh1
hhhh2
hn
lyf
```

4．将 ua1 中 EMP 表的数据导入 HDFS。

```
sqoop  import  --connect  jdbc:mysql://10.90.26.106:3306/ua1  --username  ua1  -P
--table EMP  -target-dir  /user/uf19/zhangsan -m 1
```

注：命令中指定了数据保存的目录，uf19 为系统登录名（可根据实际情况修改），zhangsan 为个人姓名拼音，本例中是张三。并指定了 Map 数量。

上传完毕，通过命令 hdfs dfs –ls，可查看是否存在目标目录。

```
uf19@desktop6:~/Desktop$ hdfs dfs -ls
Found 2 items
drwx------   - uf19 hdfs          0 2018-08-22 06:32 .staging
drwxr-xr-x   - uf19 hdfs          0 2018-08-22 06:32 zhangsan
uf19@desktop6:~/Desktop$
```

通过命令 hdfs dfs -cat　zhangsan/part-m-00000，查看上传的内容。

```
uf19@desktop6:~/Desktop$ hdfs dfs -cat zhangsan/part-m-00000
7369,SMITH,CLERK,7902,1980-12-17,800,null,20
7499,ALLEN,SALESMAN,7698,1981-02-20,1600,300,30
7521,WARD,SALESMAN,7698,1981-02-22,1250,500,30
7566,JONES,MANAGER,7839,1981-04-02,2975,null,20
7654,MARTIN,SALESMAN,7698,1981-09-28,1250,1400,30
7698,BLAKE,MANAGER,7839,1981-05-01,2850,null,30
7782,CLARK,MANAGER,7839,1981-06-09,2450,null,10
7788,SCOTT,ANALYST,7566,1987-04-19,3000,null,20
7839,KING,PRESIDENT,null,1981-11-17,5000,null,10
7844,TURNER,SALESMAN,7698,1981-09-08,1500,0,30
7876,ADAMS,CLERK,7788,1987-05-23,1100,null,20
7900,JAMES,CLERK,7698,1981-12-03,950,null,30
7902,FORD,ANALYST,7566,1981-12-03,3000,null,20
7934,MILLER,CLERK,7782,1982-01-23,1300,null,10
uf19@desktop6:~/Desktop$
```

5．把上一步骤导入到 HDFS 的表导出到 MySQL。

在导出前需要在 MySQL 中创建接收 HDFS 数据的空表

（1）登录 ua1。

```
mysql -u ua1 -p ua1
```

（2）切换到 ua1。

```
use ua1;
```

（3）创建接收数据的空表 EMP_HDFS_zhangsan（命名要严格按照此格式，以免冲突，EMP_HDFS_个人姓名拼音）。

```
create table EMP_HDFS_zhangsan like  EMP;
```

创建成功，此时为空表。

```
mysql> select * from EMP_HDFS_zhangsan;
Empty set (0.00 sec)
```

通过以下命令导出数据。

```
sqoop export --connect jdbc:mysql://10.90.26.106:3306/ua1 --table EMP_HDFS_zhangsan --export-dir /user/uf19/zhangsan/part-m-00000 --username ua1 -P -m 1
```

导出成功后可到 MySQL 查看导出的内容。

```
mysql> select * from EMP_HDFS_zhangsan;
+-------+--------+-----------+------+------------+------+------+--------+
| EMPNO | ENAME  | JOB       | MGR  | HIREDATE   | SAL  | COMM | DEPTNO |
+-------+--------+-----------+------+------------+------+------+--------+
|  7369 | SMITH  | CLERK     | 7902 | 1980-12-17 |  800 | NULL |     20 |
|  7499 | ALLEN  | SALESMAN  | 7698 | 1981-02-20 | 1600 |  300 |     30 |
|  7521 | WARD   | SALESMAN  | 7698 | 1981-02-22 | 1250 |  500 |     30 |
|  7566 | JONES  | MANAGER   | 7839 | 1981-04-02 | 2975 | NULL |     20 |
|  7654 | MARTIN | SALESMAN  | 7698 | 1981-09-28 | 1250 | 1400 |     30 |
|  7698 | BLAKE  | MANAGER   | 7839 | 1981-05-01 | 2850 | NULL |     30 |
|  7782 | CLARK  | MANAGER   | 7839 | 1981-06-09 | 2450 | NULL |     10 |
|  7788 | SCOTT  | ANALYST   | 7566 | 1987-04-19 | 3000 | NULL |     20 |
|  7839 | KING   | PRESIDENT | NULL | 1981-11-17 | 5000 | NULL |     10 |
|  7844 | TURNER | SALESMAN  | 7698 | 1981-09-08 | 1500 |    0 |     30 |
|  7876 | ADAMS  | CLERK     | 7788 | 1987-05-23 | 1100 | NULL |     20 |
|  7900 | JAMES  | CLERK     | 7698 | 1981-12-03 |  950 | NULL |     30 |
|  7902 | FORD   | ANALYST   | 7566 | 1981-12-03 | 3000 | NULL |     20 |
|  7934 | MILLER | CLERK     | 7782 | 1982-01-23 | 1300 | NULL |     10 |
+-------+--------+-----------+------+------------+------+------+--------+
```

6．把 MySQL 数据库中的 EMP 表数据导入 Hive，在 Hive 中保存为表 HIVE_zhangsan。

注意：Hive 中表名严格命名为 HIVE_个人姓名拼音，以免表名冲突。

```
sqoop import --connect jdbc:mysql://10.90.26.106:3306/ua1 --username ua1 \--password ua1 --table EMP --fields-terminated-by '\t' --target-dir /user/uf19/data --num-mappers 1 --hive-database default --hive-import --hive-table HIVE_zhangsan
```

导入成功后可以在 Hive 中查看导入的表内容。

（1）登录 Hive。

命令行输入 hive。

（2）切换数据库。

```
use default;
```

（3）查看是否存在表 hive_zhangsan。

```
hive> show tables;
OK
hive_zhangsan
lcg_hive
logs
people_bucket
people_test
t2
t3
t_hive
t_live1
ua01_hive
ub09_hive
Time taken: 0.26 seconds, Fetched: 11 row(s)
```

（4）查看表内容。

```
hive> select * from hive_zhangsan;
OK
7369    SMITH   CLERK   7902    1980-12-17      800     NULL    20
7499    ALLEN   SALESMAN        7698    1981-02-20      1600    300     30
7521    WARD    SALESMAN        7698    1981-02-22      1250    500     30
7566    JONES   MANAGER 7839    1981-04-02      2975    NULL    20
7654    MARTIN  SALESMAN        7698    1981-09-28      1250    1400    30
7698    BLAKE   MANAGER 7839    1981-05-01      2850    NULL    30
7782    CLARK   MANAGER 7839    1981-06-09      2450    NULL    10
7788    SCOTT   ANALYST 7566    1987-04-19      3000    NULL    20
7839    KING    PRESIDENT       NULL    1981-11-17      5000    NULL    10
7844    TURNER  SALESMAN        7698    1981-09-08      1500    0       30
7876    ADAMS   CLERK   7788    1987-05-23      1100    NULL    20
7900    JAMES   CLERK   7698    1981-12-03      950     NULL    30
7902    FORD    ANALYST 7566    1981-12-03      3000    NULL    20
7934    MILLER  CLERK   7782    1982-01-23      1300    NULL    10
Time taken: 0.617 seconds, Fetched: 14 row(s)
```

7. 把 MySQL 数据库中的表数据导入 HBase，导入前在 HBase 中创建一个空表。

（1）登录 HBase。

命令行输入 hbase shell。

（2）创建一个表 EMP_HBASE。

```
create 'EMP_HBASE', { NAME => 'EMPINFO', VERSIONS => 5}
```

注：上面命令在 HBase 中创建了一个 EMP_HBASE 表，这个表中有一个列族 EMPINFO，历史版本保留数量为 5。

（3）创建完成，通过命令 list 可看到 HBase 中有表 EMP_HBASE。

```
hbase(main):011:0> list
TABLE
EMP_HBASE
borrow_info
h1
h2
member
student
t1
t2
t3
test1
tt
ud03_20180807
12 row(s) in 0.0150 seconds
```

```
sqoop import --connect jdbc:mysql://10.90.26.106:3306/ua1 --username ua1 --password ua1 --table EMP --hbase-table EMP_HBASE --column-family EMPINFO  --hbase-row-key  EMPNO
```

导入完毕，可在 HBase 中通过命令 scan 'EMP_HBASE'查看导入的内容。

```
hbase(main):016:0* scan 'EMP_HBASE'
ROW                    COLUMN+CELL
 7369                  column=EMPINFO:DEPTNO, timestamp=1534926503457, value=20
 7369                  column=EMPINFO:ENAME, timestamp=1534926503457, value=SMITH
 7369                  column=EMPINFO:HIREDATE, timestamp=1534926503457, value=1980-12-17
 7369                  column=EMPINFO:JOB, timestamp=1534926503457, value=CLERK
 7369                  column=EMPINFO:MGR, timestamp=1534926503457, value=7902
 7369                  column=EMPINFO:SAL, timestamp=1534926503457, value=800
 7499                  column=EMPINFO:COMM, timestamp=1534926503457, value=300
 7499                  column=EMPINFO:DEPTNO, timestamp=1534926503457, value=30
 7499                  column=EMPINFO:ENAME, timestamp=1534926503457, value=ALLEN
 7499                  column=EMPINFO:HIREDATE, timestamp=1534926503457, value=1981-02-20
 7499                  column=EMPINFO:JOB, timestamp=1534926503457, value=SALESMAN
 7499                  column=EMPINFO:MGR, timestamp=1534926503457, value=7698
 7499                  column=EMPINFO:SAL, timestamp=1534926503457, value=1600
 7521                  column=EMPINFO:COMM, timestamp=1534926501977, value=500
 7521                  column=EMPINFO:DEPTNO, timestamp=1534926501977, value=30
 7521                  column=EMPINFO:ENAME, timestamp=1534926501977, value=WARD
 7521                  column=EMPINFO:HIREDATE, timestamp=1534926501977, value=1981-02-22
 7521                  column=EMPINFO:JOB, timestamp=1534926501977, value=SALESMAN
 7521                  column=EMPINFO:MGR, timestamp=1534926501977, value=7698
 7521                  column=EMPINFO:SAL, timestamp=1534926501977, value=1250
 7566                  column=EMPINFO:DEPTNO, timestamp=1534926501977, value=20
```

第 9 章 ZooKeeper

在分布式系统中，大部分分布式应用需要一个主控器、协调器或控制器来管理物理分布的子进程（如资源、任务分配等）。目前，大部分应用需要开发私有的协调程序，缺乏一个通用的机制。ZooKeeper 提供了通用的分布式锁服务，用以协调分布式应用。

本章主要内容如下。

（1）ZooKeeper 简介。

（2）ZooKeeper 的安装。

（3）ZooKeeper 的基本原理。

（4）ZooKeeper 的简单操作。

（5）ZooKeeper 的特性。

（6）ZooKeeper 的应用场景。

9.1 ZooKeeper 简介

前面的章节介绍了 HDFS、YARN、HBase 等，从架构上看，它们有相似点，即一个 Master（主）节点，多个 Slave（从）节点。以 HDFS 为例，如图 9-1 所示，它有一个 NameNode、多个 DataNode。这样的架构存在严重的缺陷——单点故障问题。单点即一个主节点，单点故障是指当只有一个主节点，若主节点宕机，整个集群将无法使用。

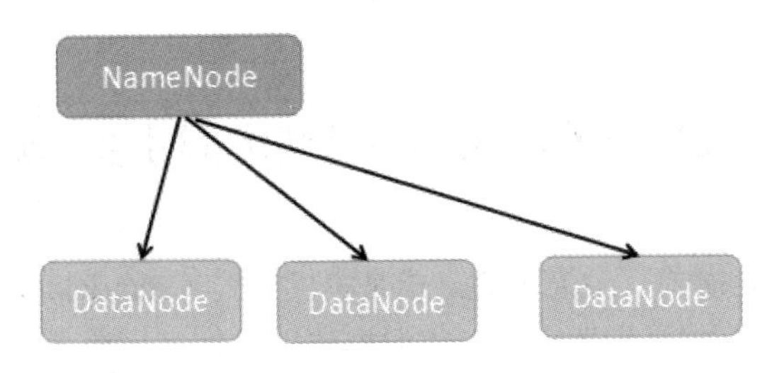

图 9-1 HDFS 的架构

除了 HDFS 有单点故障外，YARN、HBase，以及后续读者可能接触到的 Spark、Storm 都存在同样的问题。YARN 与 HBase 的架构分别如图 9-2 和图 9-3 所示。

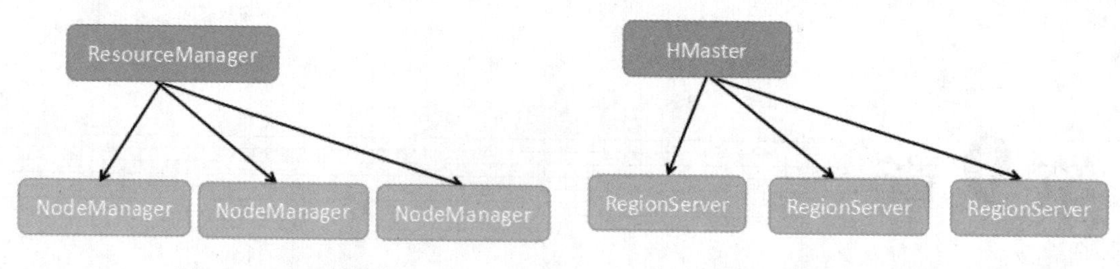

图 9-2 YARN 的架构

图 9-3 HBase 的架构

对于 Hadoop 1.x，Apache Hadoop 官方没有较好的方案解决单点故障问题。Hadoop 2.x 则有了 HDFS HA（High Availability），即 HDFS 高可用性。其基本思想是：多个主节点，一个节点 Active（活动），其他节点 Standby（备用）。一旦处于活动状态的节点宕机，会通过一个叫 Failover（故障切换）的机制，实现一个主节点失效而无法运作时，另一个节点可自动接手原失效系统所执行的工作。实现故障切换的一个核心角色就是 ZooKeeper。

什么是 ZooKeeper？ZooKeeper 是一个高可用的分布式数据管理和协调框架，能够很好地保证分布式环境中数据的一致性。在越来越多的分布式系统（Hadoop、HBase、Kafka）中，ZooKeeper 都作为核心组件使用。ZooKeeper 的 Logo 如图 9-4 所示。

图 9-4 ZooKeepeer 的 Logo

在前面的学习中，我们提到了 Google 公司的三篇论文，是分别关于 GFS、MapReduce、BigTable 的。值得注意的，在 BigTable 的论文《BigTable：一个分布式的结构化数据存储系统》中提到“BigTable 还依赖一个高可用的、序列化的分布式锁服务组件，叫作 Chubby”。Google Chubby 可以在另一篇论文《Chubby：面向松散耦合的分布式系统的锁服务》中了解到。Chubby 主要用于解决分布式一致性问题。在一个分布式系统中，有一组进程，它们需要确定一个 Value，于是每个进程都提出了一个 Value，一致性就是指只有其中的一个 Value 能够被选中作为最后确定的值，并且当这个值被选出来以后，所有的进程都需要被通知到。这就是一致性问题。

然而，Google Chubby 并不是开源的，我们只能通过其论文和其他相关的文档了解具体的细节。值得庆幸的是，Yahoo！借鉴 Chubby 的设计思想开发了 ZooKeeper，并将其开源。和 Chubby 一样，ZooKeeper 采用 Paxos 的变种 Zab（ZooKeeper atomic broadcast protocol，ZooKeeper 原子消息广播协议）来实现消息传输的一致性。也是基于这样的特性，使得 ZooKeeper 成为解决分布式一致性问题的利器。

9.2 ZooKeeper 的安装

ZooKeeper 有两种安装模式。最简单的方式是单机模式（standalone mode），它只需要在一台服务器上面运行；另一种方式是集群模式，集群模式需要在多台服务器部署。

9.2.1 单机模式

第一次尝试安装与使用 ZooKeeper 时，最简单的方式就是在一台 ZooKeeper 服务器上以单机模式运行。因为，在单机模式下配置和使用相对来说要简单许多，并且有助于理解 ZooKeeper 的工作原理。因为 ZooKeeper 是用 Java 开发的，所以先要安装好 JDK 1.8（或更新版本）。下面详细介绍安装步骤。

1. 解压

我们可以在 ZooKeeper 官网下载 zookeeper-3.4.13 安装包，然后将下载的 zookeeper-3.4.13 安装包上传到 Linux 系统。执行如下解压命令，将安装包解压到合适的位置。

```
tar -zxvf zookeeper-3.4.13.tar.gz
```

系统解压缩并自动创建 ZooKeeper 的主安装目录 zookeeper-3.4.13。

可创建文件软链接，简化配置。

```
ln -s zookeeper-3.4.13 zookeeper
```

2. 修改配置文件

ZooKeeper 的核心服务器属性配置文件是 zoo.cfg。在主安装目录下的 conf 子目录内，系统为用户准备了一个模板文件 zoo_sample.cfg，我们可以将这个文件复制一份，命名为 zoo.cfg，然后修改配置文件。首先我们进入 conf 子目录，执行以下命令。

```
cp zoo_sample.cfg zoo.cfg
vi zoo.cfg
```

然后，我们进入到 zoo.cfg 文件修改配置信息。其中，tickTime——这个时间是作为 ZooKeeper 服务器之间或客户端与服务器之间维持心跳的时间间隔，也就是每个 tickTime 时间就会发送一个心跳；dataDir——顾名思义就是 ZooKeeper 保存数据的目录，默认情况下，ZooKeeper 将数据的日志文件也保存在这个目录里；clientPort——这个端口就是客户端连接 ZooKeeper 服务器的端口，ZooKeeper 会监听这个端口，接收客户端的请求。按如下配置修改 tickTime、dataDir、clientPort 的值（其余内容不做修改）。

```
tickTime=2000
dataDir=/home/hadoop/zookeeper/tmp
clientPort=2181
```

在使用单机模式时需要注意的是：这种配置方式下没有 ZooKeeper 副本，如果 ZooKeeper 服务器出现故障，ZooKeeper 服务将会停止。

3. 配置环境变量

```
vi  ~/.bashrc
```

在文件末尾增加如下内容。

```
export ZOOKEEPER_HOME=/home/hadoop/zookeeper
export PATH=$ZOOKEEPER_HOME/bin:$PATH
```

使环境变量生效。

```
source  ~/.bashrc
```

4. 启动

```
zkServer.sh start
```

查看状态：输入命令 zkServer.sh status。

```
hadoop@node1:~$ zkServer.sh status
ZooKeeper JMX enabled by default
Using config: /home/hadoop/zookeeper/bin/../conf/zoo.cfg
Mode: standalone
```

9.2.2 集群模式

为了获得可靠的 ZooKeeper 服务，用户应该在一个集群上部署 ZooKeeper。只要集群上大多数的 ZooKeeper 服务启动了，那么总的 ZooKeeper 服务将是可用的。

集群模式的安装操作和单机模式的安装类似，我们同样需要先安装好 JDK1.8（或更新的版本），然后下载最新稳定版的 ZooKeeper 安装包。

1. 解压

分别在每台主机上操作，将下载后的 zookeeper-3.4.13 安装包上传到 Linux 系统，然后执行如下解压命令，将安装包解压到合适的位置。

```
tar -zxvf zookeeper-3.4.13.tar.gz
```

系统解压缩并自动创建 ZooKeeper 的主安装目录 zookeeper-3.4.13。

创建文件软链接，简化配置。

```
ln -s zookeeper-3.4.13 zookeeper
```

2. 修改配置文件

每台机器上 conf/zoo.cfg 配置文件的参数设置相同，可参考如下代码进行配置。

```
#tickTime：CS 通信心跳时间
tickTime=2000
#initLimit：LF 初始通信时限
initLimit=5
#syncLimit：LF 同步通信时限
syncLimit=2
#dataDir：数据文件目录
dataDir=/home/hadoop/zookeeper/tmp
#clientPort：客户端连接端口
clientPort=2181
#服务器名称与地址：集群信息（服务器编号、服务器地址、LF 通信端口、选举端口）
server.1=node1:2888:3888
server.2=node2:2888:3888
server.3=node3:2888:3888
```

在/home/hadoop/zookeeper/tmp 下创建一个文件 myid。

```
cd /home/hadoop/zookeeper/tmp
vi myid
```

在第 1 台服务器（如上面的 node1）里面填写如下的内容。

```
1
```

在第 2 台服务器（如上面的 node2）里面填写如下的内容。

```
2
```

在第 3 台服务器（如上面的 node3）里面填写如下的内容。

```
3
```

3. 配置环境变量

vi ~/.bashrc （在文件最后增加如下内容）

```
export ZOOKEEPER_HOME=/home/hadoop/zookeeper
export PATH=$ZOOKEEPER_HOME/bin:$PATH
```

使环境变量生效。

```
source ~/.bashrc
```

4. 启动

分别在每台服务器上运行 zkServer.sh start 命令。

```
zkServer.sh start
```

5. 查看状态

运行 zkServer.sh　status 命令可以查看服务运行的状态。

```
hadoop@node1:~$ zkServer.sh status
ZooKeeper JMX enabled by default
Using config: /home/hadoop/zookeeper/bin/../conf/zoo.cfg
Mode: follower
```

有一台显示 Mode: leader，其他服务器显示 Mode: follower。

9.3　ZooKeeper 的基本原理

ZooKeeper 采用 Zab（ZooKeeper atomic broadcast protocol，ZooKeeper 原子消息广播协议）来实现消息传输的一致性。Zab 是 Paxos 算法的一个变种。了解 Paxos 和 Zab 这两个基本算法对了解 ZooKeeper 的特性有非常大的帮助。下面通过故事的方式来介绍这两个算法。

9.3.1　Paxos 算法

这是一个发生在小岛 Paxos 上的故事。Paxos 岛上的事情通过议会来裁决，议会中的成员称为议员，议员的数量是确定的。岛上的事务变更都需要一个提议，每个提议都需要一个编号（PID），且 PID 是递增的。每个 PID 对应的提议需要超过议员半数同意才能通过。议员在自己的记事本上记录已经通过的编号 PID。每个议员只会同意大于当前编号的提议，并且更新到自己的记事本。对于小于等于当前编号的提议，他会拒绝，告知对方：你的提议已经有人提过了。开会前，议会不能保证所有议员记事本上的编号总是相同的，但议会最终要实现：保证所有的议员对于提议都能达成一致的看法。

Paxos 算法假设议员人人平等。每个议员都可以发起提议。考虑如下两种场景。

1. 没有冲突的场景

（1）有一个议员发了一个提议：将电费设定为 1 元/度。

（2）他首先看了一下记事本，嗯，当前提议编号是 0。

（3）那么我的这个提议的编号就是 1，于是他给所有议员发消息：1 号提议，设定电费 1 元/度。

（4）其他议员收到消息以后查一下记事本，哦，当前提议编号是 0，这个提议可接受，于是他记录下这个提议并回复：我接受你的 1 号提议。同时他在记事本上记录：当前提议编号为 1。

（5）发起提议的议员收到了超过半数议员的回复，立即给所有人发通知：1 号提议生效！

（6）收到的议员会修改他的记事本，将 1 号提议由记录改成正式的法令。当有人问他电费为多少时，他会查看法令并告诉对方：1 元/度。

2. 有冲突的场景

假设总共有 3 个议员 S1 ~ S3，S1 和 S2 同时发起了一个提议。

（1）1 号提议，设定电费。

（2）S1 想设为 1 元/度，S2 想设为 2 元/度。

（3）结果 S3 先收到了 S1 的提议，于是他做了和前面同样的操作。

（4）紧接着他又收到了 S2 的提议，结果他一查记事本，咦，这个提议的编号小于等于我的当前编号 1，于是他拒绝了这个提议：对不起，这个提议先前提过了。

（5）于是 S2 的提议被拒绝，S1 正式发布了提议：1 号提议生效。

（6）S2 向 S1 或者 S3 打听并更新了 1 号法令的内容，然后他可以选择继续发起 2 号提议。

9.3.2 Zab 算法

Zab 是 ZooKeeper 数据一致性的核心算法。

继续以小岛 Paxos 上的故事为例。Zab 算法与 Paxos 算法不一样，不是议员人人平等，而是在所有议员中设立一个总统，只有总统有权发出提议。如果议员有自己的提议，必须发给总统并由总统来提出。

1．读数据的场景

普通民众甲到某个议员 S1 那里询问当前的电费是多少，议员拿出他的记事本，查到当前的编号 PID 是 1，电费是 1 元/度，并告诉甲。同时声明："数据不一定是最新的，想要最新的数据？等我打电话给'总统'同步（Sync）一下再告诉你"。

2．写数据的场景

普通民众乙到某个议员 S2 那里反映电费太贵，能否分时段收费，议员 S2 让他在办公室等着，自己将问题反映给了总统，总统询问所有议员的意见，多数议员表示支持分时段收费，白天 0.9 元/度，晚上 1 元/度，于是总统发表声明。普通民众乙拿到最新决议。

3．"总统"离开的场景

因为某些情况，"总统"缺失，议员各自发表声明，推选新的"总统"。"总统"大选期间政府停业，拒绝普通民众的请求。

9.3.3 ZooKeeper 的架构

有了前面的故事作为基础，ZooKeeper 的工作机制就比较容易理解了。

1．ZooKeeper 事务请求的处理方式

所有事务请求必须由一个全局唯一的服务器来协调处理，这样的服务器被称为 Leader 服务器，而余下的其他服务器则称为 Follower 服务器。Leader 服务器负责将一个客户端事务请求转换成一个事务（提议），并将该事务（提议）分发给集群中所有的 Follower 服务器。之后 Leader 服务器需要等待所有 Follower 服务器的反馈，一旦超过半数的 Follower 服务器进行了正确的反馈，Leader 服务器就会再次向所有的 Follower 服务器分发 Commit 消息，要求其将前一个提议进行提交。

ZooKeeper 的架构图如图 9-5 所示。小岛故事与 ZooKeeper 角色对比如表 9-1 所示。

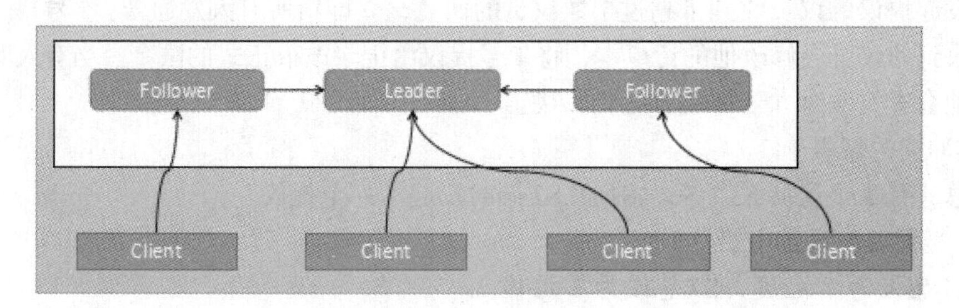

图 9-5 ZooKeeper 的架构图

ZooKeeper 集群由一组 Server 节点组成，Server 节点的数量一般为奇数（如 3、5、7 等）。在

$2n+1$ 个节点的集群中，可以承受 n 台服务器故障。这一组 Server 节点中存在一个角色为 Leader 的节点，其他节点都为 Follower。

表 9-1　　　　　　　　小岛故事与 ZooKeeper 角色对比

小岛	ZooKeeper Server Cluster
议员	ZooKeeper Server
提议	ZNode Change（Create/Delete/SetData…）
提议编号（PID）	Zxid（ZooKeeper Transaction Id）
正式法令	所有 ZNode 及其数据
总统	Leader
普通议员	Follower
普通民众	Client

写请求：写请求会序列化，每个写请求转发给 Leader 通过 Zab 协议保证一致性和顺序性（所有节点更新顺序一致）。

读请求：与 Chubby 不同，Chubby 的所有读写请求必须转发给 Leader。在 ZooKeeper 中，所有的 Server（Leader 和 Follower）都可以响应读请求。这样会带来不一致的问题，Zab 协议还没有把写消息同步到所有节点上。ZooKeeper 可以通过 sync 调用强制同步。

Zxid 编号：每次读写，ZooKeeper 都会返回一个 Zxid 编号，ZooKeeper 保证返回的数据不会比客户端传过来的 Zxid 编号更新。

模糊快照和日志：ZooKeeper 周期性地将内存中的数据保存在磁盘中形成模糊快照（模糊的含义是不一定是最新的），ZooKeeper 将更新操作都先写入磁盘。ZooKeeper 保证更新操作都是“幂等（指重复使用同样的参数调用同一方法时总能获得同样的结果）的”，所以可以通过模糊快照和日志恢复内存数据。

2. ZooKeeper 基本的工作模式

（1）崩溃恢复

当整个服务框架在启动过程中，或是当 Leader 服务器出现网络中断、崩溃退出与重启等异常情况时，Zab 协议就会进入恢复模式并选举产生新的 Leader 服务器。当选举产生了新的 Leader 服务器，同时集群中已经有过半的服务器与该 Leader 服务器完成了状态同步之后，Zab 协议就会退出恢复模式。

（2）消息广播

当集群中已经有过半的 Follower 服务器完成了和 Leader 服务器的状态同步，那么整个服务框架就可以进入消息广播模式了。当一台同样遵守 Zab 协议的服务器启动后加入到集群中时，如果此时集群中已经存在一个 Leader 服务器在进行消息广播，那么新加入的服务器就会自觉地进入数据恢复模式：找到 Leader 所在的服务器，并与其进行数据同步，然后一起参与到消息广播流程中去。

9.3.4　ZooKeeper 的数据模型

ZooKeeper 的数据模型是一个树形层次结构，如图 9-6 所示，其中的每个节点称为 Znode。指向节点的路径必须使用规范的绝对路径来表示，并且以斜线“/”来分隔。需要注意的是，在 ZooKeeper 中不允许使用相对路径。

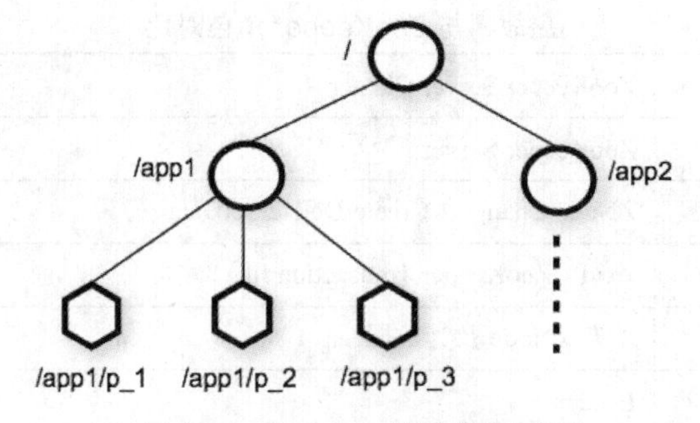

图 9-6　ZooKeeper 的树形层次结构

安装工具 ZooInspector。利用它可以很直观看到 ZooKeeper 的目录树与 Znode 的相关值及属性，如图 9-7 所示。

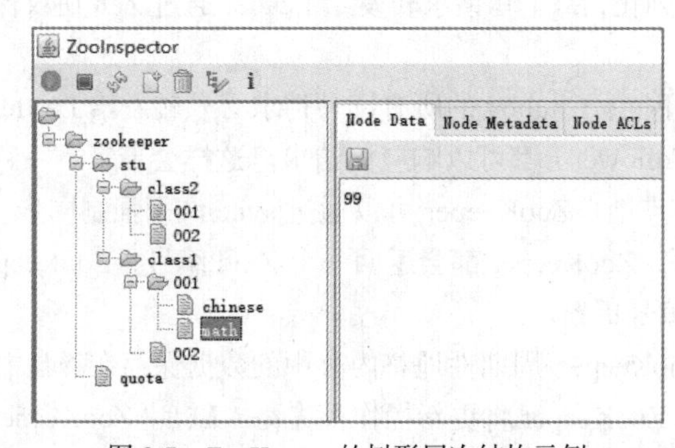

图 9-7　ZooKeeper 的树形层次结构示例

Znode 存储的数据限制在 1MB 以内，所以它不适合存储大量的数据。

每一个 Znode 维护着一个属性结构，它包含数据的版本号（Data Version）、时间戳（ctime、mtime）等状态信息，如图 9-8 及表 9-2 所示。

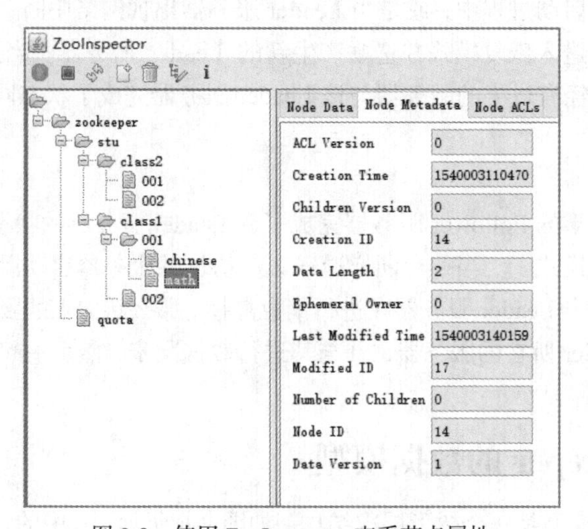

图 9-8　使用 ZooInspector 查看节点属性

表 9-2　　Znode 的属性

ZooInspector 看到的属性	ZooKeeper 命令行看到的属性	说　明
ACL Version	aclVersion	权限版本号，每次权限修改，该版本号加 1
Creation Time	ctime	创建节点时的时间
Children Version	cversion	子节点版本号，子节点每次修改版本号加 1
Creation ID	cZxid	创建节点时的事务 ID
Data Length	dataLength	该节点的数据长度
Ephemeral Owner	ephemeralOwner	短暂的拥有者
Last Modified Time	mtime	最后修改节点时的时间
Modified ID	mZxid	最后修改节点时的事务 ID
Number of Children	numChildren	该节点拥有子节点的数量
Node ID	pZxid	表示该节点的子节点列表最后一次修改的事务 ID，添加子节点或删除子节点就会影响子节点列表，但是修改子节点的数据内容则不影响该 ID
Data Version		数据版本号，数据每次修改，该版本号加 1

也可以通过如下命令（在下一节会介绍），先启动 ZooKeeper 客户端。

```
zkCli.sh
```

获取这些属性信息。

```
[zk: localhost:2181(CONNECTED) 9] get /zookeeper/stu/class1/001/math
99
cZxid = 0xe
ctime = Fri Oct 19 19:38:30 PDT 2018
mZxid = 0x11
mtime = Fri Oct 19 19:39:00 PDT 2018
pZxid = 0xe
cversion = 0
dataVersion = 1
aclVersion = 0
ephemeralOwner = 0x0
dataLength = 2
numChildren = 0
```

9.4　ZooKeeper 的简单操作

操作 ZooKeeper 有以下 3 种常见的方式。

（1）通过 ZooKeeper Shell 命令；

（2）通过 ZooInspector 工具；

（3）通过 Java API。

9.4.1　通过 ZooKeeper Shell 命令操作 ZooKeeper

在成功启动 ZooKeeper 服务之后，输入如下命令，连接到 ZooKeeper 服务。

```
zkCli.sh
```

连接成功后，系统会输出 ZooKeeper 的相关环境配置信息，并在屏幕输出“Welcome to ZooKeeper”等信息，如图 9-9 所示。

```
Connecting to localhost:2181
2018-10-22 20:09:26,640 [myid:] - INFO  [main:Environment@100] - Client environment:zookeeper.version=3.4.13-2d71
03, built on 06/29/2018 04:05 GMT
2018-10-22 20:09:26,647 [myid:] - INFO  [main:Environment@100] - Client environment:host.name=node1.hadoop
2018-10-22 20:09:26,647 [myid:] - INFO  [main:Environment@100] - Client environment:java.version=1.8.0_144
2018-10-22 20:09:26,653 [myid:] - INFO  [main:Environment@100] - Client environment:java.vendor=Oracle Corporatio
2018-10-22 20:09:26,654 [myid:] - INFO  [main:Environment@100] - Client environment:java.home=/home/hadoop/jdk1.8
2018-10-22 20:09:26,655 [myid:] - INFO  [main:Environment@100] - Client environment:java.class.path=/home/hadoop/
me/hadoop/zookeeper/bin/../build/lib/*.jar:/home/hadoop/zookeeper/bin/../lib/slf4j-log4j12-1.7.25.jar:/home/hadoo
.7.25.jar:/home/hadoop/zookeeper/bin/../lib/netty-3.10.6.Final.jar:/home/hadoop/zookeeper/bin/../lib/log4j-1.2.17
/lib/jline-0.9.94.jar:/home/hadoop/zookeeper/bin/../lib/audience-annotations-0.5.0.jar:/home/hadoop/zookeeper/bin
oop/zookeeper/bin/../src/java/lib/*.jar:/home/hadoop/zookeeper/bin/../conf:/home/hadoop/jdk/lib/dt.jar:/home/hado
2018-10-22 20:09:26,656 [myid:] - INFO  [main:Environment@100] - Client environment:java.library.path=/usr/java/p
4:/lib:/usr/lib
2018-10-22 20:09:26,657 [myid:] - INFO  [main:Environment@100] - Client environment:java.io.tmpdir=/tmp
2018-10-22 20:09:26,657 [myid:] - INFO  [main:Environment@100] - Client environment:java.compiler=<NA>
2018-10-22 20:09:26,657 [myid:] - INFO  [main:Environment@100] - Client environment:os.name=Linux
2018-10-22 20:09:26,658 [myid:] - INFO  [main:Environment@100] - Client environment:os.arch=amd64
2018-10-22 20:09:26,658 [myid:] - INFO  [main:Environment@100] - Client environment:os.version=4.15.0-36-generic
2018-10-22 20:09:26,658 [myid:] - INFO  [main:Environment@100] - Client environment:user.name=hadoop
2018-10-22 20:09:26,658 [myid:] - INFO  [main:Environment@100] - Client environment:user.home=/home/hadoop
2018-10-22 20:09:26,658 [myid:] - INFO  [main:Environment@100] - Client environment:user.dir=/home/hadoop
2018-10-22 20:09:26,661 [myid:] - INFO  [main:ZooKeeper@442] - Initiating client connection, connectString=localh
her=org.apache.zookeeper.ZooKeeperMain$MyWatcher@67424e82
Welcome to ZooKeeper!
2018-10-22 20:09:26,738 [myid:] - INFO  [main-SendThread(localhost:2181):ClientCnxn$SendThread@1029] - Opening so
t/127.0.0.1:2181. Will not attempt to authenticate using SASL (unknown error)
JLine support is enabled
2018-10-22 20:09:26,989 [myid:] - INFO  [main-SendThread(localhost:2181):ClientCnxn$SendThread@879] - Socket conn
7.0.0.1:2181, initiating session
2018-10-22 20:09:27,030 [myid:] - INFO  [main-SendThread(localhost:2181):ClientCnxn$SendThread@1303] - Session es
alhost/127.0.0.1:2181, sessionid = 0x10000fe391a0005, negotiated timeout = 30000

WATCHER::

WatchedEvent state:SyncConnected type:None path:null
[zk: localhost:2181(CONNECTED) 0]
```

图 9-9　启动客户端

输入 help 之后，屏幕会输出如下可用的 ZooKeeper 命令。

```
[zk: localhost:2181(CONNECTED) 0] help
ZooKeeper -server host:port cmd args
    stat path [watch]
    set path data [version]
    ls path [watch]
    delquota [-n|-b] path
    ls2 path [watch]
    setAcl path acl
    setquota -n|-b val path
    history
    redo cmdno
    printwatches on|off
    delete path [version]
    sync path
    listquota path
    rmr path
    get path [watch]
    create [-s] [-e] path data acl
    addauth scheme auth
    quit
    getAcl path
    close
    connect host:port
```

ZooKeeper 常用 Shell 命令的分类及描述如表 9-3 所示。

表 9-3 ZooKeeper 常用 Shell 命令

分　类	命　令	描　述
帮助	help	查看帮助
创建节点	create	create [-s] [-e] path data acl 其中，-s 或-e 分别指定节点特性为顺序或临时节点。若不指定，则为持久节点；acl 用来进行权限控制
读取节点	ls	ls path [watch] 列出节点下的子节点
	get	get path [watch] 读取某个节点
	ls2	ls2 path [watch] 查询某个节点下有哪些子节点，带属性信息
	stat	stat path [watch] 获取节点的状态信息
更新节点	set	set path data [version] data 就是要更新的内容，version 表示数据版本
删除节点	delete	delete path [version] 删除某一个节点
	rmr	rmr path 递归删除节点命令
同步	sync	sync path 使客户端的 Znode 视图与 ZooKeeper 同步
ACL	getACL	getACL path 从 Znode 获取 ACL
	setACL	setACL path acl 为 Znode 设置 ACL
配额	setquota	setquota -n|-b val path 设置节点个数以及数据长度的配额 如：setquota n 4 /zookeeper/node，设置/zookeeper/node 子节点个数最大为 4
	delquota	delquota [-n|-b] path 删除配额 -n 为子节点个数，-b 为节点数据长度，如：delquota n 2
	listquota	listquota path 显示配额，如 listquota /storm
操作历史	history/redo	history 用于列出最近的命令历史 redo 命令用于再次执行某个命令，使用方式为 redo cmdid，如 redo 20
会话	connect	connect host:port 连接服务器
	close	关闭当前连接，可用 connect 再次连接，不会退出客户端
	quit	关闭连接并退出连接客户端

9.4.2 通过 ZooInspector 工具操作 ZooKeeper

下载 ZooInspector 工具包并解压。比如，解压后的目录是：D:\ZooInspector\build。运行下面的命令，启动 ZooInspector 工具。

```
D:
cd D:\ZooInspector\build
java -jar zookeeper-dev-ZooInspector.jar
```

启动后的界面如图 9-10 所示。

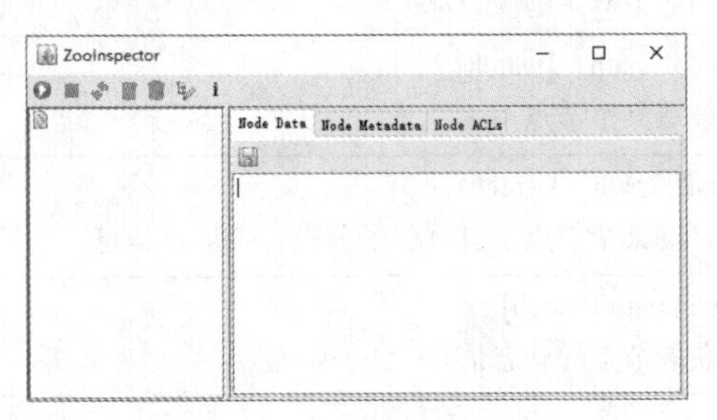

图 9-10 启动 ZooInspector

单击界面左上角的绿色图标开始连接，如图 9-11 所示。

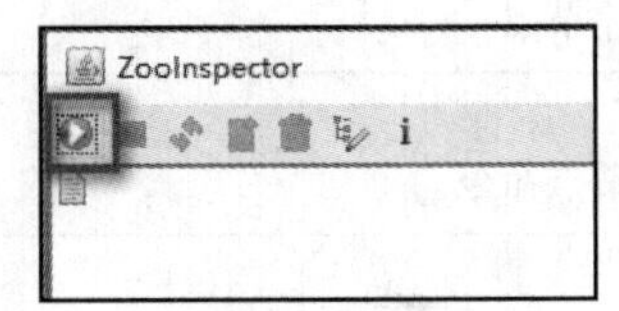

图 9-11 开始连接

在弹出的窗口中，输入 ZooKeeper 的 IP 地址和端口，如图 9-12 所示。

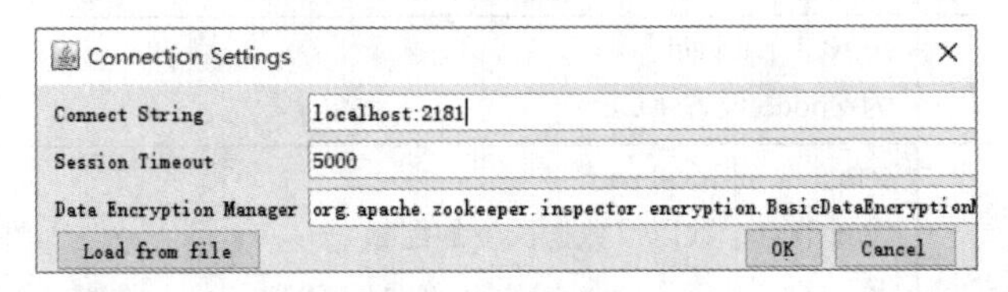

图 9-12 输入连接信息

之后就可以对 ZooKeeper 进行节点的查看、增加、删除、更新节点的值等一系列操作，如图 9-13 所示。

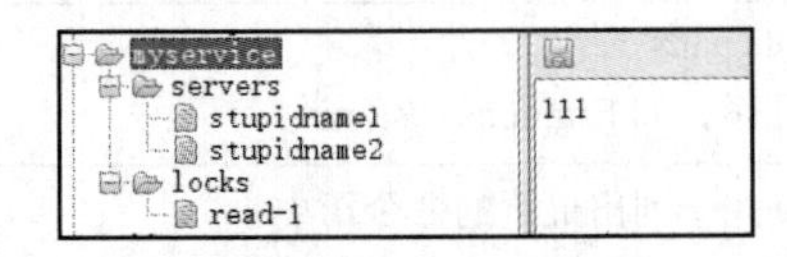

图 9-13 通过 ZooInspector 访问 ZooKeeper

9.4.3 通过 Java API 操作 ZooKeeper

ZooKeeper 的 Java API 共包含 5 个包，分别为 org.apache.zookeeper、org.apache.zookeeper.data、org.apache.zookeeper.server、org.apache.zookeeper.server.quorum 和 org.apache.zookeeper.server.upgrade。

其中，org.apache.zookeeper 包含 ZooKeeper 类，它是我们编程时最常用的类，如果要使用 ZooKeeper 服务，应用程序首先必须创建一个 ZooKeeper 实例，这时就需要使用此类。一旦客户端和 ZooKeeper 服务建立起了连接，ZooKeeper 系统将会给此连接会话分配一个 ID 值，并且客户端将会周期性地向服务器发送心跳来维持会话的连接。只要连接有效，客户端就可以调用 ZooKeeper 的 Java API 来做相应的处理。

ZooKeeper 类提供了表 9-4 所示的几类主要 Java API 方法。

表 9-4 ZooKeeper 类方法描述

方 法 名 称	描 述
String create(final String path, byte data[], List acl, CreateMode createMode)	创建一个 Znode 节点； 参数：路径、Znode 内容、ACL（访问控制列表）、Znode 创建类型
void delete(final String path, int version)	删除一个 Znode 节点； 参数：路径、版本号；如果版本号与 Znode 的版本号不一致，将无法删除，是一种乐观加锁机制；如果将版本号设置为–1，不会检测版本，直接删除
Stat exists(final String path, Watcher watcher)	判断某个 Znode 节点是否存在； 参数：路径、Watcher（监视器）；当这个 Znode 节点被改变时，将会触发当前 Watcher
Stat exists(String path, boolean watcher)	判断某个 Znode 节点是否存在； 参数：路径、设置是否监控这个目录节点。这里的 Watcher 是在创建 ZooKeeper 实例时指定的 Watcher
Stat setData(final String path, byte data[], int version)	设置某个 Znode 上的数据； 参数：路径、数据、版本号；如果为–1，跳过版本检查
byte[] getData(final String path, Watcher watcher, Stat stat)	获取某个 Znode 上的数据； 参数：路径、监视器、数据版本等信息
List getChildren(final String path, Watcher watcher)	获取某个节点下的所有子节点； 参数：路径、监视器；该方法有多个重载

9.5 ZooKeeper 的特性

现在从以下几个方面介绍 Znode 的特性。

9.5.1 会话

ZooKeeper 对外的服务端口默认是 2181。客户端启动时会与服务器建立一个 TCP 连接，从第一次连接建立开始，客户端会话的生命周期也开始了。通过这个连接，客户端会在会话超时时间（过期）范围内向服务端发送 PING 请求来保持会话的有效性（心跳检测），也能够向 ZooKeeper 服务器发送请求并接受响应，同时还能通过该连接接收来自服务器的 Watch（见后面的“监视”特性）事件通知。Session 的 SessionTimeout 值（会话超时时间，与前面安装 ZooKeeper 的配置文件的配置项 tickTime 相关）用来设置一个客户端会话的超时时间。当由于服务器压力太大、网络故障或是客户端主动断开连接等各种原因导致客户端连接断开时，只要在 SessionTimeout 规定的时间内能够重新连接上集群中任意一台服务器，那么之前创建的会话仍然有效。

9.5.2 临时节点

ZooKeeper 中的节点有两种，分别为临时节点（EPHEMERAL）和永久节点（PERSISTENT）。节点的类型在创建时即被确定，并且不能改变。ZooKeeper 临时节点的生命周期依赖于创建它们的会话。一旦会话结束，临时节点将被自动删除，当然也可以手动删除。另外需要注意的是，ZooKeeper 的临时节点不允许拥有子节点。相反，永久节点的生命周期不依赖于会话，并且只有在客户端显示执行删除操作的时候，它们才被删除。

临时节点的特性，可以用到某些场景，比如通过 ZooKeeper 发布服务，服务启动时将自已的信息注册为临时节点，当服务断掉时 ZooKeeper 将此临时节点删除，这样 Client 就不会得到服务的信息了。

创建临时节点的方法如下。结果如图 9-14 所示。

```
[zk: localhost:2181(CONNECTED) 26] create -e /tmp myvalue
Created /tmp
```

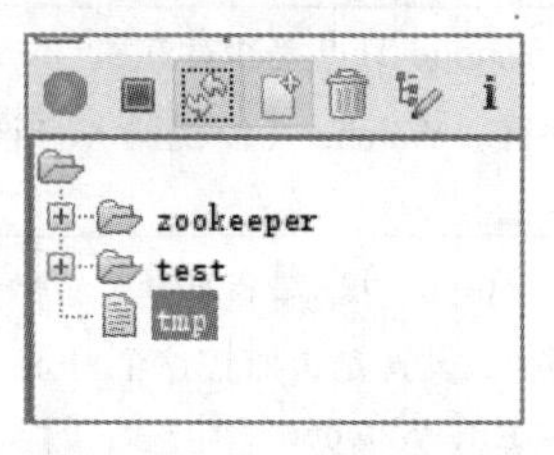

图 9-14　客户端会话还存在时能够看到/tmp

当按 Ctrl + C 组合键，再输入 zkCli.sh stop 命令退出客户端时，可以看到/tmp 目录已经被删除，如图 9-15 所示。

```
Ctrl + C
zkCli.sh stop
```

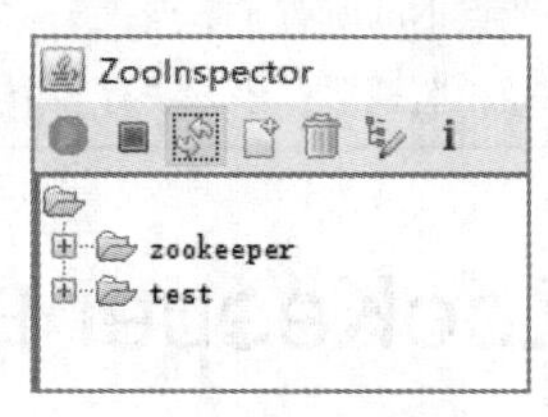

图 9-15　客户端断开时没有/tmp 了

采用 Java API，也可以创建临时节点。如下指令指定 Mode 为 CreateMode.EPHEMERAL。

```
zk.create(path, data, CreateMode.EPHEMERAL)
```

9.5.3 顺序节点

当创建 Znode 的时候，用户可以请求在 ZooKeeper 的路径结尾添加一个递增的计数。这个计数对此节点的父节点来说是唯一的，它的格式为“%010d”（10 位数字，没有数值的数据位用 0 填充，例如 0000000001）。当计数值大于 2147483647 时，计数器将会溢出。

首先创建一个 Znode 节点/test。

```
[zk: localhost:2181(CONNECTED) 13] create /test value
Created /test
```

再使用下面方法创建顺序节点。

```
[zk: localhost:2181(CONNECTED) 14] create  -s  /test/lock  value1
Created /test/lock0000000000
```

反复运行以上这条命令，可以看到/test 下多了几个子节点，如图 9-16 所示。

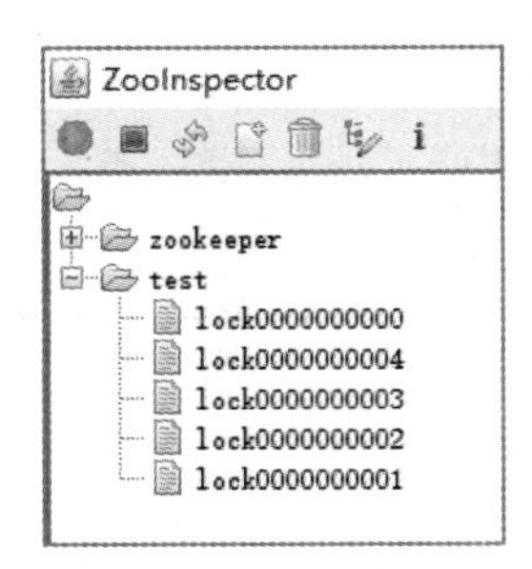

图 9-16　顺序节点展示

采用 Java API，也可以创建顺序节点。如下指令可指定 Mode 为 CreateMode.PERSISTENT_SEQUENTIAL 或 CreateMode.EPHEMERAL_SEQUENTIAL。

```
zk.create(path, data, CreateMode.EPHEMERAL_SEQUENTIAL)
```

通过顺序节点，可以创建分布式系统唯一的 ID。利用临时节点和顺序节点的两个属性，可以实现分布式锁服务。

9.5.4　事务操作

在 ZooKeeper 中，能改变 ZooKeeper 服务器状态的操作称为事务操作。事务操作一般包括数据节点的创建与删除、数据内容的更新和客户端会话的创建与失效等。对应每一个事务操作请求，ZooKeeper 都会为其分配一个全局唯一的事务 ID，用 Zxid 表示，通常是一个 64 位的数字。每一个 Zxid 对应一次更新操作，从这些 Zxid 可以间接地识别出 ZooKeeper 处理这些事务操作请求的全局顺序。

在 Znode 的属性中，我们了解到 ZooKeeper 的每个节点维护着 3 个事务 ID，即 Zxid 值，分别为 cZxid、mZxid 和 pZxid。cZxid 是节点的创建时间所对应的 Zxid 的事务 ID，mZxid 是节点的修改时间所对应的 Zxid 的事务 ID，pZxid 是该节点的子节点列表最后一次修改的事务 ID。每一次对节点的改变都将产生一个唯一的 Zxid。另外，Zxid 有递增性质，如果 Zxid1 的值小于 Zxid2 的值，那么 Zxid1 所对应的事件发生在 Zxid2 所对应的事件之前。

9.5.5　版本号

对于每个 Znode 来说，均存在 3 个版本号。

dataVersion：数据版本号。每次对节点进行 set 操作，dataVersion 的值都会增加 1（即使设置的是相同的数据）。

cversion：子节点的版本号。当 Znode 的子节点有变化时，cversion 的值就会增加 1。

aclVersion：ACL 的版本号，关于 Znode 的 ACL（Access Control List，访问控制）。

多个客户端对同一个 Znode 进行操作时，版本号的使用就会显得尤为重要。例如，假设客户端 C1 对 znode /config 写入一些配置信息，如果另一个客户端 C2 同时更新了这个 Znode，此时 C1 的版本号已经过期，C1 调用 setData 一定不会成功。这种版本机制有效避免了数据更新时先后顺序引发的写入冲突。如图 9-17 所示。

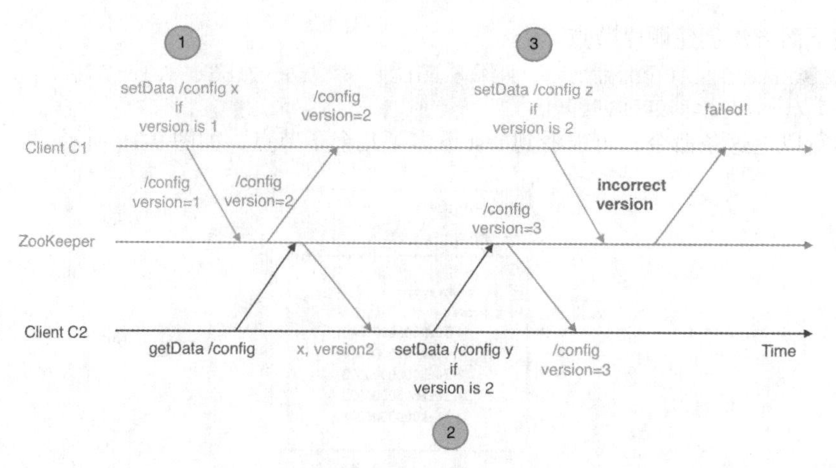

图 9-17 版本号解决并发写入冲突问题

9.5.6 监视

ZooKeeper 支持监视（Watch）这一功能。客户端可以在节点上设置监视。当节点的状态发生改变时（数据的增、删、改等操作）将会触发 Watch 对应的操作。当 Watch 被触发时，ZooKeeper 将会向客户端发送且只发送一个通知，因为 Watch 只能触发一次。

有命令行和 API 两种方式可以实现 Watch 功能。

1. 用命令行方式实现 Watch 功能

使用 Watch 监听/test 目录，一旦/test 内容有变化，则提示

```
WATCHER::
WatchedEvent state:SyncConnected type:NodeDataChanged
```

打开监视的语法如下。

```
get /path [watch]
```

操作命令如下。

```
[zk: localhost:2181(CONNECTED) 5] get /test 1
value
cZxid = 0x26
ctime = Mon Oct 22 23:04:13 CST 2018
mZxid = 0x2e
mtime = Mon Oct 22 23:16:22 CST 2018
pZxid = 0x2b
cversion = 5
dataVersion = 1
aclVersion = 0
ephemeralOwner = 0x0
dataLength = 5
numChildren = 5
[zk: localhost:2181(CONNECTED) 6] set /test value-update

WATCHER::

WatchedEvent state:SyncConnected type:NodeDataChanged path:/test
cZxid = 0x26
ctime = Mon Oct 22 23:04:13 CST 2018
mZxid = 0x2f
```

```
mtime = Mon Oct 22 23:28:03 CST 2018
pZxid = 0x2b
cversion = 5
dataVersion = 2
aclVersion = 0
ephemeralOwner = 0x0
dataLength = 12
numChildren = 5
[zk: localhost:2181(CONNECTED) 7] get /test
value-update
cZxid = 0x26
ctime = Mon Oct 22 23:04:13 CST 2018
mZxid = 0x2f
mtime = Mon Oct 22 23:28:03 CST 2018
pZxid = 0x2b
cversion = 5
dataVersion = 2
aclVersion = 0
ephemeralOwner = 0x0
dataLength = 12
numChildren = 5
```

2. 用 API 方式实现 Watch 功能

创建一个类，并实现 org.apache.ZooKeeper.Watcher 接口。代码如下。

```
public class ZWatcher implements Watcher {
    @Override
    public void process(WatchedEvent event) {
        // TODO Auto-generated method stub
        if(event.getType() == EventType.NodeCreated){
            System.out.println("创建节点");
        }
        if(event.getType() == EventType.NodeDataChanged){
            System.out.println("节点改变");
        }
        if(event.getType() == EventType.NodeChildrenChanged){
            System.out.println("子节点改变");
        }
        if(event.getType() == EventType.NodeDeleted){
            System.out.println("节点删除");
        }
    }
}
```

在创建 ZooKeeper 时，指定 Watcher。

```
zk=new ZooKeeper(address,3000,new ZWatcher());
```

9.6　ZooKeeper 的应用场景

ZooKeeper 是一个高可用的分布式数据管理与协调框架。基于对 Zab 算法的实现，该框架能够很好地保证分布式环境中数据的一致。也是基于这样的特性，使得 ZooKeeper 成为了解决分布式一致性问题的利器。ZooKeeper 的常用应用场景包括以下几种。

（1）Master 选举；

（2）分布式锁；

（3）数据发布与订阅（配置中心）；

（4）分布式协调/通知；

（5）心跳检测；

（6）命名服务（Naming Service）；

（7）分布式队列；

（8）组服务；

（9）工作进度汇报；

（10）分布式与数据复制。

本章主要介绍 Master 选举（结合 Hadoop HA）和分布式锁。

9.6.1 Master 选举

在分布式高并发情况下，利用 ZooKeeper 的强一致性，一定能够保证节点创建的全局唯一性，即 ZooKeeper 将会保证客户端无法创建一个已经存在的 Znode。也就是说，如果同时有多个客户端请求创建同一个临时节点，那么最终一定只有一个客户端能够创建成功。利用这个特性，就能很容易地在分布式环境中进行 Master 选举。

成功创建该节点的客户端所在的主机就成为了 Master。同时，其他没有成功创建该节点的客户端，都会在该节点上注册一个由子节点变更的 Watch，用于监视当前 Master 主机是否存活，一旦发现当前的 Master 出现故障了，那么其他客户端将会重新进行 Master 选举。

这样就实现了 Master 的动态选举。

Master 选举可以说是 ZooKeeper 最典型的应用场景了，比如 HDFS HA 中 Active NameNode 的选举、YARN 中 Active ResourceManager 的选举和 HBase 中 Active HMaster 的选举等。

这里演示通过 ZooKeeper 实现 HDFS HA 的方法。

图 9-18 与图 9-19 中，ZK Failover Controller 又称为 ZooKeeper Failover Controller，简称 ZKFC，是故障切换控制器。它是一个独立进程，运行机制如下。

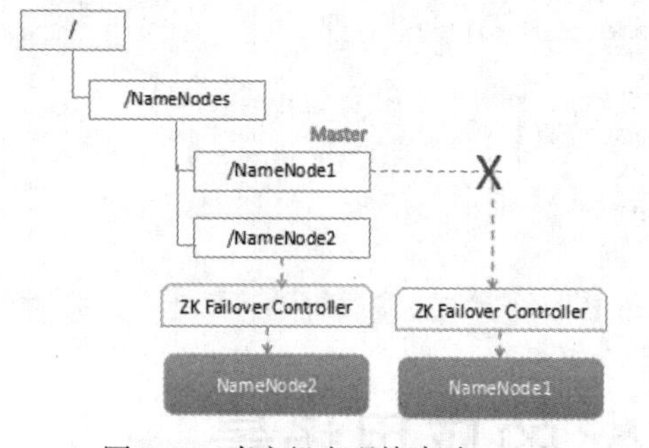

图 9-18 当主机出现故障时

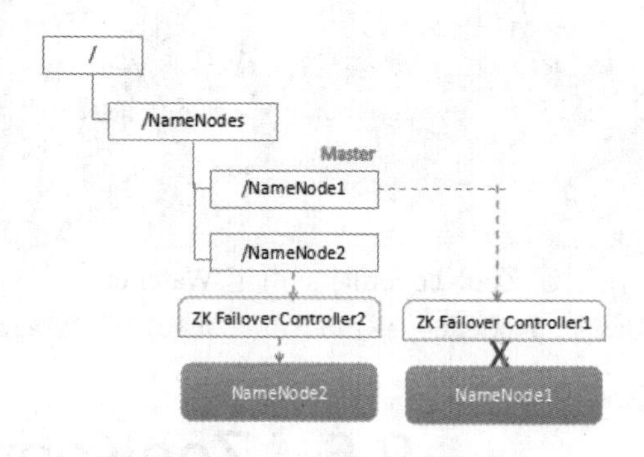

图 9-19 当 NameNode 出现故障时

（1）一旦有主机出现故障，该主机与 ZooKeeper 的连接断开，其所创建的临时目录节点被删除。

（2）所有其他主机（ZKFC）都收到通知：Master“退休”了。

（3）所有其他主机（ZKFC）接着尝试竞选 Master，“让我当 Master 吧”，结果 NameNode2

作为 Master。

完整的 HDFS 集群架构如图 9-20 所示。其中存在如下机制。

（1）两个 NameNode 为了数据同步，edit log 除了保存在本地，还保存在 JournalNode 中。

（2）Standby 状态的 NameNode 有能力读取 JournalNodes 中的变更信息，并且一直监控 edit log 的变化，把变化应用于自己的命名空间。

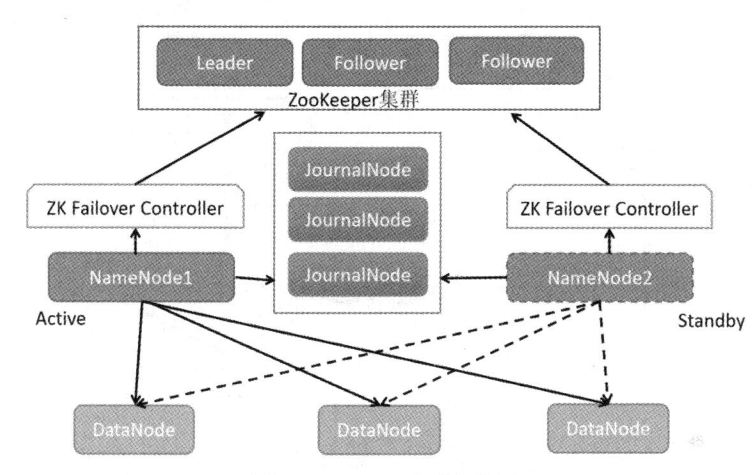

图 9-20　HDFS 集群架构图

9.6.2　分布式锁

说起锁，我们可能会想到 Java 提供的 synchronized/Lock，但是这显然不能满足所有用锁场景的需求，因为这个锁只能针对一个 JVM 中的多个线程对共享资源的操作。那么对于多台主机，多个进程对同一类资源进行操作的话，就需要分布式场景下的锁。

电商平台经常搞的“秒杀”活动需要对商品的库存进行保护，12306 网站的火车票也不能多卖，更不允许一张票被多个人买到，这样的场景就需要分布式锁对共享资源进行保护。既然 Java 的锁在分布式场景下已经无能为力，那么我们只能借助其他工具了。采用 ZooKeeper 是实现分布式锁的一种解决方案。

在 ZooKeeper 中，完全分布的锁是全局同步的。也就是说，在同一时刻，不会有两个不同的客户端认为他们持有相同的锁。下面我们将向大家介绍 ZooKeeper 中的锁机制是如何实现的。

ZooKeeper 将按照如下方式实现加锁的操作。

（1）ZooKeeper 调用 create()方法创建一个路径格式为“test/lock-”的临时有序节点，此节点是前面 ZooKeeper 特性中介绍的顺序节点和临时节点。也就是说，创建的节点为临时节点，并且所有的节点连续编号，即为“lock-i”的格式。

（2）在创建的锁节点上调用 getChildren()方法，以获取锁目录下的最小编号节点，并且不设置 Watch。

（3）步骤（2）中获取的节点恰好是步骤（1）中客户端创建的节点，那么此客户端会获得该种类型的锁，然后退出操作。

（4）客户端在锁目录上调用 exists()方法，并且设置 Watch 来监视锁目录下序号相对自己次小的连续临时节点的状态。

（5）如果监视节点状态发生变化，则跳转到步骤（2），继续进行后续的操作，直到退出锁竞争。

ZooKeeper 的解锁操作非常简单，客户端只需要将加锁操作步骤（1）中创建的临时节点删除即可。

ZooKeeper 中锁机制流程如图 9-21 所示。

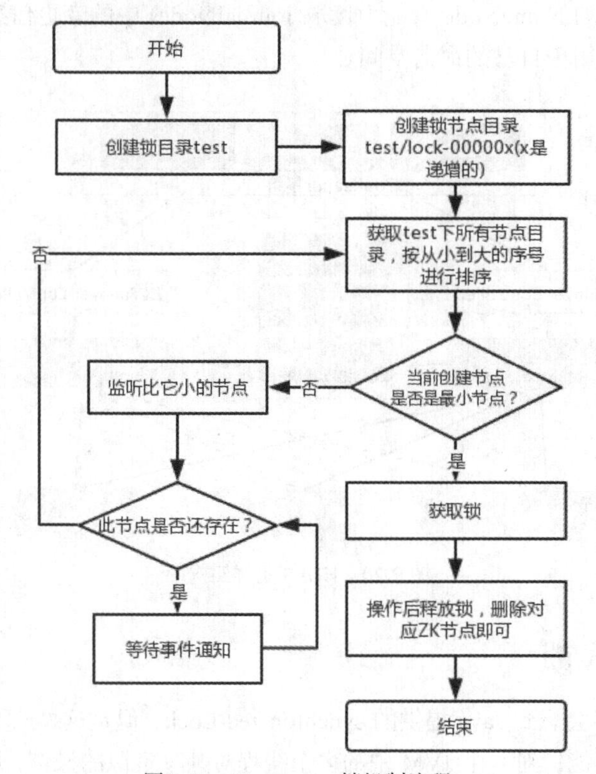

图 9-21　ZooKeeper 锁机制流程

习　题

9-1　ZooKeeper 的作用是什么。

9-2　ZooKeeper 的数据模型是怎样的。

9-3　ZooKeeper 的特性有哪些。

9-4　ZooKeeper 的常见应用场景有哪些。

实验　ZooKeeper 的 3 种访问方式

【实验名称】ZooKeeper 的 3 种访问方式

【实验目的】

掌握通过 Shell 命令、ZooInspector、Jave API 三种方式访问 ZooKeeper 的方法。

【实验原理】

略。

【实验环境】

操作系统：Linux。

JDK 版本：1.8 或以上版本。

【实验步骤】

1. 通过 ZooKeeper Shell 操作 ZooKeeper

（1）连接 ZooKeeper，输入如下命令。

```
zkCli.sh
```

（2）连接成功后，查询有哪些命令。输入如下命令。

```
help
```

（3）创建节点及子节点。

```
create /root1    data1
create /root2    data2
create /root1/child1   cdata1
create /root1/child2   cdata2
```

（4）创建临时节点。

```
create -e  /root4    data4
```

（5）创建顺序节点。

```
create -s /root3    data3
```

（6）查询某个节点下有哪些子节点。

```
ls   /
ls   /root1
```

（7）查询某个节点下有哪些子节点带属性信息。

```
ls2   /
```

（8）更新某个节点的值。

```
set  /root1  newdata1
```

（9）获取节点的状态信息。

```
stat  /root1
```

（10）读取某个节点。

```
get  /root1
```

（11）同步某个节点。

```
sync  /root1
```

（12）删除某个节点。

```
delete  /root1/child1
```

（13）递归删除某个节点。

```
rmr  /root1
```

（14）设置配额（下面限制子节点数量）。

```
setquota -n 4 /root2
```

（15）删除配额。

```
delquota /root2
```

（16）设置配额（下面限制数据长度）。

```
setquota -b 400 /root2
```

（17）显示配额。

```
listquota  /root2
```

（18）关闭当前连接，可用 connect 再次连接，不会退出客户端。

```
close
```

（19）连接服务器。

```
connect
```

（20）关闭连接并退出连接客户端。

```
quit
```

（Watch 的练习这里暂略，如 ls /path Watch 可自行了解）

2. 通过 ZooInspector 操作 ZooKeeper

（1）下载 ZooInspector 工具包并解压。比如，解压后的目录是：D:\ZooInspector\build。运行下面的命令，启动 ZooInspector 工具。

```
D:
cd  D:\ZooInspector\build
java -jar zookeeper-dev-ZooInspector.jar
```

（2）连接 ZooKeeper。单击启动图标。

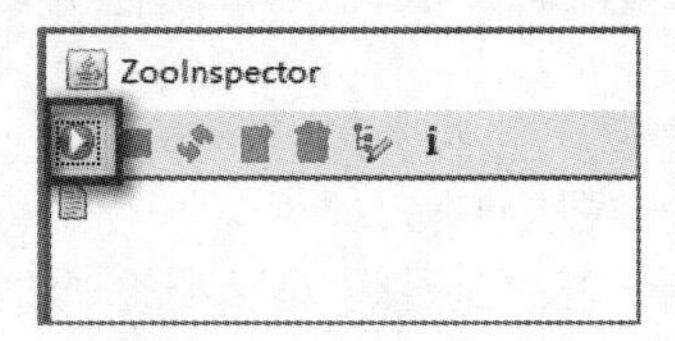

输入 ZooKeeper 的 IP 和端口进行连接。

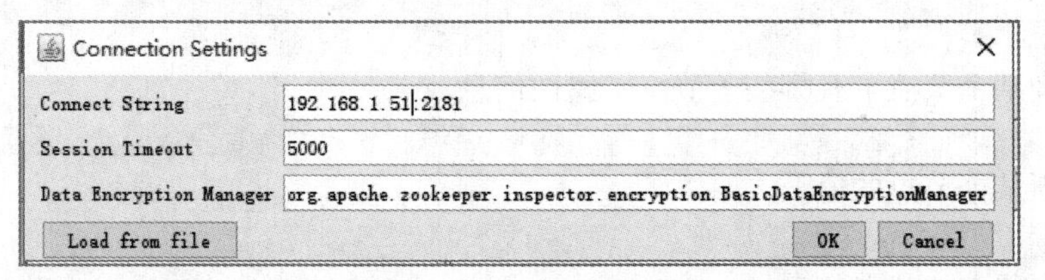

（3）连接成功后，在 ZooInspector 中进行创建节点、删除节点、更新值等操作。

3. 通过 Java API 操作 ZooKeeper

通过 IDEA，导入课堂代码，分析代码并运行。

第 10 章 Ambari

Hadoop 生态圈包含 HDFS、MapReduce、HBase、Hive、Pig、Flume、Sqoop、ZooKeeper 等诸多组件。对大数据的初学者来说，搭建一个 Hadoop 大数据基础平台不是一件容易的事；对于企业，如果要部署由成千上万的节点组成的 Hadoop 集群，手工方式部署显然不符合实际。

由 Hortonworks 公司贡献给 Apache 开源社区的 Ambari 提供了搭建整个 Hadoop 生态的一站式服务。这款软件具有集群自动化安装、中心化管理、集群监控、报警等功能，使得安装集群从几天的时间缩短在几小时以内，运维人员从数十人降低到几人以内，极大地提高集群管理的效率。

本章首先对 Ambari 做简单介绍，然后详细介绍 Ambari 的安装，以及如何使用 Ambari 搭建 Hadoop 集群，最后阐述 Ambari 的架构和工作原理。

本章主要内容如下。

（1）Ambari 简介。

（2）Ambari 的安装。

（3）利用 Ambari 管理 Hadoop 集群。

（4）Ambari 的架构和工作原理。

10.1 Ambari 简介

10.1.1 背景

Hadoop 集群的部署方式分为手工部署和工具部署。手工部署涉及细节多，需配置参数多，建议初学这样做，这样有利于理解其原理，但所有操作都依靠手工，效率低，不适合具有大量节点的集群的部署。所以采用工具是部署大规模集群的必然选择。

当前有两大主流的集群管理工具软件，一是 Hortonworks 公司的 Ambari，另一个是 Cloudera 公司的 Cloudera Manger。两个工具软件的差异如表 10-1 所示。

表 10-1 集群管理工具软件的对比

工具名	所属机构	开源性	社区支持性	易用性、稳定性	市场占有率
Cloudera Manger	Cloudera	非开源，分为免费版、收费版	不支持	易用、稳定	高
Ambari	Hortonwork	开源	支持	较易用、较稳定	较高

下面主要介绍开源、免费的 Ambari。

10.1.2 Ambari 的主要功能

Ambari 工具软件提供了搭建整个 Hadoop 生态的一站式服务，目前支持 HDFS、MapReduce、Hive、HBase、ZooKeeper、Oozie、Pig、Sqoop 等诸多 Hadoop 组件。Ambari 虽然只是 Hadoop 的一个子项目，但现已经是 Apache 的顶级项目。

Ambari 是完全开源的、Hadoop 生态的集群部署、管理、监控工具，旨在简化 Hadoop 的管理和使用。它对外提供一套完整的 RESTful API，同时提供了一个直观的、方便快捷的 Web 管理界面。

Ambari 提供了对 Hadoop 更加方便快捷的管理功能，主要包含如下 3 个方面。

（1）部署 Hadoop 集群

Ambari 通过一步一步地安装向导，简化了多主机间安装 Hadoop 服务的过程。

Ambari 可统一管理集群中 Hadoop 各服务的配置信息。

（2）管理 Hadoop 集群

Ambari 为 Hadoop 集群服务的启动、停止、更新配置提供了集中管理。用户界面非常直观，用户可以轻松有效地查看信息并控制集群。

（3）监控 Hadoop 集群

Ambari 为监控 Hadoop 集群的健康信息、状态信息提供了一个看板。

Ambari 利用指标系统（Ambari Metrics System），实现了对各项指标的采集。

Ambari 利用告警框架（Ambari Alert Framework），实现系统告警。当出现你需要注意的信息时会通知你（如节点宕机、可用的磁盘空间不足等）。

Ambari 通过一个完整的 RESTful API 把监控信息显露出来，使应用程序开发人员和系统集成人员能够轻易地将 Hadoop 的部署、管理、监控能力集成到他们的应用中。

10.2 Ambari 的安装

Ambari 目前支持以下 64 位版本的 Linux 操作系统：

- RHEL（Redhat Enterprise Linux）6 and 7；
- CentOS 6 and 7；
- OEL（Oracle Enterprise Linux）6 and 7；
- SLES（SuSE Linux Enterprise Server）11；
- Ubuntu 14 and 16；
- Debian 7。

本次安装选用 Ubuntu 16.04 64 位操作系统为例进行说明。

10.2.1 安装前准备

1. 下载安装包

所有依赖的安装包及下载地址可从 Hortonworks 官方网址获取到。安装包及下载说明如表 10-2 所示。

表 10-2 安装包及下载地址

类 型	文 件 名	下 载 说 明
OS	ubuntu-16.04.4-server-amd64.iso	Ubuntu 官方
JDK	jdk-8u144-linux-x64.tar.gz	Oracle 官方
Ambari Repo	ambari.list	Hortonworks 官方
Ambari	ambari-2.6.0.0-ubuntu16.tar.gz	Hortonworks 官方
HDP Repo	hdp.list	Hortonworks 官方
HDP	HDP-2.6.3.0-ubuntu16-deb.tar.gz	Hortonworks 官方
HDP-UTILS	HDP-UTILS-1.1.0.21-ubuntu16.tar.gz	Hortonworks 官方

2. 安装规划

安装规划如表 10-3 所示。

表 10-3 主机划分与配置说明

主 机 名	IP	配 置	备 注
node1	192.168.1.31	不小于 5GB 内存	安装 Ambari 本地源、Ambari Server、MariaDB 安装 HDFS、YARN 注意：如图 10-1 所示，本地源也可独立安装在一台主机
node2	192.168.1.32	不小于 4GB 内存	扩展安装其他组件
node3	192.168.1.33	不小于 4GB 内存	扩展安装其他组件

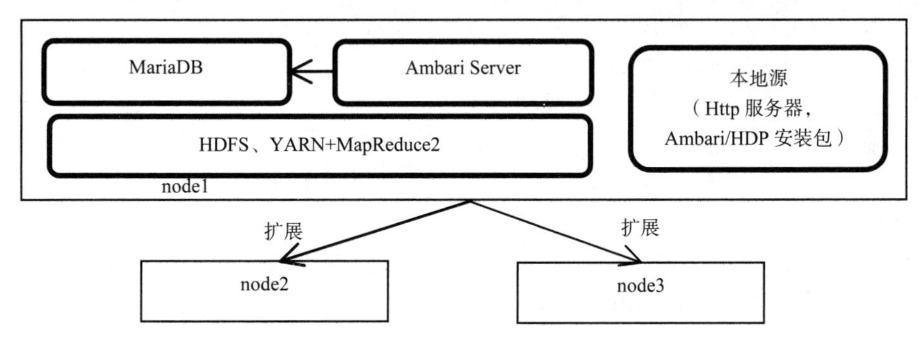

图 10-1 安装规划

3. Linux 的安装与集群搭建

Linux 系统的安装可以参考 2.1.2 小节的安装说明。

安装需要在 root 账号下，非 root 用户安装会出现权限不够等问题。

启用 root 账户的方法如下。

（1）修改密码。

sudo passwd

（2）修改 sshd_config，将“PermitRootLogin prohibit-password”行注释掉，在该行下增加“PermitRootLogin yes”行。

```
sudo vi /etc/ssh/sshd_config
```

```
# Authentication:
LoginGraceTime 120
#PermitRootLogin prohibit-password
PermitRootLogin yes
StrictModes yes
```

运行如下命令重启 SSH 服务，让配置生效。

```
sudo  /etc/init.d/ssh  restart
```

node1 /root/setup 目录存在如下文件。

```
ambari-2.6.0.0-ubuntu16.tar.gz
ambari.list
HDP-2.6.3.0-235.xml
HDP-2.6.3.0-ubuntu16-deb.tar.gz
hdp.list
HDP-UTILS-1.1.0.21-ubuntu16.tar.gz
jdk-8u144-linux-x64.tar.gz
mysql-connector-java-5.1.46.jar
```

其他节点的/root/setup 目录存在如下文件：

```
jdk-8u144-linux-x64.tar.gz
```

4. 集群配置

在集群每台主机上执行如下的步骤。先采用 su - 命令切换到 root 账户下。

（1）设置主机名。

以 node1 为例（其他节点注意修改 node1 为对应名称），修改/etc/hostname 内容为

```
node1
```

修改/etc/hosts 内容为

```
192.168.1.31 node1.hadoop node1
192.168.1.32 node2.hadoop node2
192.168.1.33 node3.hadoop node3
```

注意：修改完后重启使配置生效。

重启后执行下面命令确认是否修改成功。

```
hostname      >>显示 node1
hostname -f    >> 显示: node1.hadoop
```

（2）关闭防火墙。

```
ufw disable
```

（3）关闭 THP（Transparent HugePages）。

执行以下语句，避免安装出现警告。

```
sudo  /etc/init.d/disable-transparent-hugepages
```

编辑文件，输入如下文本。

```
#!/bin/bash
### BEGIN INIT INFO
# Provides:          disable-transparent-hugepages
# Required-Start:     $local_fs
# Required-Stop:
# X-Start-Before:     mongod mongodb-mms-automation-agent
# Default-Start:      2 3 4 5
# Default-Stop:       0 1 6
# Short-Description: Disable Linux transparent huge pages
# Description:        Disable Linux transparent huge pages, to improve
#                   database performance.
```

```
### END INIT INFO

case $1 in
  start)
    if [ -d /sys/kernel/mm/transparent_hugepage ]; then
      thp_path=/sys/kernel/mm/transparent_hugepage
    elif [ -d /sys/kernel/mm/redhat_transparent_hugepage ]; then
      thp_path=/sys/kernel/mm/redhat_transparent_hugepage
    else
      return 0
    fi

    echo 'never' > ${thp_path}/enabled
    echo 'never' > ${thp_path}/defrag

    re='^[0-1]+$'
    if [[ $(cat ${thp_path}/khugepaged/defrag) =~ $re ]]
    then
      # RHEL 7
      echo 0  > ${thp_path}/khugepaged/defrag
    else
      # RHEL 6
      echo 'no' > ${thp_path}/khugepaged/defrag
    fi

    unset re
    unset thp_path
    ;;
esac
```

运行下面命令保存这个文件使其能被使用。

```
sudo chmod 755 /etc/init.d/disable-transparent-hugepages
```

设置每次开机后自动运行此命令。

```
sudo update-rc.d disable-transparent-hugepages defaults
```

（4）配置免密码登录。

在每台主机上产生公钥和私钥，运行以下命令。

```
ssh-keygen -t rsa
```

需要将每台主机的公钥复制给其他主机（下面的 3 句话，需要在每台主机上执行）。

```
ssh-copy-id -i ~/.ssh/id_rsa.pub  node1
ssh-copy-id -i ~/.ssh/id_rsa.pub  node2
ssh-copy-id -i ~/.ssh/id_rsa.pub  node3
```

（5）安装 JDK。

JDK 解压在用户 Home 目录，并建立软链接。

在每台主机上运行如下命令。

```
cd  ~/setup
tar zxvf jdk-8u144-linux-x64.tar.gz  -C /usr/local
ln -s /usr/local/jdk1.8.0_144  /usr/local/jdk
vi /etc/profile
```

配置环境变量，在文件/etc/profile 后面追加如下内容。

```
export JAVA_HOME=/usr/local/jdk
export PATH=$JAVA_HOME/bin:$PATH
export CLASSPATH=.:$JAVA_HOME/lib/dt.jar:$JAVA_HOME/lib/tools.jar
```

执行 source 语句使环境变量生效。

```
source /etc/profile
```

（6）安装和开启 NTP 服务。

```
apt-get install ntp
```

（7）安装 Python。

```
apt-get install python
```

（8）删除 hadoop 用户。

```
userdel hadoop
```

10.2.2 安装 Ambari

说明：本小节内的操作只在节点 1（node1）执行，先采用 su - 命令切换到 root 账户下。

1. 安装 Ambari 本地源

（1）安装 Apache Http 服务。

```
apt-get install apache2
```

安装完，Apache Http 服务此时已经启动。

验证 Http 服务，使用浏览器访问如下网页，如图 10-2 所示。

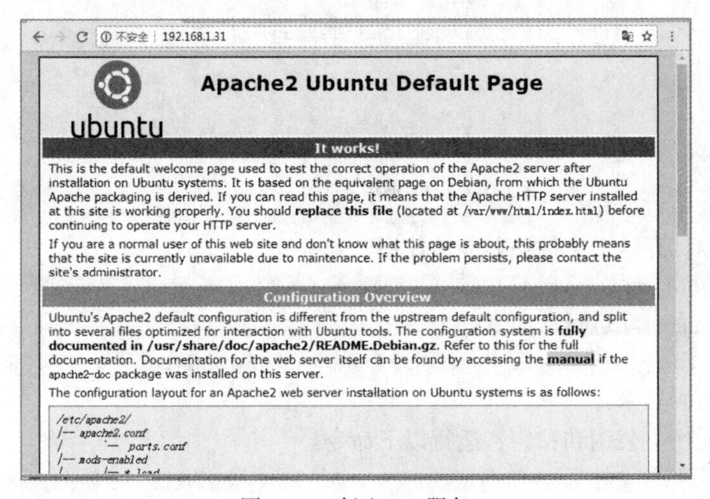

图 10-2 验证 Http 服务

（2）将安装包复制到 httpd 网站根目录。

httpd 网站根目录，默认是/var/www/html/，创建目录 ambari。

```
mkdir /var/www/html/ambari
```

将 ambari-2.6.0.0-ubuntu16.tar.gz 和 HDP-2.6.3.0-ubuntu16-deb.tar.gz 解压到该目录。

```
cd ~/setup
tar zxvf ambari-2.6.0.0-ubuntu16.tar.gz -C /var/www/html/ambari/
tar zxvf HDP-2.6.3.0-ubuntu16-deb.tar.gz -C /var/www/html/ambari/
```

将 HDP-UTILS-1.1.0.21-ubuntu16.tar.gz 解压到/var/www/html/ambari/HDP-UTILS/。

```
mkdir /var/www/html/ambari/HDP-UTILS/
tar zxvf HDP-UTILS-1.1.0.21-ubuntu16.tar.gz -C /var/www/html/ambari/HDP-UTILS
```

2. 配置 Ambari 本地源

在 node1 上配置 Ambari、HDP、HDP-UTILS 的本地源。

修改 ambari.list 文件。

```
#VERSION_NUMBER=2.6.0.0-267
deb http://192.168.1.31/ambari/ambari/ubuntu16/2.6.0.0-267 Ambari main
```

修改 hdp.list 文件。

```
#VERSION_NUMBER=2.6.3.0-235
deb http://192.168.1.31/ambari/HDP/ubuntu16/2.6.3.0-235 HDP main
deb http://192.168.1.31/ambari/HDP-UTILS HDP-UTILS main
```

将 ambari.list 和 hdp.list 复制到/etc/apt/sources.list.d 目录下。

```
cp hdp.list /etc/apt/sources.list.d
cp ambari.list /etc/apt/sources.list.d
```

导入 key。

```
apt-key adv --recv-keys --keyserver keyserver.ubuntu.com B9733A7A07513CAD
apt-get update
```

后续我们需要在所有主机上由此 Ambari 源安装 Ambari Agent，所以我们需要在所有主机上执行这两条命令，以便 Ambari Agent 可以顺利安装。

```
apt-key adv --recv-keys --keyserver keyserver.ubuntu.com B9733A7A07513CAD
apt-get update
```

3. 安装 Ambari

（1）安装与配置 MariaDB 数据库。

安装 MariaDB 数据库。

```
apt-get install mariadb-server
```

安装后默认已经启动。

```
vi /etc/mysql/mariadb.conf.d/50-server.cnf
```

将 bind-address 这行注释掉。

```
#bind-address           = 127.0.0.1
```

重启 MariaDB，执行如下命令。

```
systemctl restart mysql
```

登录数据库：mysql –uroot（需要获得操作系统管理员权限，才能登录 MariaDB 的 root 用户，密码是空）。

安装完成后创建 Ambari 数据库及用户。

```
create database ambari default charset utf8 COLLATE utf8_general_ci ;
CREATE USER 'ambari'@'%'IDENTIFIED BY 'Password_1';
GRANT ALL PRIVILEGES ON *.* TO 'ambari'@'%';
FLUSH PRIVILEGES;
```

如果要安装 Hive，并创建 Hive 数据库和用户，则执行下面的语句。

```
create database hive default charset utf8 COLLATE utf8_general_ci;
CREATE USER 'hive'@'%'IDENTIFIED BY 'Password_1';
GRANT ALL PRIVILEGES ON *.* TO 'hive'@'%';
FLUSH PRIVILEGES;
```

如果要安装 Oozie，并创建 Oozie 数据库和用户，则执行下面的语句。

```
create database oozie default charset utf8 COLLATE utf8_general_ci;
CREATE USER 'oozie'@'%'IDENTIFIED BY 'Password_1';
GRANT ALL PRIVILEGES ON *.* TO 'oozie'@'%';
FLUSH PRIVILEGES;
```

执行完后，输入如下命令退出 MariaDB。

```
quit
```

（2）安装 MySQL JDBC 驱动。

```
apt-get install libmysql-java
```

（3）安装 Ambari。

安装 Ambari Server。

```
apt-get install ambari-server
```

配置 Ambari Server，输入如下命令。

```
ambari-server setup
```

安装过程需要输入一些选项，请参考如下内容。

```
Using python  /usr/bin/python
Setup ambari-server
Checking SELinux...
SELinux status is 'enabled'
SELinux mode is 'enforcing'
Temporarily disabling SELinux
WARNING: SELinux is set to 'permissive' mode and temporarily disabled.
OK to continue [y/n] (y)?
Customize user account for ambari-server daemon [y/n] (n)? n
Adjusting ambari-server permissions and ownership...
Checking firewall status...
Checking JDK...
[1] Oracle JDK 1.8 + Java Cryptography Extension (JCE) Policy Files 8
[2] Oracle JDK 1.7 + Java Cryptography Extension (JCE) Policy Files 7
[3] Custom JDK
==============================================================================
Enter choice (1): 3
WARNING: JDK must be installed on all hosts and JAVA_HOME must be valid on all hosts.
WARNING: JCE Policy files are required for configuring Kerberos security. If you plan
to use Kerberos,please make sure JCE Unlimited Strength Jurisdiction Policy Files are valid
on all hosts.
Path to JAVA_HOME: /usr/local/jdk
Validating JDK on Ambari Server...done.
Completing setup...
Configuring database...
Enter advanced database configuration [y/n] (n)? y
Configuring database...
==============================================================================
Choose one of the following options:
[1] - PostgreSQL (Embedded)
[2] - Oracle
[3] - MySQL / MariaDB
[4] - PostgreSQL
[5] - Microsoft SQL Server (Tech Preview)
[6] - SQL Anywhere
[7] - BDB
==============================================================================
Enter choice (1): 3
Hostname (localhost):
Port (3306):
Database name (ambari):
Username (ambari):
Enter Database Password (bigdata):   ---输入上面设置的密码"Password_1"
Re-enter password:
Configuring ambari database...
Configuring remote database connection properties...
WARNING: Before starting Ambari Server, you must run the following DDL against the
```

```
database to create the schema: /var/lib/ambari-server/resources/Ambari-DDL-MySQL-CREATE.sql
    Proceed with configuring remote database connection properties [y/n] (y)?
    Extracting system views...
    ambari-admin-2.6.0.0.267.jar
    ...........
    Adjusting ambari-server permissions and ownership...
    Ambari Server 'setup' completed successfully.
```

（4）将 Ambari 数据库脚本导入到数据库。

```
mysql -uambari -pPassword_1
use ambari
source /var/lib/ambari-server/resources/Ambari-DDL-MySQL-CREATE.sql
```

执行完后，输入如下命令退出 MariaDB。

```
quit
```

（5）启动 Ambari Server。

```
ambari-server start
```

（6）访问 Ambari Server 的 Web Console。

```
http://[node1 的 IP]:8080
```

出现登录界面，如图 10-3 所示。默认以管理员账户登录，账户为 admin，密码为 admin。

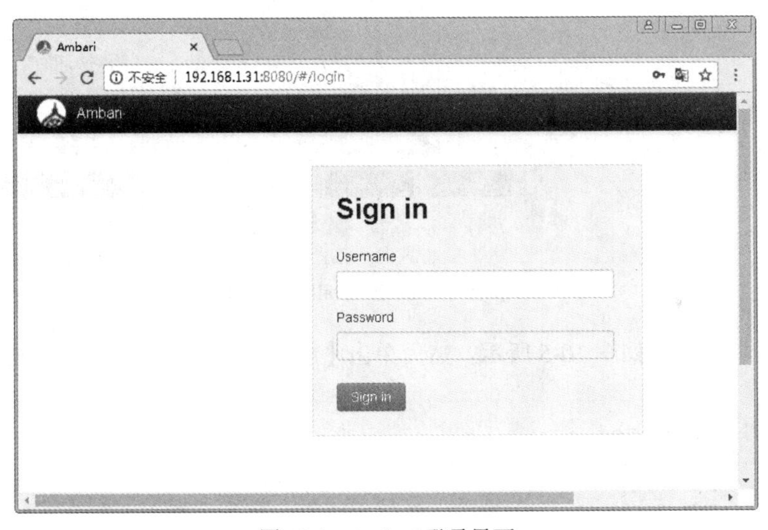

图 10-3　Ambari 登录界面

10.3　利用 Ambari 管理 Hadoop 集群

Hadoop 的发行版除了社区的 Apache Hadoop 外，Cloudera、Hortonworks、MapR、EMC、IBM、Intel、华为等公司都提供了商业版本。Cloudera 是最早将 Hadoop 商用的公司，CDH（Cloudera's Distribution Including Apache Hadoop）是 Cloudera 公司的 Hadoop 发行版，完全开源，比 Apache Hadoop 在兼容性、安全性、稳定性上有增强。HDP（Hortonworks Data Platform）则是 Hortonworks 公司的发行版，Ambari 也是由 Hortonworks 公司提供的。Ambari（开源免费）常用于部署 HDP，而 Cloudera Manger（分为收费和免费版）常用于部署 CDH，Ambari 也可部署 CDH。下面介绍使

用 Ambari 部署 HDP 集群的方法。

10.3.1 安装与配置 HDP 集群

为了简单起见，这次只部署 HDFS、YARN + MapReduce2 服务，且只部署到节点 1（node1），后面再扩展部署其他服务。

（1）登录 Ambari 成功后，单击页面的【Launch Install Wizard】按钮进行集群配置，如图 10-4 所示。

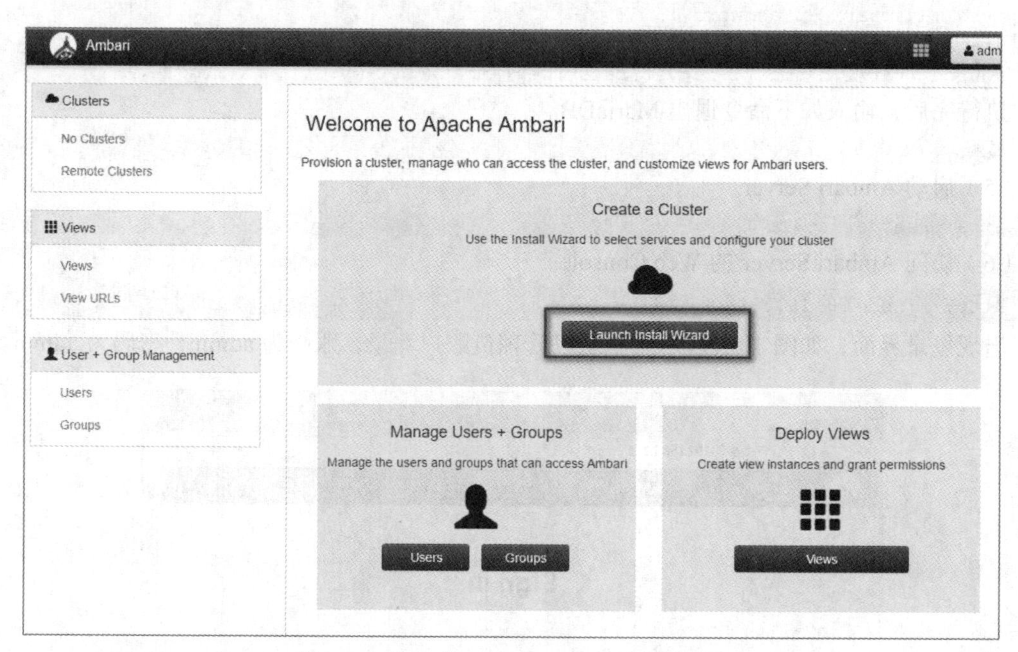

图 10-4 单击【Launch Install Wizard】按钮

（2）设置集群名称，如图 10-5 所示。然后单击【Next】按钮进入下一个安装界面。

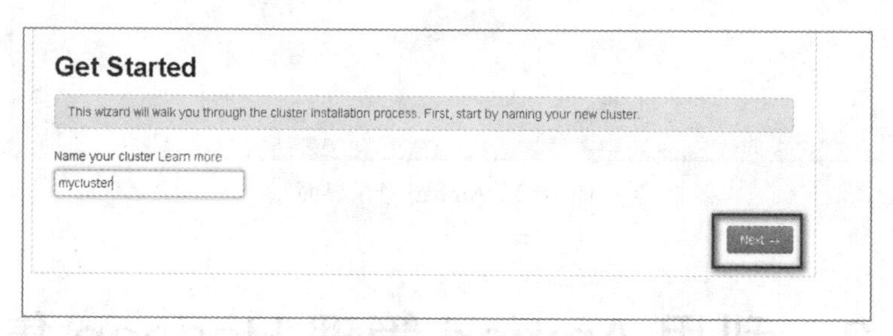

图 10-5 设置集群名称

（3）设置 HDP 安装源，如图 10-6 所示。然后单击【Next】按钮进入下一个安装界面。

只保留 ubuntu16，Base URL 输入：

http://192.168.1.31/ambari/HDP/ubuntu16/2.6.3.0-235

http://192.168.1.31/ambari/HDP-UTILS

（4）确认主机信息。

获取主机的私钥文件（文件路径是/root/.ssh/id_rsa），并将私钥文件的内容粘贴到对应的输入框内（也可以直接上传文件），如图 10-7 所示。然后单击【Next】按钮进入下一个安装界面。

图 10-6　设置 HDP 安装源

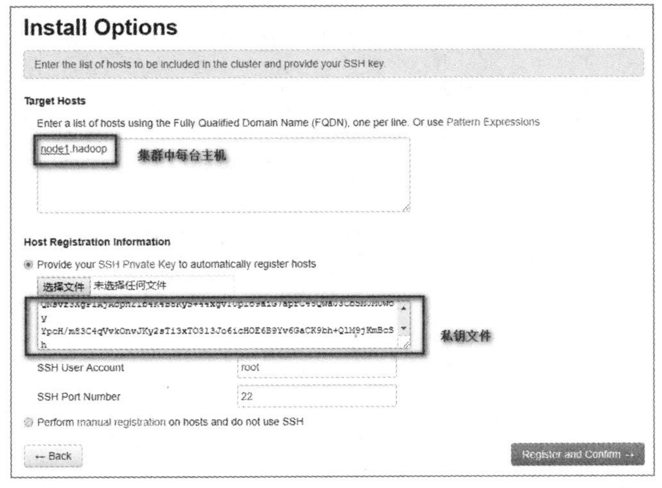

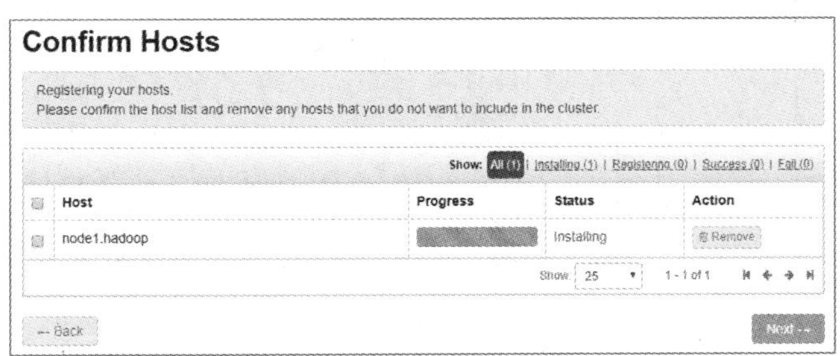

图 10-7　确认主机信息

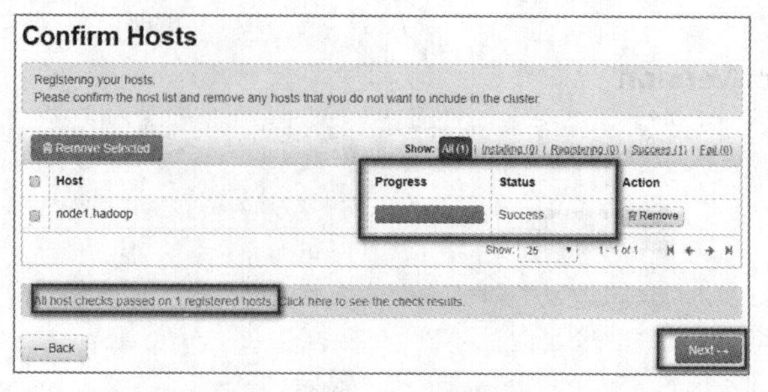

图 10-7　确认主机信息（续）

（5）选择要安装的服务。

这里只选择 HDFS 和 YARN+MapReduce2，如图 10-8 所示。然后单击【Next】按钮进入下一个安装界面。

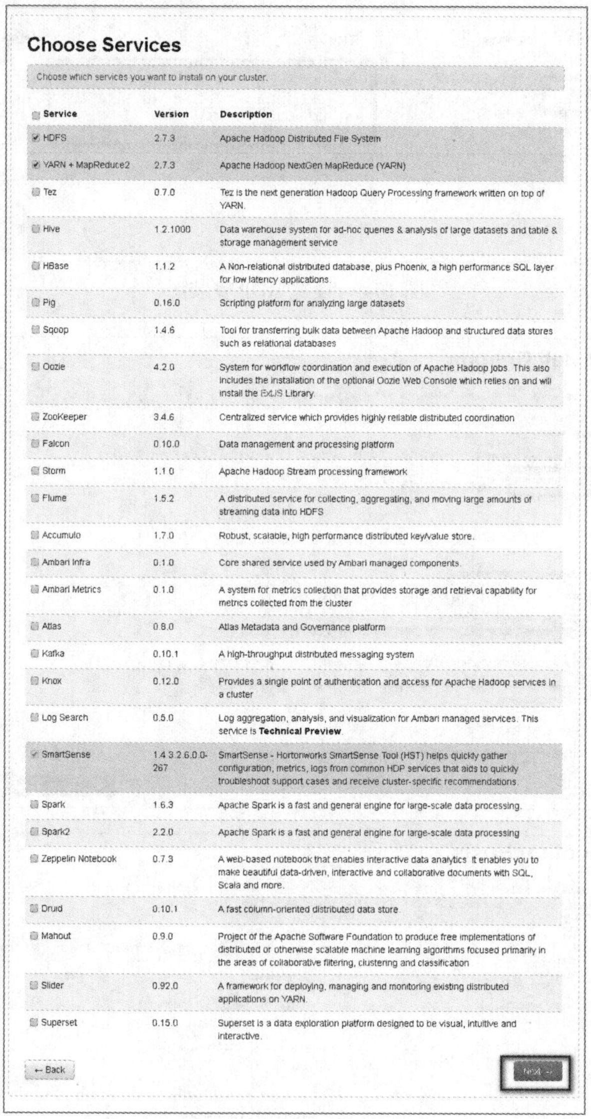

Choose Services

Choose which services you want to install on your cluster.

Service	Version	Description
HDFS	2.7.3	Apache Hadoop Distributed File System
YARN + MapReduce2	2.7.3	Apache Hadoop NextGen MapReduce (YARN)
Tez	0.7.0	Tez is the next generation Hadoop Query Processing framework written on top of YARN.
Hive	1.2.1000	Data warehouse system for ad-hoc queries & analysis of large datasets and table & storage management service
HBase	1.1.2	A Non-relational distributed database, plus Phoenix, a high performance SQL layer for low latency applications.
Pig	0.16.0	Scripting platform for analyzing large datasets
Sqoop	1.4.6	Tool for transferring bulk data between Apache Hadoop and structured data stores such as relational databases
Oozie	4.2.0	System for workflow coordination and execution of Apache Hadoop jobs. This also includes the installation of the optional Oozie Web Console which relies on and will install the ExtJS Library.
ZooKeeper	3.4.6	Centralized service which provides highly reliable distributed coordination
Falcon	0.10.0	Data management and processing platform
Storm	1.1.0	Apache Hadoop Stream processing framework
Flume	1.5.2	A distributed service for collecting, aggregating, and moving large amounts of streaming data into HDFS
Accumulo	1.7.0	Robust, scalable, high performance distributed key/value store.
Ambari Infra	0.1.0	Core shared service used by Ambari managed components.
Ambari Metrics	0.1.0	A system for metrics collection that provides storage and retrieval capability for metrics collected from the cluster
Atlas	0.8.0	Atlas Metadata and Governance platform
Kafka	0.10.1	A high-throughput distributed messaging system
Knox	0.12.0	Provides a single point of authentication and access for Apache Hadoop services in a cluster
Log Search	0.5.0	Log aggregation, analysis, and visualization for Ambari managed services. This service is **Technical Preview**.
SmartSense	1.4.3.2.6.0.0-267	SmartSense - Hortonworks SmartSense Tool (HST) helps quickly gather configuration, metrics, logs from common HDP services that aids to quickly troubleshoot support cases and receive cluster-specific recommendations.
Spark	1.6.3	Apache Spark is a fast and general engine for large-scale data processing.
Spark2	2.2.0	Apache Spark is a fast and general engine for large-scale data processing.
Zeppelin Notebook	0.7.3	A web-based notebook that enables interactive data analytics. It enables you to make beautiful data-driven, interactive and collaborative documents with SQL, Scala and more.
Druid	0.10.1	A fast column-oriented distributed data store.
Mahout	0.9.0	Project of the Apache Software Foundation to produce free implementations of distributed or otherwise scalable machine learning algorithms focused primarily in the areas of collaborative filtering, clustering and classification
Slider	0.92.0	A framework for deploying, managing and monitoring existing distributed applications on YARN.
Superset	0.15.0	Superset is a data exploration platform designed to be visual, intuitive and interactive.

← Back　Next →

图 10-8　选择要安装的服务

（6）配置各个 Master 节点，如图 10-9 所示。然后单击【Next】按钮进入下一个安装界面。

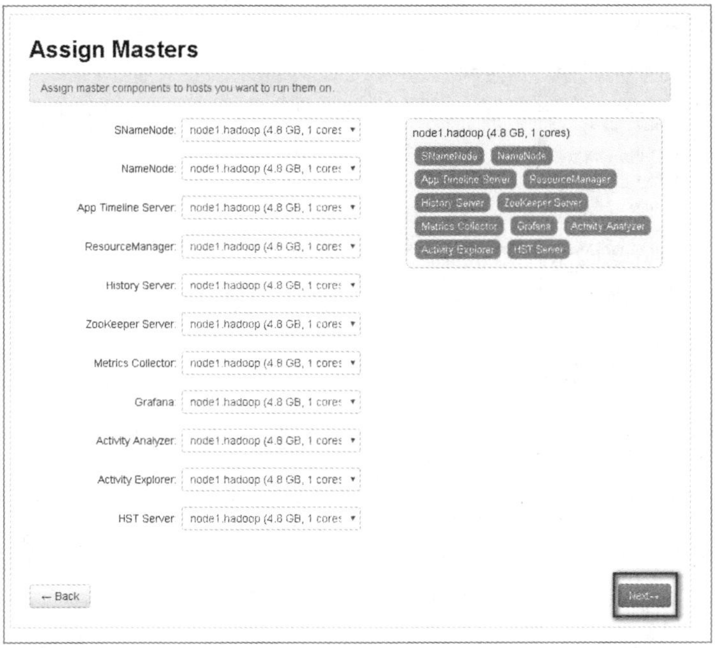

图 10-9　配置 Master 节点

（7）配置 Slave 节点，如图 10-10 所示。然后单击【Next】按钮进入下一个安装界面。

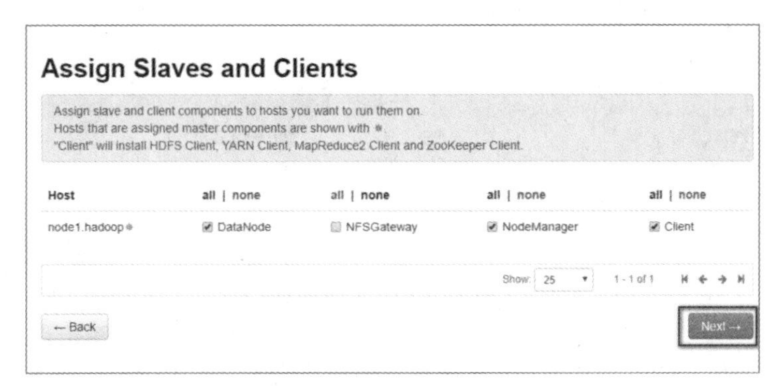

图 10-10　配置 Slave 节点

（8）服务的定制化配置，如表 10-4 所示。

表 10-4　服务的定制化配置

配　置　项	配置的值	备　　注
namenode	/hadoop/hdfs/namenode	默认
datanode	/hadoop/hdfs/data	默认
yarn.nodemanager.local-dirs	/hadoop/yarn/local	默认
yarn.nodemanager.log-dirs	/hadoop/yarn/log	默认
所有密码	password	统一一个密码，避免密码过多忘记

（9）显示配置信息，如图 10-11 所示。然后单击【Deploy】按钮开始部署。

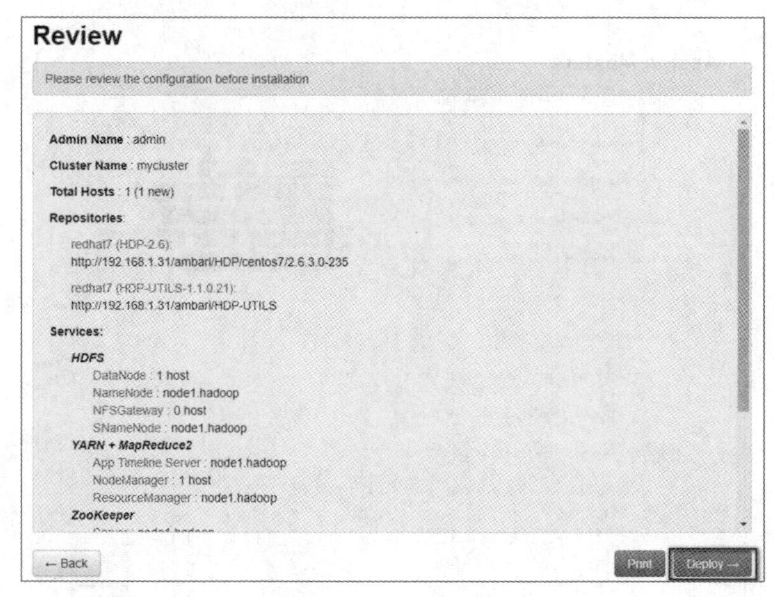

图 10-11　显示配置信息

（10）开始部署集群，如图 10-12 所示。

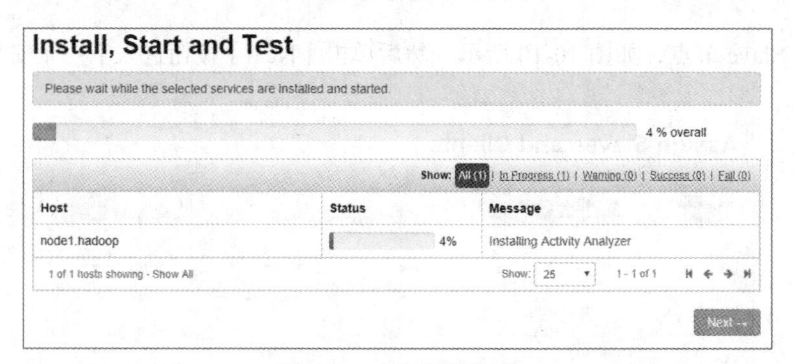

图 10-12　开始部署集群

（11）全部安装成功的界面如图 10-13 所示。然后单击【Next】按钮进入下一个界面。

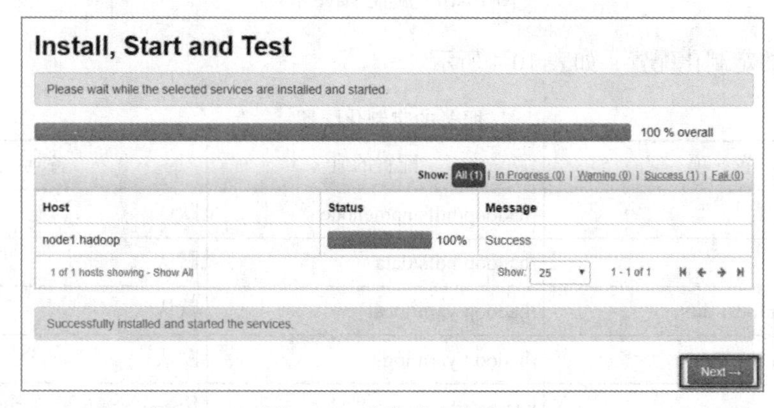

图 10-13　安装成功的界面

（12）执行 jps 命令查看后台进程，如图 10-14 所示。

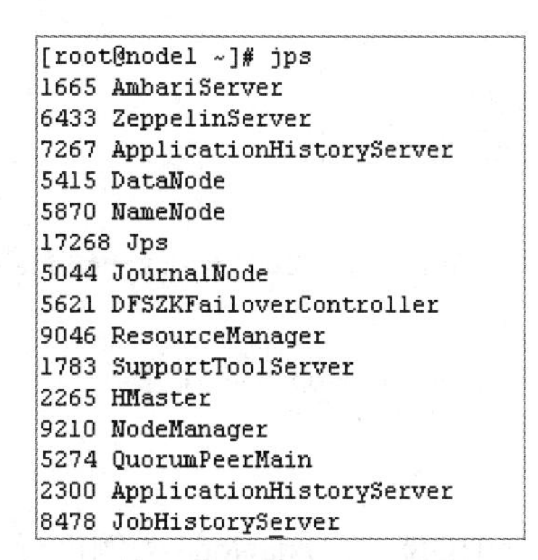

```
[root@node1 ~]# jps
1665 AmbariServer
6433 ZeppelinServer
7267 ApplicationHistoryServer
5415 DataNode
5870 NameNode
17268 Jps
5044 JournalNode
5621 DFSZKFailoverController
9046 ResourceManager
1783 SupportToolServer
2265 HMaster
9210 NodeManager
5274 QuorumPeerMain
2300 ApplicationHistoryServer
8478 JobHistoryServer
```

图 10-14　查看 Java 进程

（13）安装完成后的界面如图 10-15 所示。然后单击【Complete】按钮完成安装。

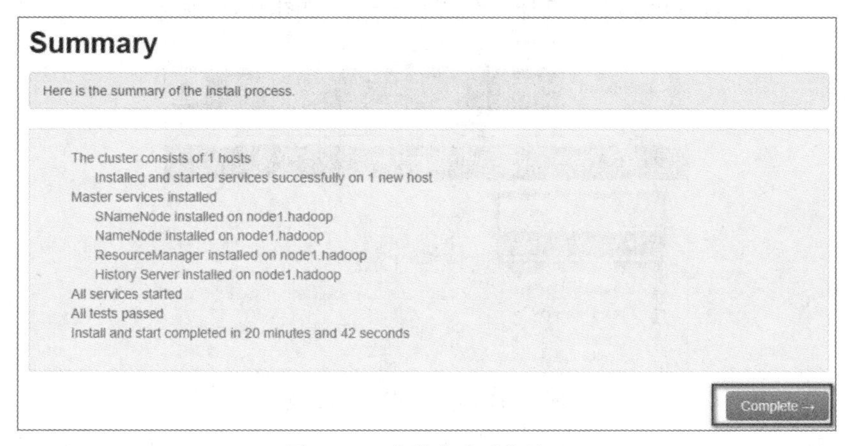

图 10-15　安装完成后的界面

（14）集群管理首页如图 10-16 所示。

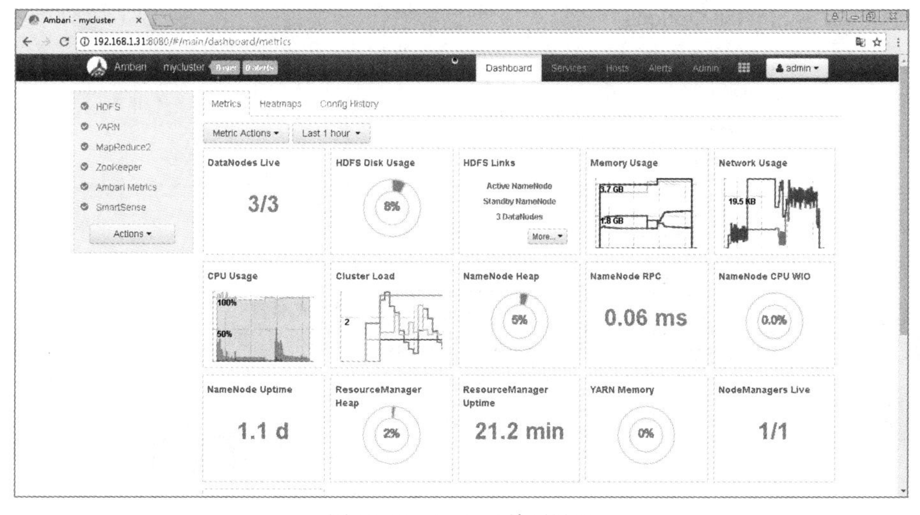

图 10-16　Ambari 首页界面

（15）执行 WordCount 程序。

切换到 hdfs 用户：su – hdfs。

创建目录：hdfs dfs -mkdir /input。

上传数据文件：hdfs dfs -put data.txt /input。

Example jar 的位置：

```
/usr/hdp/2.6.3.0-235/hadoop-mapreduce/hadoop-mapreduce-examples.jar
```

执行 WordCount：

```
hadoop jar hadoop-mapreduce-examples.jar wordcount /input /output/wc
```

10.3.2 节点的扩展

下面以在节点 2（node2）扩展 HDFS 的 DataNode 为例进行讲解。

注意：在新节点上，需要按照上面 10.3.1 的内容配置好主机名，关闭防火墙，安装 NTP 服务，安装 JDK。

（1）在 Ambari 的首页界面中，添加一个新的节点，如图 10-17 所示。

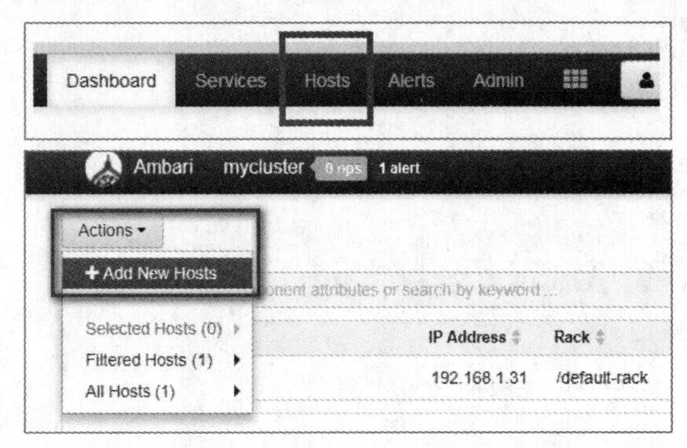

图 10-17　添加一个新的节点

（2）配置新节点的主机信息和私钥文件，如图 10-18 所示。然后单击【Register and Confirm】按钮进入下一个安装界面。

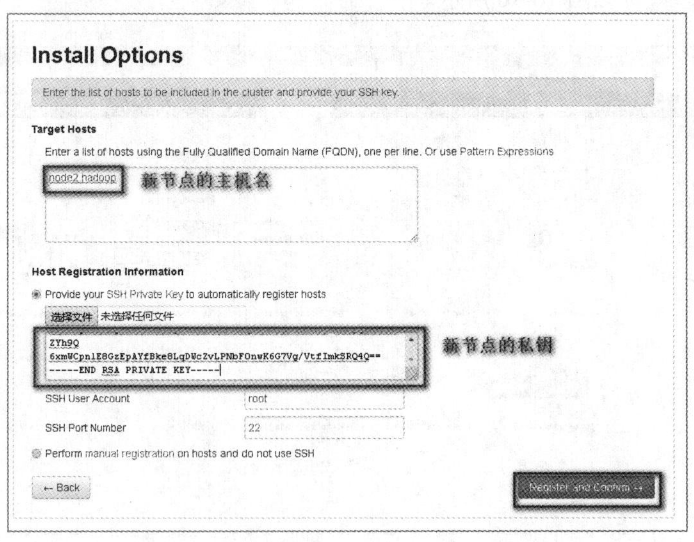

图 10-18　配置主机信息和私钥文件

（3）确认主机信息，如图 10-19 所示。然后单击【Next】按钮进入下一个安装界面。

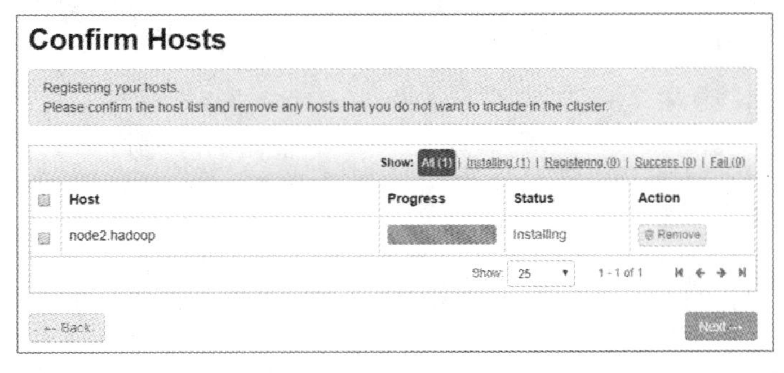

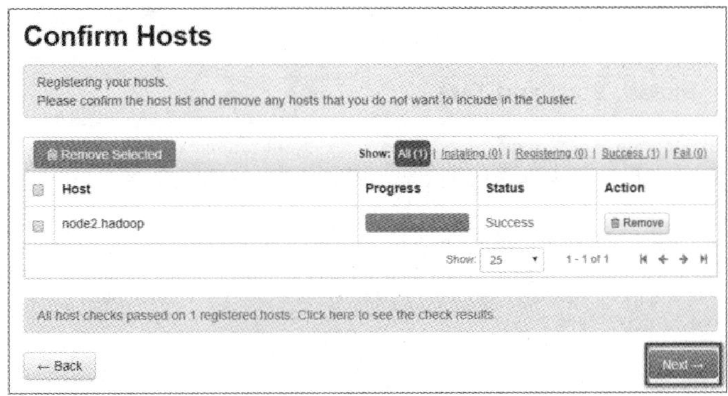

图 10-19　确认主机信息

（4）部署一个新的 DataNode 到新的节点，如图 10-20 所示。然后单击【Next】按钮进入下一个安装界面。

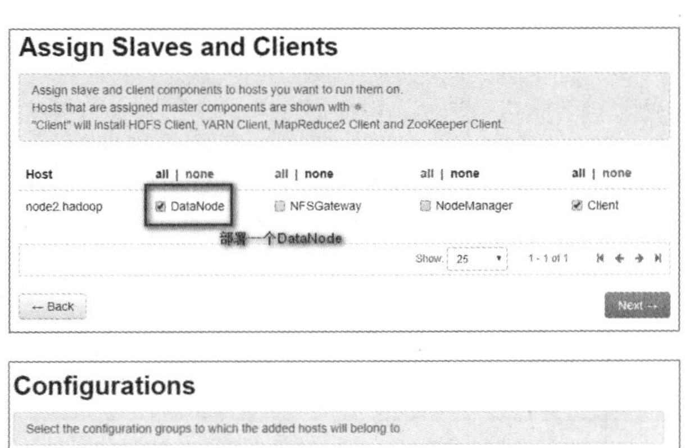

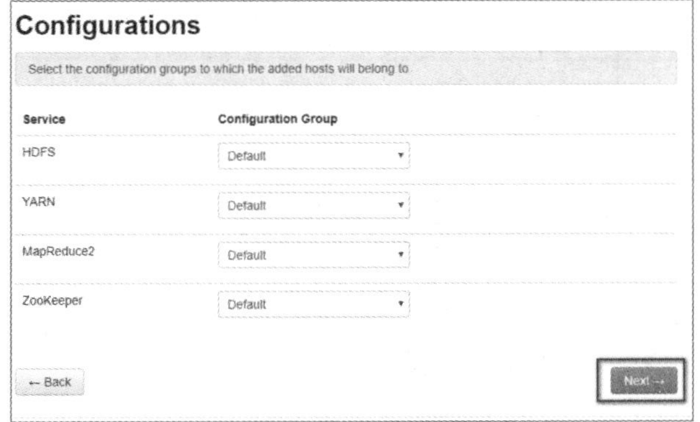

图 10-20　部署 DataNode

（5）确认部署信息，并部署，如图 10-21 所示。

图 10-21　部署

（6）部署成功，并在从节点上执行 jps 命令检查新的 DataNode，如图 10-22 所示。

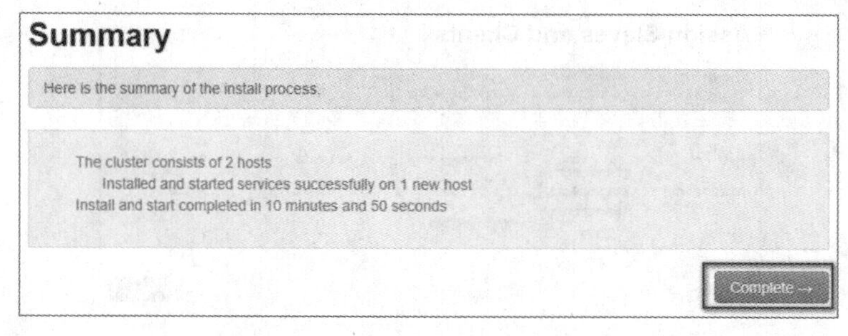

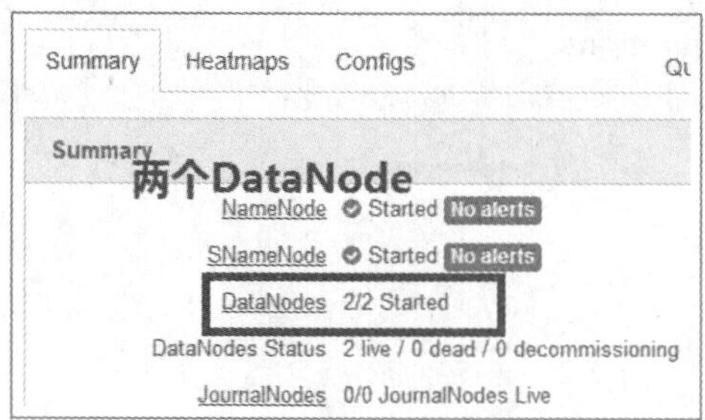


```
[root@node2 ~]# jps
4439 DataNode
4941 Jps
[root@node2 ~]#
```

图 10-22　DataNode 部署成功

10.3.3　启用 HA

下面以扩展第 3 个 DataNode，并扩展 NameNode 为例进行讲解。

注意：至少需要 3 个 ZooKeeper 节点，否则会出现如图 10-23 所示的错误。

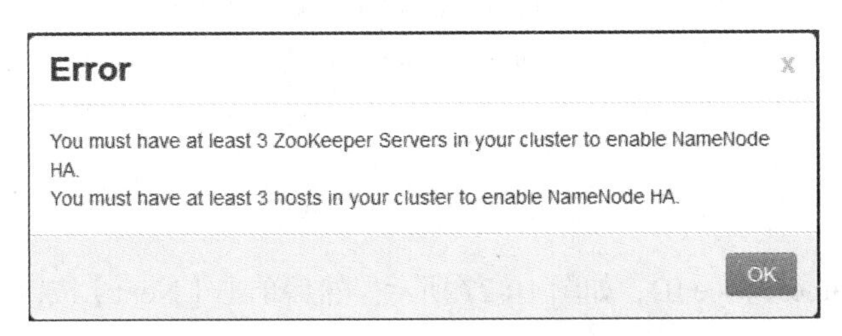

图 10-23　不足 3 个 ZooKeeper 时的提示

（1）按照 10.3.2 小节的步骤，在集群中再添加一个新的节点，并部署 DataNode。

（2）将 ZooKeeper 服务部署到 3 个节点上，并启动。

选择："Service" --> "ZooKeeper" --> "Service Actions" --> "Add ZooKeeper Server"，如图 10-24 所示（连续操作两次即可在增加的两个节点上安装 ZooKeeper 服务）。

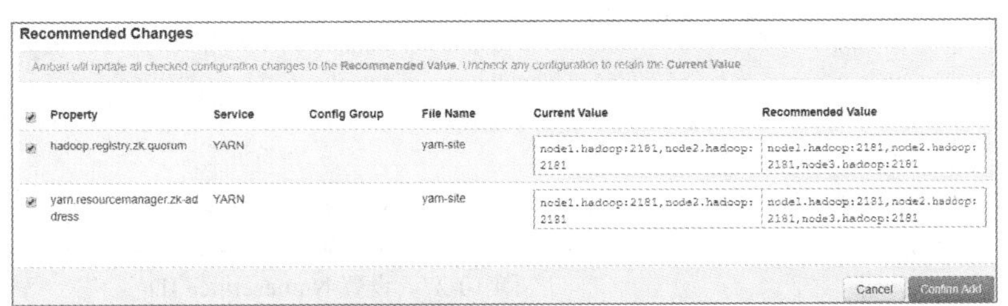

图 10-24　增加 ZooKeeper Server

（3）重启所有的 ZooKeeper 服务，如图 10-25 所示。

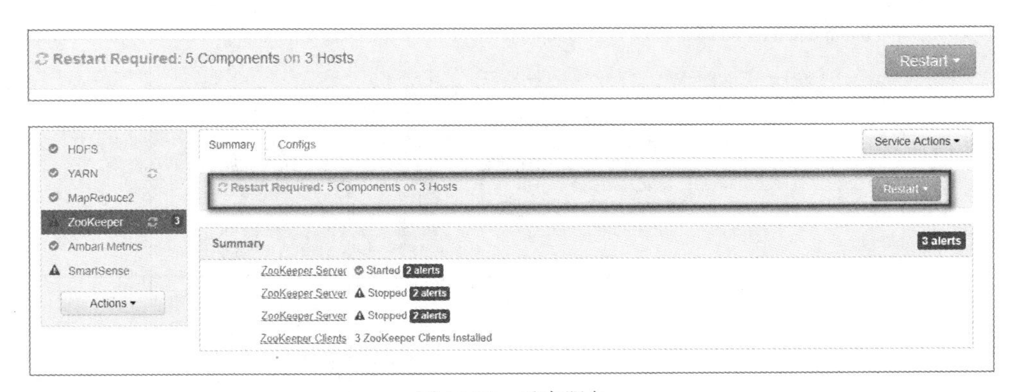

图 10-25　重启服务

注意：如果遇到有的节点无法启动，则在 Console 上重启所有的服务。正常情况下，所有服务应该都能正常启动。

（4）为 HDFS NameNode 添加 HA 的服务。

选择"Service" --> "HDFS" --> "Service Action"，单击下面入口，如图 10-26 所示。

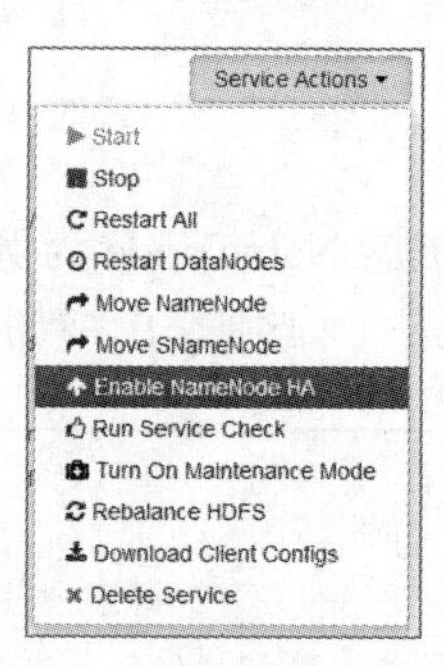

图 10-26 增加 HA

（5）输入一个 Nameservice ID，如图 10-27 所示。然后单击【Next】按钮进入下一个安装界面。

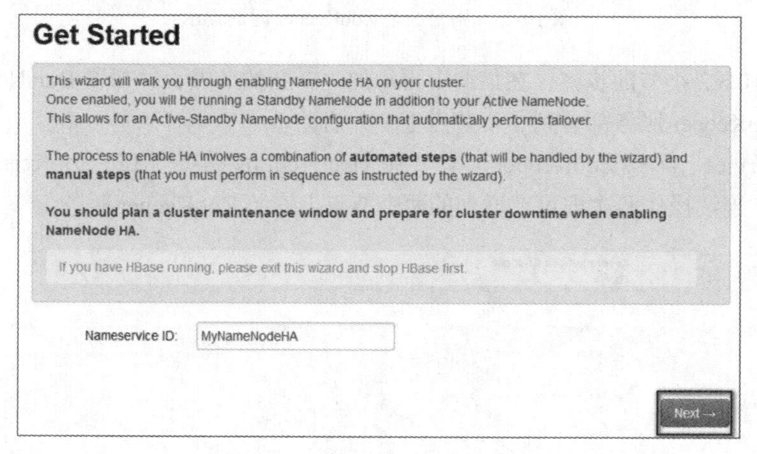

图 10-27 设置 Nameservice ID

（6）配置 NameNode HA，如图 10-28 所示。然后单击【Next】按钮进入下一个安装界面。

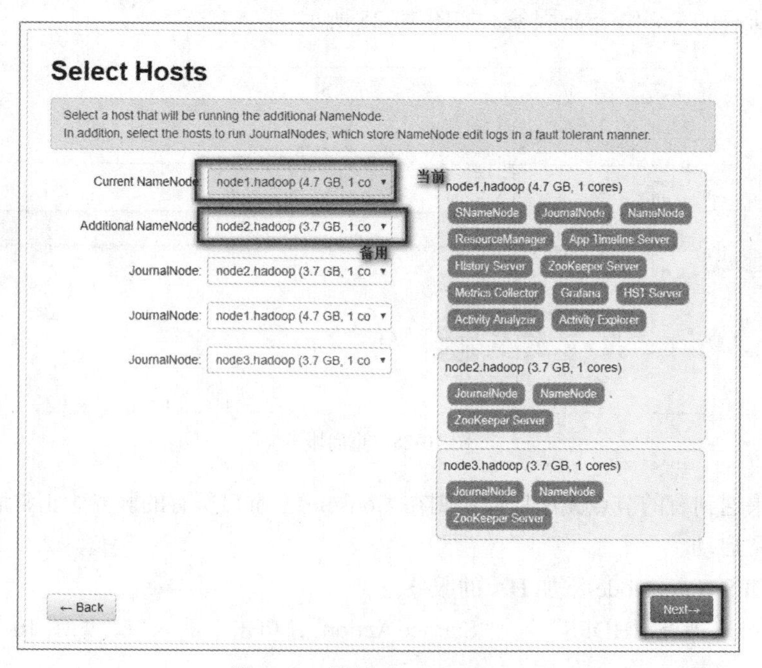

图 10-28 配置 NameNode HA

（7）检查配置信息，如图 10-29 所示。然后单击【Next】按钮进入下一个安装界面。

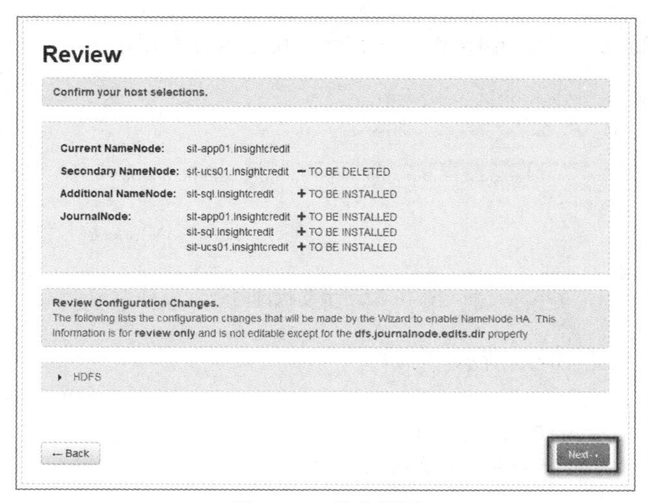

图 10-29 检查配置

（8）需要手动配置的内容，执行下面的命令，如图 10-30 所示。然后单击【Next】按钮进入下一个安装界面。

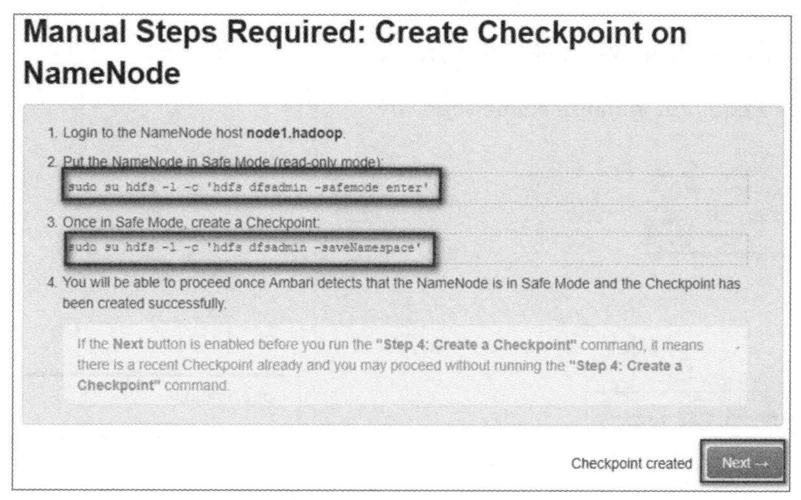

图 10-30 手工执行命令

（9）开始进行 HA 的配置，如图 10-31 所示。

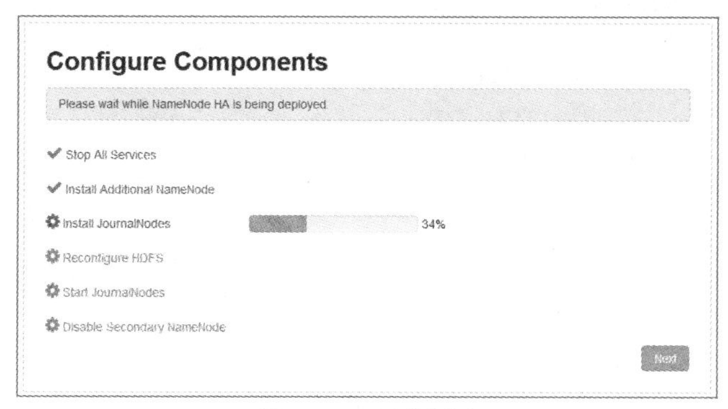

图 10-31 开始配置

（10）需要手动配置的内容，执行下面的命令，如图 10-32 所示。

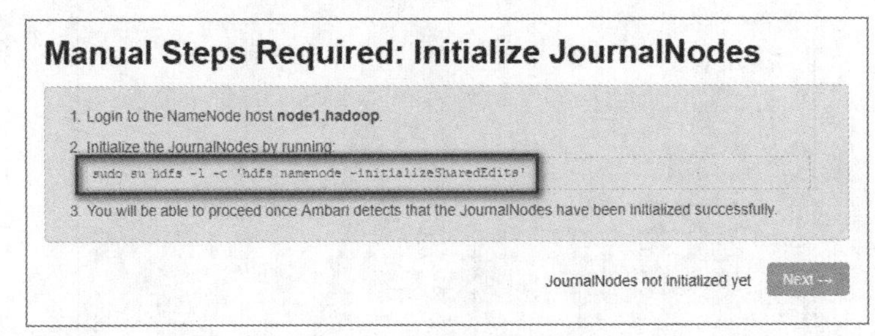

图 10-32　手动执行命令

（11）启动 HA，如图 10-33 所示。

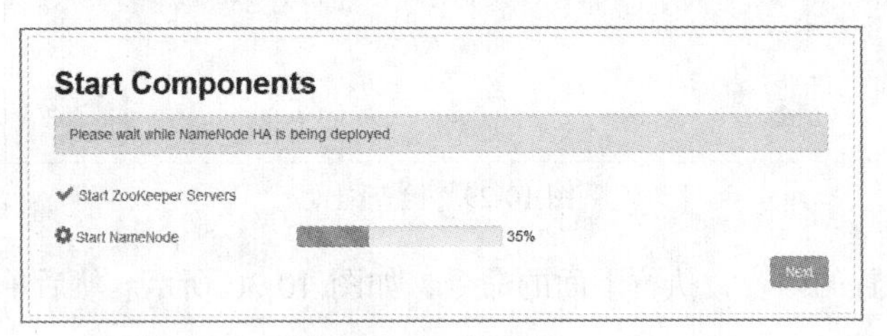

图 10-33　启动 HA

（12）需要手动配置的内容，执行下面的命令，如图 10-34 所示。

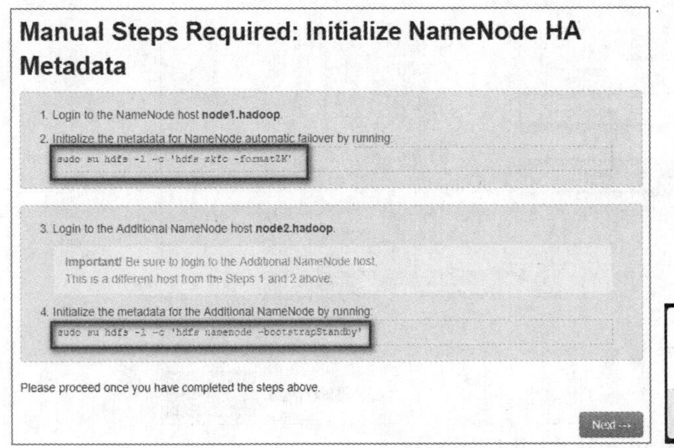

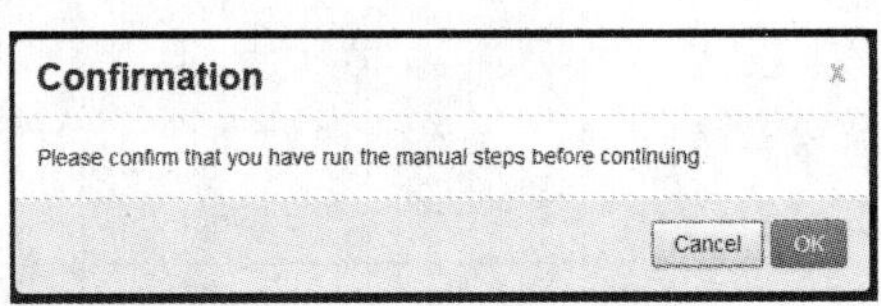

图 10-34　手动执行命令

（13）进行最后的安装配置，如图 10-35 所示。

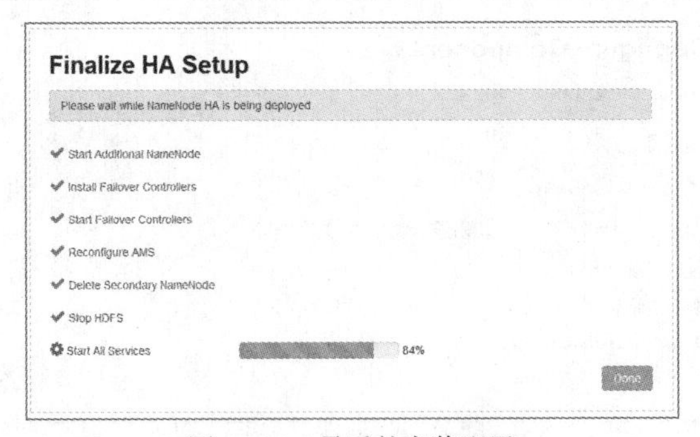

图 10-35　最后的安装配置

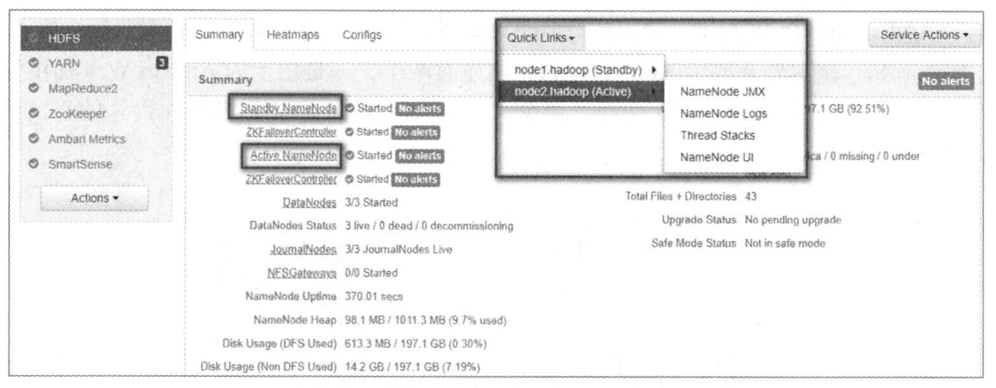

图 10-35　最后的安装配置（续）

（14）验证 HA，可自行验证。如果一个 NameNode 宕机，验证是否会进行自动地切换。

10.4　Ambari 的架构和工作原理

Ambari 充分利用了一些已有的优秀开源软件，巧妙地把它们结合起来，使其在分布式环境中具备了集群式服务管理能力、监控能力、展示能力。这些优秀的开源软件有以下几种。

（1）Agent 端，采用了 puppet 管理节点。

（2）Web 端，采用 ember.js 作为前端 MVC 框架，用 handlebars.js 作为页面渲染引擎，在 CSS/HTML 方面还用了 Bootstrap 框架。

（3）在 Server 端，采用了 Jetty、Spring、JAX-RS 等。

（4）同时利用了 Ganglia、Nagios 的分布式监控能力。

Ambari 项目主要由表 10-5 所示的子项目组成。

表 10-5　子项目及其描述

子　项　目	描　　述
ambari-server	Ambari 的 Server 程序，主要管理部署在每个节点上的管理监控程序
ambari-agent	部署在监控节点上运行的管理监控程序
ambari-web	Ambari 页面 UI 的代码，作为用户与 Ambari Server 交互的界面
ambari-views	用于扩展 Ambari Web UI 中的框架
ambari-common	ambari-server 和 ambari-agent 共用的代码
contrib	自定义第 3 方库

10.4.1　Ambari 的总体架构

Ambari 的架构采用的是 C/S 模型，即 Client/Server 模式，能够集中管理分布式集群的安装、配置及部署。Ambari 主要由 Ambari Server 和 Ambari Agent 两部分组成。

简单来说，用户通过 Ambari Server 通知 Ambari Agent 安装对应的软件；Agent 会定时地发送各个主机每个软件模块的状态给 Ambari Server，最终这些状态信息会呈现在 Ambari 的 GUI，方便用户了解集群的各种状态，并进行相应的维护。

除了 Ambari Server 和 Ambari Agent，Ambari 还提供了一个界面优美的管理监控页面 Ambari Web。Ambari Server 对外开放了 RESTful API，用途有两个，一是用于为 Ambari Web 提供管理监控服务；二是用于与 Ambari Agent 交互，接受 Ambari Agent 向 Ambari Server 发送的心跳请求。Ambari 的架构如图 10-36 所示。

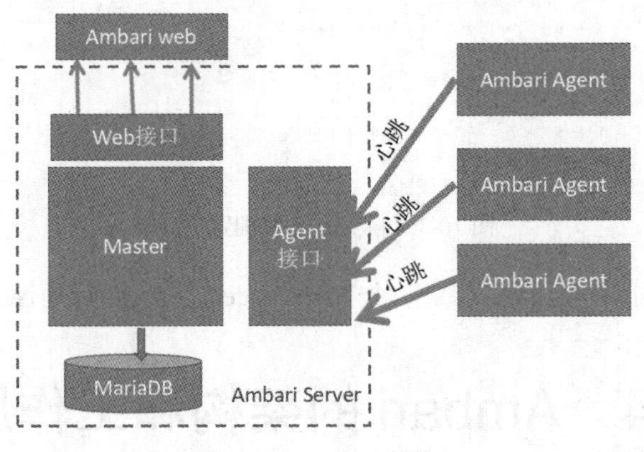

图 10-36 Ambari 架构

10.4.2 Ambari Agent

Ambari Agent 是无状态的，主要功能如下。

采集所在节点的信息并且汇总发送心跳给 Ambari Server，处理 Ambari Server 的请求。因而，它有 MessageQueue 和 ActionQueue 两种队列。

MessageQueue：包含节点状态信息（注册信息等）和执行结果信息，并且汇总后通过心跳发送给 Ambari Server。

ActionQueue：用于接收 Ambari Server 返回过来的状态操作，然后通过执行器按序调用 Puppet 或 Python 脚本等模块完成任务。

Ambari Agent 的架构如图 10-37 所示。

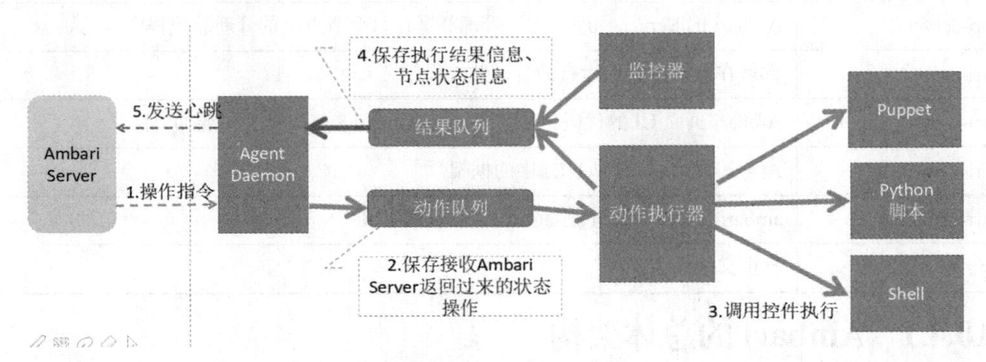

图 10-37 Ambari Agent 架构

10.4.3 Ambari Server

对于 Ambari Server 来说，它是有状态的，它维护着自己的一个有限状态（Finite State Machine，FSM）。同时这些状态存储在数据库当中（目前可以支持多种 DB，可按需自选），Server 端主要维持如下三类状态。

Live Cluster State：集群现有状态。各个节点汇报上来的状态信息会更改该状态。

Desired State：使用者希望该节点所处的状态。这是用户在页面进行了一系列的操作，需要更改某些服务的状态。这些状态还没有在节点上起作用。

Action State：操作状态。该状态是一种中间状态，这种状态可以辅助 Live Cluster State 向 Desired State 状态转变。

Ambari 基本的架构和工作原理如图 10-38 所示。

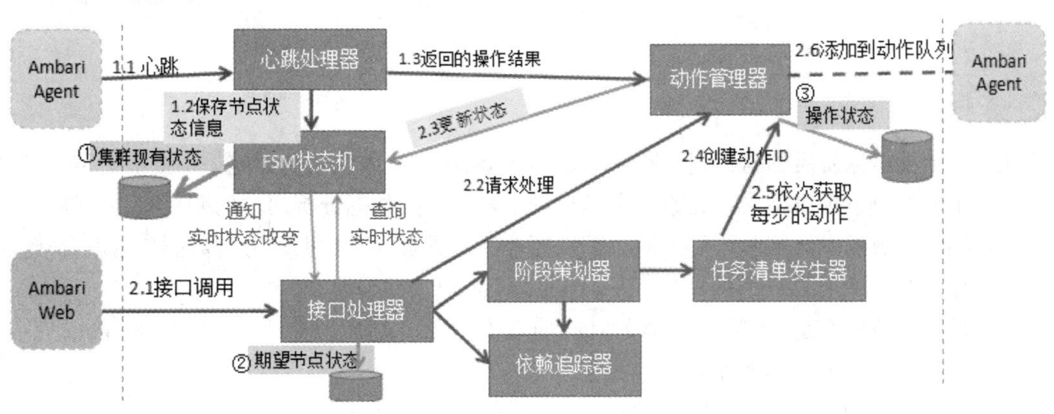

图 10-38　Ambari Server 架构

Ambari Server 的工作流程描述如下。

（1）心跳处理器（Heartbeat Handler）接收各个 Agent 的心跳请求，心跳请求里面主要包含节点状态信息和返回的操作结果两类信息。节点状态信息传递给 FSM 状态机去维护该节点的状态，返回的操作结果信息返回给动作管理器（Action Manager）去做进一步的处理。

（2）接口处理器（API Handler），接收 Web 端操作请求后，会检查它是否符合要求。

阶段策划器（Stage Planner）将操作请求分解成一组操作，最后提供给动作管理器（Action Manager）去完成执行操作。

（3）动作管理器（Action Manager）将更新每个节点组件的状态。

（4）动作管理器（Action Manager）将为每个操作创建一个动作 ID 并将其添加到计划。

（5）动作管理器将从计划中选择第一阶段，并将此阶段中的每个动作添加到每个受影响节点的队列中。

因此，从图 10-38 就可以看出，Ambari-Server 的所有状态信息的维护和变更都会记录在数据库中，用户做的任何更改服务的操作都会在数据库上留有相应的记录，同时，Agent 通过心跳来获得数据库的变更历史。

习　　题

10-1　什么是 Ambari？

10-2　Hadoop 两大主流集成工具是什么。

第 11 章 Mahout

在人工智能迅猛发展的时代,企业与个人越来越依赖于从大量数据中挖掘出的有价值的信息,为公司和个人的决策提供指导。无论是电商根据用户的消费数据分析用户的购物行为习惯，还是从海量股票成交数据中预测股票的走向，都需要一些工具来处理数据和分析数据。这就会涉及机器学习领域以及本章所要介绍的项目——Apache Mahout。

本章首先介绍什么是 Mahout，以及 Mahout 能做什么，然后，介绍如何使用 Mahout 完成一些有趣的数据挖掘任务。本章主要内容如下。

（1）Mahout 的组成、特性以及功能。

（2）Taste 的核心组件及接口。

（3）构建一个电影推荐系统。

11.1 Mahout 简介

Mahout 是一个来自 Apache 的、开源的机器学习算法库。Apache Mahout 起源于 2008 年，当时它是 Apache Lucene 的子项目。通过 Apache Hadoop，能够将 Mahout 的功能布置到 Apache Hadoop 云平台上。由于 Apache Lucene 项目主要致力于信息检索和文本挖掘的研究，这些技术的研究在计算机科学领域是与机器学习技术相联系的。因此，项目中一些对机器学习感兴趣的开发者转到了对机器学习算法的研究，主要目标就是建立可伸缩的机器学习算法。这些机器学习算法形成了最初的 Apache Mahout。随后 Apache Mahout 项目吸收了一个开源协同过滤算法的项目，在 2010 年，Apache Mahout 最终成为 Apache 的顶级项目。

11.1.1 什么是 Mahout

Apache Mahout 是 Apache Software Foundation（ASF）旗下的一个开源项目，是一个机器学习算法库，提供一些可扩展的机器学习领域经典算法的实现，旨在帮助开发人员能够更加方便快捷地使用相关算法。Mahout 目前已经有了多个公共发行版本。Mahout 的 Logo 如图 11-1 所示。

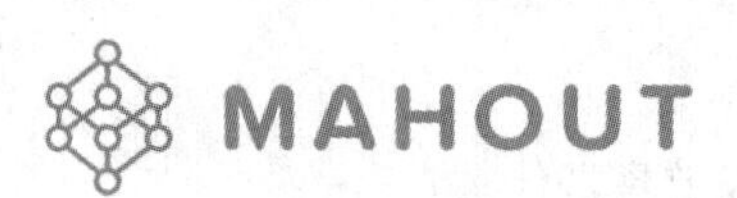

图 11-1 Mahout 的 Logo

Mahout 主要包含以下 4 部分。

（1）聚类：将物理或抽象对象的集合分成由类似的对象组成的多个类的过程。

（2）分类：利用已经存在的分类文档训练分类器，对未分类的文档进行分类。

（3）推荐过滤：获取用户的购物记录并从中挖掘出用户可能喜欢的事物。

（4）频繁子项挖掘：通过用户的查询记录或购物记录挖掘出经常一起购买的产品。

11.1.2　Mahout 能做什么

Mahout 实现了许多机器学习算法。这里将重点讨论我们实际开发应用程序时最常用的 3 种机器学习算法——协同过滤、聚类和分类。

1. 协同过滤

协同过滤算法能够用来完成推荐系统，简单来说就是利用某兴趣相投、拥有共同经验之群体的喜好来推荐用户感兴趣的信息。个人通过合作的机制给予信息相当程度的回应（如评分）并记录下来以达到过滤的目的，进而帮助别人筛选信息。回应不一定局限于特别感兴趣的，特别不感兴趣信息的记录也相当重要。在日常生活领域，推荐引擎是应用最为广泛的，也是最容易被识别的。电商网站会根据你的浏览记录和购物记录等行为为你推荐你可能感兴趣的产品。在部署了推荐系统的电商网站中，亚马逊大概是最有名的。亚马逊网站基于用户的购物行为和网站记录为用户推荐可能喜欢的物品。对于像 Facebook 这样的社交网站则利用推荐技术为你推荐你可能认识的朋友，同时，这一技术也被国内各大知名网站所使用，如京东、淘宝。

协同过滤会根据用户和项目历史向系统的当前用户提供推荐。生成推荐的 4 种典型算法如下。

（1）基于用户：基于用户对物品的偏好找到相似的用户进行物品推荐。由于用户的动态特性，这通常难以定量。

（2）基于物品：基于用户对物品的偏好找到相似的物品并做出推荐。物品通常不会过多更改，因此这通常可以离线完成。

（3）Slope-One：非常快速简单的基于物品的推荐算法，需要使用用户的评分信息。

（4）基于模型：通过开发一个用户及评分模型来提供推荐。

所有协同过滤算法都需要计算用户及其所选物品之间的相似度。当然计算相似度的算法有许多，而且大多数协同过滤系统可以根据自己的需求添加其他的指标，以便得到更精确的结果。

2. 聚类

对于聚类，顾名思义：物以类聚，人以群分。聚类就是将物理或抽象对象的集合分成由类似的对象组成的多个类的过程。由聚类所生成的簇是一组数据对象的集合，这些对象与同一个簇中的对象相似度最大，与其他簇中的对象相似性尽可能小。

简单地说，聚类就是把相似的对象分到一组。在进行聚类的时候，我们不需要关心类别是什么，目标只是让相似的对象聚到一个类别中。一个聚类算法只需要确定如何计算相似度就可以开始工作了，因此，聚类算法不需要使用训练数据进行学习，即聚类算法是一种无监督学习的算法。聚类分析仅根据描述对象及其关系的信息，就可将数据对象进行分组。其目标是，组内的对象相互之间是相似的，而不同组中的对象是不同的。

3. 分类

分类就是按照某种标准给对象贴标签，再根据标签来区分归类。通过分类算法可以从数据集中提取对数据集进行分类的一个函数或模型，我们通常称之为分类器，利用分类器可以把数据集中的每个对象划分到某个已知的对象类中。分类技术是有监督的学习，即对于训练集的每个对象都有已分类的标签，通过学习可以形成表达数据对象与类标签之间对应关系的知识。对于分类，简单来说，就是根据数据的特征或属性，利用算法将数据划分到已有的类别中。

分类作为一种有监督的学习方法，首先必须知道训练数据各个对象的分类标签信息，并且要确定每个对象只与一个类别有对应关系。但是上述条件是比较苛刻的，在日常的生产生活中很难达到这个要求，尤其是在处理海量数据的时候，所以我们需要对数据进行相关的预处理。

11.2 Taste 简介

Taste 是 Apache Mahout 提供的一个个性化推荐引擎的高效实现，它是一个基于 Java 实现的可扩展的、高效的推荐引擎。Taste 既实现了最基本的基于用户的和基于物品的推荐算法，同时也提供了扩展接口，使用户可以方便地定义和实现自己的推荐算法。同时，Taste 不仅仅适用于 Java 应用程序，它还可以作为内部服务器的一个组件以 HTTP 和 Web Service 的形式向外界提供推荐的逻辑。Taste 能满足企业对推荐引擎在性能、灵活性和可扩展性等方面的要求。

下面对 Taste 的关键抽象接口进行介绍。

11.2.1 DataModel

DataModel，即数据模型，这是用户喜好信息的抽象接口，它的具体实现支持从任意类型的数据源抽取用户的喜好信息。Taste 默认提供 JDBCDataModel 和 FileDataModel，分别支持从数据库和文件中读取用户的喜好信息。

DataModel 的主要实现如下。

（1）GenericDataModel：DataModel 的内存版实现，适用于在内存中构造推荐数据。

（2）GenericBooleanPrefDataModel：没有对喜好值进行存储，仅仅存储了关联的 userId 和 itemId。

（3）PlusAnonymousUserDataModel：用于匿名用户推荐的数据类型，将全部匿名用户视为一个用户。

（4）FileDataModel：基于文件存储的数据模型。

（5）HbaseDataModel：基于 HBase 存储的数据模型。

（6）CassandraDataModel：基于 Cassandra 存储的数据模型。

（7）MongoDBDataModel：基于 MongoDB 存储的数据模型。

（8）SQL92JDBCDataModel：基于兼容 SQL92 标准的关系数据库存储的数据模型。

（9）MySQLJDBCDataModel：基于 MySQL 存储的数据模型。

（10）PostgreSQLJDBCDataModel：基于 PostgreSQL 存储的数据模型。

（11）GenericJDBCDataModel：基于 JDBC 存储的数据模型。

（12）SQL92BooleanPrefJDBCDataModel：与 SQL92JDBCDataModel 相似，只是没有 Preference 信息。

（13）MySQLBooleanPrefJDBCDataModel：与 MySQLJDBCDataModel 相似，只是没有 Preference 信息。

（14）PostgreSQLBooleanPrefJDBCDataModel：与 PostgreSQLJDBCDataModel 相似，只是没有 Preference 信息。

（15）ReloadFromJDBCDataModel：包含 JDBCDataModel，可以把输入加入内存计算，加快计算速度。

11.2.2　Similarity

Similarity，即相似度，它分为 UserSimilarity 和 ItemSimilarity。UserSimilarity 用于定义两个用户间的相似度，它是基于协同过滤的推荐引擎的核心部分，可以用来计算用户的相似度。这里我们将与当前用户喜好相似的用户称为他的邻居。类似的，ItemSimilarity 计算物品之间的相似度。

UserSimilarity 和 ItemSimilarity 的相似度实现有以下几种方法。

（1）CityBlockSimilarity：基于 Manhattan 距离计算相似度。

（2）EuclideanDistanceSimilarity：基于欧几里德距离计算相似度。

（3）LogLikelihoodSimilarity：基于对数似然比计算相似度。

（4）PearsonCorrelationSimilarity：基于皮尔逊相关系数计算相似度。

（5）SpearmanCorrelationSimilarity：基于皮尔斯曼相关系数计算相似度。

（6）TanimotoCoefficientSimilarity：基于谷本系数计算相似度。

（7）UncenteredCosineSimilarity：计算 Cosine 相似度。

11.2.3　UserNeighborhood

Neighborhood，即最近邻域，需注意的是，Mahout 中没有 Neighborhood 这个接口，只有 UserNeighborhood。UserNeighborhood 用于基于用户相似度的推荐方法中，推荐的内容基于找到与当前用户喜好相似的邻居用户的方式。UserNeighborhood 定义了确定邻居用户的方法，具体实现一般基于 UserSimilarity 计算得到。

UserNeighborhood 的主要实现有如下两种。

（1）NearestNUserNeighborhood：对每个用户取固定数量（N）个最近邻居。

（2）ThresholdUserNeighborhood：对每个用户基于一定的限制，取落在相似度限制以内的所有用户为邻居。

11.2.4　Recommender

Recommender，即推荐引擎，它是 Taste 中的核心组件之一。在程序中，为它提供一个 DataModel，它可以计算出针对不同用户的推荐内容。在实际应用中，主要使用它的实现类 GenericUserBasedRecommender 或者 GenericItemBasedRecommender，分别实现基于用户相似度的推荐引擎或者基于物品的推荐引擎。

Recommender 分为以下几种实现。

（1）GenericUserBasedRecommender：基于用户的推荐引擎。

（2）GenericBooleanPrefUserBasedRecommender：基于用户的无偏好值推荐引擎。

（3）GenericItemBasedRecommender：基于物品的推荐引擎。

（4）GenericBooleanPrefItemBasedRecommender：基于物品的无偏好值推荐引擎。

11.2.5　RecommenderEvaluator

RecommenderEvaluator，这是一个评分器的抽象接口，用于对推荐模型（Recommender）进行评价。它有以下几种实现。

（1）AverageAbsoluteDifferenceRecommenderEvaluator：计算平均差值。

（2）RMSRecommenderEvaluator：计算均方根差。

11.2.6 RecommenderIRStatsEvaluator

RecommenderIRStatsEvaluator 是一个接口，用于搜集推荐性能相关的指标，包括准确率、召回率等。

GenericRecommenderIRStatsEvaluator 为 RecommenderIRStatsEvaluator 的通用实现。

11.3 使用 Taste 构建推荐系统

下面，我们利用 Taste 来构建一个电影推荐系统。我们通过处理电影评分数据来完成电影推荐系统，具体的构建流程如下。

11.3.1 创建 Maven 项目

通过前面第 3 章实验 2“熟悉基于 IDEA+Maven 的 Java 开发环境”，我们已经掌握了 Maven 项目的创建和运行。这里同样也是先创建一个 Maven 项目。

11.3.2 导入 Mahout 依赖

项目需要使用 Mahout 相关依赖包，因此需要修改项目的核心配置文件 pom.xml，导入 Mahout 的依赖。参考如下代码修改。

```
<dependencies>
    <dependency>
        <groupId>org.apache.mahout</groupId>
        <artifactId>mahout</artifactId>
        <version>0.11.1</version>
    </dependency>
    <dependency>
        <groupId>org.apache.mahout</groupId>
        <artifactId>mahout-examples</artifactId>
        <version>0.11.1</version>
        <exclusions>
            <exclusion>
                <groupId>org.slf4j</groupId>
                <artifactId>slf4j-log4j12</artifactId>
            </exclusion>
        </exclusions>
    </dependency>
</dependencies>
```

11.3.3 获取电影评分数据

我们可以在本书网络资源提供的网站下载所需的电影评价数据和标签数据，数据分别是 7.2 万用户对 1 万部电影的百万级评价和 10 万个标签数据。所需下载数据如图 11-2 所示。

MovieLens 10M Dataset

Stable benchmark dataset. 10 million ratings and 100,000 tag applications applied to 10,000 movies by 72,000 users. Released 1/2009.

- README.html
- ml-10m.zip (size: 63 MB, checksum)

Permalink: http://grouplens.org/datasets/movielens/10m/

图 11-2　数据选项

在本例中我们只需要评分数据，如图 11-3 中所选的文件。

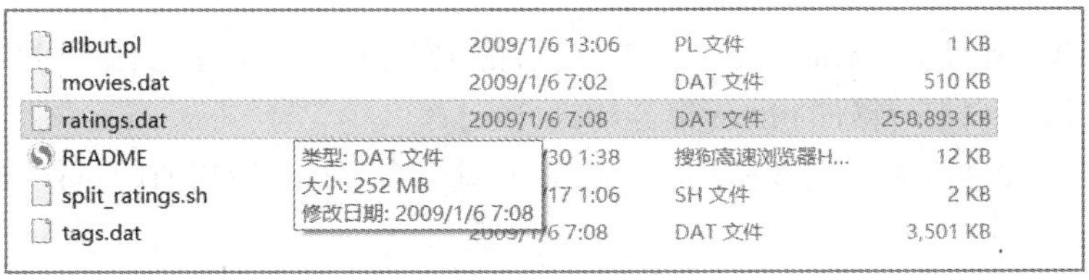

allbut.pl	2009/1/6 13:06	PL 文件	1 KB
movies.dat	2009/1/6 7:02	DAT 文件	510 KB
ratings.dat	2009/1/6 7:08	DAT 文件	258,893 KB
README	/30 1:38	搜狗高速浏览器H...	12 KB
split_ratings.sh	/17 1:06	SH 文件	2 KB
tags.dat	/6 7:08	DAT 文件	3,501 KB

类型: DAT 文件
大小: 252 MB
修改日期: 2009/1/6 7:08

图 11-3　数据文件

11.3.4　编写基于用户的推荐

GenericUserBasedRecommender 是一种基于用户相似度的推荐引擎，它会根据传入的 DataModel 和 UserNeighborhood 进行推荐。其推荐流程分为如下 3 步。

第一步，使用 UserNeighborhood 获取与指定用户 Ui 最相似的 *K* 个用户{U1…Uk}；

第二步，在{U1…Uk}喜欢的 Item 集合中排除掉 Ui 喜欢的 Item，得到一个 Item 集合{Item0…Itemm}；

第三步，对{Item0…Itemm}每个 Itemj 计算 Ui 可能喜欢的程度值 perf(Ui, Itemj)，并把 Item 按这个数值从高到低排序，把前 *N* 个 Item 推荐给 Ui。

下面提供一个示例，使用基于用户的协同过滤推荐算法为用户推荐电影。首先构建 DataModel 和 UserNeighborhood 对象，再传入推荐器 GenericUserBasedRecommender，并调用 recommend 方法给用户进行推荐。

代码如下：

```
    public class BaseUserRecommender {
        public static void main(String[] args) throws Exception {
            //加载电影评分数据
            File file = new File("E:\\ml-10M100K\\ratings.dat");
            //将数据加载到内存中
            DataModel dataModel = new GroupLensDataModel(file);
            //计算相似度，相似度算法有很多种，这里使用皮尔逊算法
        UserSimilaritysimilarity=new PearsonCorrelationSimilarity(dataModel);
        //计算最近邻域，邻居有两种算法，这里使用基于固定数量的邻居
        UserNeighborhooduserNeighborhood=new NearestNUserNeighborhood(100, similarity,
dataModel);
        //构建推荐器，协同过滤推荐有两种，这里使用基于用户的协同过滤推荐
        Recommenderrecommender=new
GenericUserBasedRecommender(dataModel,userNeighborhood, similarity);
        //给用户 ID 等于 4 的用户推荐 10 部电影
        List<RecommendedItem>recommendedItemList= recommender.recommend(4, 10);
```

```
        //打印推荐的结果
        System.out.println("使用基于用户的协同过滤算法");
        System.out.println("为用户 4 推荐 10 个物品");
        for (RecommendedItem recommendedItem : recommendedItemList) {
            System.out.println(recommendedItem);
        }
    }
}
```

11.3.5 编写基于物品的推荐

GenericItemBasedRecommender 是一种基于物品的推荐引擎。其推荐流程分为如下 3 步。

第一步，获取用户 Ui 喜好的 Item 集合{It1…Itm}；

第二步，使用某种策略，获取与用户喜好集合里每个 Item 最相似的其他 Item，构成集合{Item1…Itemk}；

第三步，对{Item1…Itemk}里的每个 Itemj 计算 Ui 可能喜欢的程度值 perf(Ui, Itemj)，并把 Item 按这个数值从高到低排序，把前 *N* 个 Item 推荐给 Ui。

下面的代码是根据用户当前浏览的物品，推荐相似的物品。

```
public class BaseItemRecommender {
    public static void main(String[] args) throws Exception {
        //准备数据电影评分数据
        File file = new File("E:\\ml-10M100K\\ratings.dat");
        //将数据加载到内存中
        DataModel dataModel = new GroupLensDataModel(file);
        //计算相似度，相似度算法有很多种，这里使用皮尔逊算法
        ItemSimilarityitemSimilarity=new PearsonCorrelationSimilarity(dataModel);
        //构建推荐器，协同过滤推荐有两种，这里使用基于物品的协同过滤推荐
        GenericItemBasedRecommender recommender = new
GenericItemBasedRecommender(dataModel, itemSimilarity);
        //给用户 ID 等于 4 的用户推荐 10 个与 2398 相似的物品
        List<RecommendedItem>recommendedItemList= recommender.recommendedBecause(4,
2398, 10);
        //打印推荐的结果
        System.out.println("使用基于物品的协同过滤算法");
        System.out.println("根据用户 4 当前浏览的物品 2398，推荐 10 个相似的物品");
        for (RecommendedItem recommendedItem : recommendedItemList) {
            System.out.println(recommendedItem);
        }
        long start = System.currentTimeMillis();
        recommendedItemList = recommender.recommendedBecause(4, 34, 10);
        //打印推荐的结果
        System.out.println("使用基于物品的协同过滤算法");
        System.out.println("根据用户 4 当前浏览的物品 34，推荐 10 个相似的物品");
        for (RecommendedItem recommendedItem : recommendedItemList) {
            System.out.println(recommendedItem);
        }
        System.out.println(System.currentTimeMillis() -start);
    }
}
```

11.3.6　评价推荐模型

RecommenderEvaluator 是一种评分器，用于对推荐模型进行评价。它的原理就是将数据集中的一部分数据作为测试数据，然后推荐引擎通过剩余的训练数据推测测试数据的值，最后将推测值与真实的测试数据进行比较，得到一个评分值，评分值越小，说明推荐结果越好。下面的代码是对电影推荐模型进行评分。

```
    public class MyEvaluator {
        public static void main(String[] args) throws Exception {
            //准备电影评分数据
            File file = new File("E:\\ml-10M100K\\ratings.dat");
            //将数据加载到内存中
            DataModel dataModel = new GroupLensDataModel(file);
            //推荐评估，使用均方根
            //RecommenderEvaluator evaluator = new RMSRecommenderEvaluator();
            //推荐评估，使用平均差值
            RecommenderEvaluator evaluator = new
            AverageAbsoluteDifferenceRecommenderEvaluator();
            RecommenderBuilder builder = new RecommenderBuilder() {
                public    Recommender    buildRecommender(DataModel    dataModel)    throws
TasteException {
                    UserSimilaritysimilarity=new PearsonCorrelationSimilarity(dataModel);
                    UserNeighborhoodneighborhood=new          NearestNUserNeighborhood(2,
similarity, dataModel);
                    return   new   GenericUserBasedRecommender(dataModel,   neighborhood,
similarity);
                }
            };
            // 用 70%的数据用作训练，剩下的 30%用来测试
            double score = evaluator.evaluate(builder, null, dataModel, 0.7, 1.0);
            //最后得出的评估值越小，说明推荐结果越好
            System.out.println(score);
        }
    }
```

11.3.7　获取推荐的查准率和查全率

RecommenderIRStatsEvaluator 是一个接口，用于得到推荐系统的准确率、召回率等统计指标。召回率也称找全率（Recall）。一般从分类的角度来说，类别有正类和负类。例如，医院检查病人是否生病，如果健康定为正类，那么疾病就定为负类。准确率要回答的问题是，在被预测为正类的样本中，确实为正类的比例是多少？召回率要回答的问题是，在所有正类的样本中，被正确预测为正类的比例是多少？

$$准确率=\frac{预测为正类的样本中真正属于正类的样本个数}{所有预测为正类的样本的个数}$$

$$召回率=\frac{预测为正类的样本中真正属于正类的样本个数}{所有真正为正类的样本的个数}$$

那么对应到推荐系统中就是：

$$准确率 = \frac{推荐给 \text{ user } 的 \text{ Items } 中属于 \text{ user } 相关项的个数}{推荐给 \text{ user } 的 \text{ Items } 的总个数}$$

$$召回率 = \frac{推荐给 \text{ user } 的 \text{ Items } 中属于 \text{ user } 相关项的个数}{\text{user } 的所有相关项 \text{ Items } 的个数}$$

下面的代码是对推荐的电影计算准确率和召回率。

```
public class MyIRStatistics {
    public static void main(String[] args) throws Exception {
        //准备电影评分数据
        File file = new File("E:\\ml-10M100K\\ratings.dat");
        //将数据加载到内存中
        DataModel dataModel = new GroupLensDataModel(file);
        RecommenderIRStatsEvaluator statsEvaluator = new
GenericRecommenderIRStatsEvaluator();
        RecommenderBuilder recommenderBuilder = new RecommenderBuilder() {
            public Recommender buildRecommender(DataModel model) throws TasteException
{
                UserSimilarity similarity = new PearsonCorrelationSimilarity(model);
                UserNeighborhood neighborhood = new NearestNUserNeighborhood(4,
similarity, model);
                return new GenericUserBasedRecommender(model, neighborhood,
similarity);
            }
        };
        // 计算推荐 4 个结果时的查准率和召回率
        // 使用评估器，并设定评估期的参数
        //4 表示"precision and recall at 4"即相当于推荐 top4，然后在 top-4 的推
        //荐上计算准确率和召回率
        IRStatistics stats = statsEvaluator.evaluate(recommenderBuilder,
null,dataModel,null,4, GenericRecommenderIRStatsEvaluator.CHOOSE_THRESHOLD, 1.0);
        System.out.println(stats.getPrecision());
        System.out.println(stats.getRecall());
    }
}
```

上述就是整个构建电影推荐系统的全部流程。在目前采用的机器学习技术中，推荐引擎是最容易被一眼认出来的，也是应用范围最广的。

习　题

11-1　Mahout 的核心组件是什么，用它能够实现哪些机器学习任务。

11-2　Taste 有哪些接口以及作用。

11-3　构建一个电影推荐系统的流程有哪些。

实验 基于 Mahout 的电影推荐系统

【实验名称】基于 Mahout 的电影推荐系统

【实验目的】

1. 掌握 Taste 提供的 API 的使用方法。
2. 掌握构建推荐引擎的方法。

【实验原理】

1. 基于用户的协同过滤推荐

基本原理是根据所有用户对物品或者信息的偏好，发现与当前用户偏好相似的“邻居”用户群，在一般的应用中采用计算“K- 邻居”的算法；然后，基于这 *K* 个邻居的历史偏好信息，为当前用户进行推荐。

2. 基于项目的协同过滤推荐

基本原理是类似的，只是它使用所有用户对物品或者信息的偏好，发现物品和物品之间的相似度，然后根据用户的历史偏好信息，将类似的物品推荐给用户。

数据集下载地址：本书资源中提供。

数据集：MovieLens 1M - Consists of 1 million ratings from 6000 users on 4000 movies。

数据集说明：这些文件包含大约 3 900 部电影的 1 000 209 个匿名评级，由 2000 年加入 MovieLens 的 6 040 名 MovieLens 用户制作。

movies.dat 的文件描述是：电影编号::电影名::电影类别。

ratings.dat 的文件描述是：用户编号::电影编号::电影评分::时间戳。

【实验环境】

（1）IDEA/Eclipse。

（2）按第 3 章的实验 2“熟悉基于 IDEA+Maven 的 Java 开发环境”配置和创建工程运行环境。

（3）已经部署好的 Hadoop 环境。

【需求描述】

通过用户对电影的评分数据，预测用户可能喜欢的电影，向用户推荐电影。

【实验步骤】

1. 使用 IDEA/Eclipse 创建一个 Maven 工程。
2. 导入 Mahout 依赖。

```
<dependencies>
        <dependency>
            <groupId>org.apache.mahout</groupId>
```

```
            <artifactId>mahout</artifactId>
            <version>0.11.1</version>
        </dependency>
        <dependency>
            <groupId>org.apache.mahout</groupId>
            <artifactId>mahout-examples</artifactId>
            <version>0.11.1</version>
            <exclusions>
                <exclusion>
                    <groupId>org.slf4j</groupId>
                    <artifactId>slf4j-log4j12</artifactId>
                </exclusion>
            </exclusions>
        </dependency>
    </dependencies>
```

3．数据准备。在本例中我们只需要评分数据，即下图中所选文件。

links	2016/10/18 0:12	Microsoft Excel ...	180 KB
movies	2016/10/18 0:12	Microsoft Excel ...	448 KB
ratings	2016/10/18 0:12	Microsoft Excel ...	2,382 KB
README		TXT 文件	9 KB
tags		Microsoft Excel ...	41 KB

类型: Microsoft Excel 逗号分隔值文件
大小: 2.32 MB
修改日期: 2016/10/18 0:12

4．编写基于用户的推荐。

（1）准备数据。

（2）将数据加载到内存：GroupLensDataModel。

（3）计算相似度：PearsonCorrelationSimilarity。

（4）计算最近邻域，这里使用基于固定数量的邻居：NearestNUserNeighborhood。

（5）构建推荐器，基于用户的协同过滤推荐：GenericUserBasedRecommender。

5．编写基于物品的推荐。

（1）准备数据。

（2）将数据加载到内存：GroupLensDataModel。

（3）计算相似度：PearsonCorrelationSimilarity。

（4）构建推荐器，使用基于物品的协同过滤推荐：GenericItemBasedRecommender。

综合实验　搜狗日志查询分析（MapReduce+Hive 综合实验）

【实验名称】搜狗日志查询分析（MapReduce+Hive 综合实验）

【实验目的】

综合应用 MapReduce+Hive。

【实验原理】

使用 MapReduce 做数据过滤，使用 Hive 做数据分析。

【实验环境】

开发环境：

（1）IDEA/Eclipse。

（2）按第 3 章的实验 2“熟悉基于 IDEA+Maven 的 Java 开发环境”配置和创建工程。

运行环境：

（1）Ubuntu 16.04。

（2）已经部署好的 Hadoop 环境。

【需求描述】

从搜狗实验室下载搜索数据。

日志数据格式：访问时间　用户 ID　[查询词]　该 URL 在返回结果中的排名　用户点击的顺序号　用户点击的 URL。

数据格式说明（包含 6 个字段）：数据之间的分隔符是数量不等的空格，有些行的数据有 6 个字段，有些不到 6 个字段。

例如，

```
20111230000005    57375476989eea12893c0c3811607bcf    奇艺高清  1   1
```

其中，第一个 1 表示“URL 地址在搜索结果中的排名”，第二个 1 表示“用户在搜索的 URL 中点击的顺序”。

要求：

（1）查询搜索结果排名第 2，点击顺序排在第 1 的数据。

（2）获取搜索次数最多的前 10 个关键字。

【实验步骤】

（1）下载数据源。打开搜狗实验室的下载页面（见本书提供的网络资源）。

下载完整版。

输入个人邮箱等登记信息。

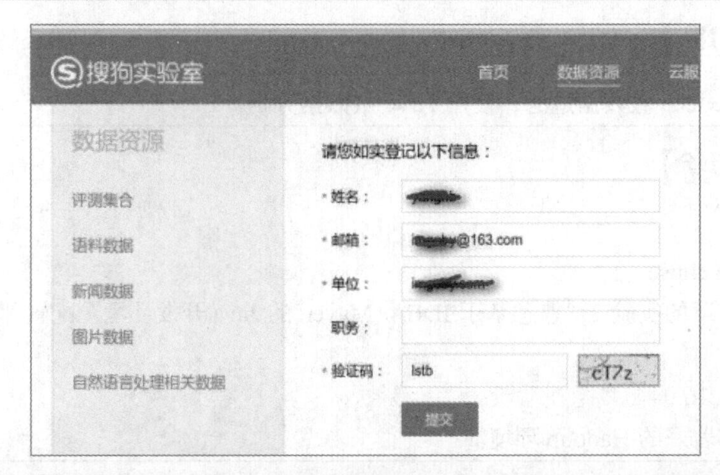

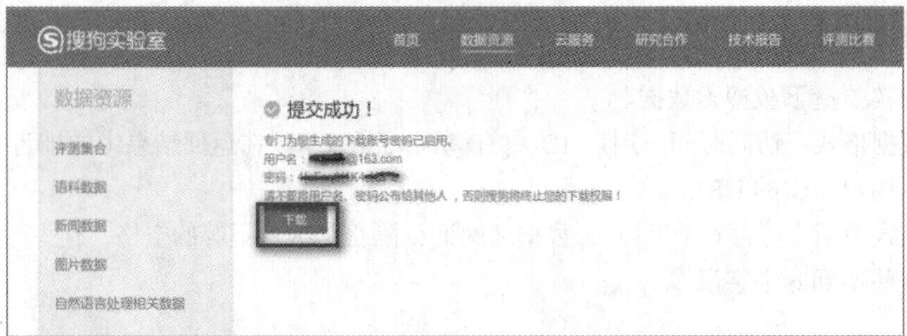

单击下载，在弹出的对话框中，输入账号与密码，将下载到文件 SogouQ.tar.gz。

（2）解压数据源，并上传到 HDFS，保存的目录以个人学号区分，如 001 为学号。

```
tar zxvf  SogouQ.tar.gz
hdfs dfs -put SogouQ /001/
```

（3）创建 hive 表。

```
create table sogoulog(accesstime string,useID string,keyword string,no1 int,clickid int,url string) row format delimited fields terminated by ',';
```

（4）数据清洗。

编写 MapReduce 程序实现数据清洗，原因与要求如下。

将原始数据进行清洗：因为有些不满足长度为 6。

保证输出数据以 “,” 分割。

（5）将清洗后的数据导入 Hive。

```
load data inpath '/001/clean_sogou/part-00000' into table sogoulog;
load data inpath '/001/clean_sogou/part-00001' into table sogoulog;
```

（6）使用 SQL 查询满足条件的数据（只显示前 10 条）。

```
select * from sogoulog where no1=2 and clickid=1 limit 10;
```

参考文献

[1] 中科普开．大数据技术基础[M]．北京：清华大学出版社，2016．
[2] 余明辉，张良均．Hadoop 大数据开发基础[M]．北京：人民邮电出版社，2018．
[3] 林子雨．大数据技术原理与应用[M]．北京：人民邮电出版社，2017．
[4] Tom White．Hadoop 权威指南[M]．北京：清华大学出版社，2018．